G. Stein · H.-F. Wagner (Hrsg.)

Das IKARUS-Projekt:
Klimaschutz in Deutschland

Springer-Verlag Berlin Heidelberg GmbH

G. Stein • H.-F. Wagner (Hrsg.)

Das IKARUS-Projekt: Klimaschutz in Deutschland

Strategien für 2000-2020

Mit 60 Abbildungen und 43 Tabellen

 Springer

Dr. rer. nat. Gotthard Stein
Forschungszentrum Jülich
Programmgruppe Technologiefolgenforschung
Leo-Brandt-Straße
52428 Jülich
Email: g.stein@fz-juelich.de

Dr. rer. nat. Hermann-Friedrich Wagner
BMBF Bonn
Referat 411
53170 Bonn
Email: friedrich.wagner@bmbf.bund400.de

ISBN 978-3-642-63579-3

Additional material to this book can be downloaded from http://extras.springer.com

Die Deutsche Bibliothek- - CIP-Einheitsaufnahme
Das IKARUS-Projekt: Klimaschutz in Deutschland
Medienkombination : Stategien für 2000 - 2020 / Hrsg.: Gotthard Stein ; Herrmann-Friedrich Wagner.
- Berlin ; Heidelberg ; New York ; Barcelona ; Hongkong; London ; Mailand ; Paris ; Singapur ; Tokio :
Springer
    ISBN 978-3-642-63579-3   ISBN 978-3-642-58406-0 (eBook)
    DOI 10.1007/978-3-642-58406-0
    Buch. 1999
    Gb.
    CD-ROM. 1999

Dieses Werk ist urheberrechtlich geschützt. Die dadurch begründeten Rechte, insbesondere die der Übersetzung, des Nachdrucks, des Vortrags, der Entnahme von Abbildungen und Tabellen, der Funksendung, der Mikroverfilmung oder der Vervielfältigung auf anderen Wegen und der Speicherung in Datenverarbeitungsanlagen, bleiben, auch bei nur auszugsweiser Verwertung, vorbehalten. Eine Vervielfältigung dieses Werkes oder von Teilen dieses Werkes ist auch im Einzelfall nur in den Grenzen der gesetzlichen Bestimmungen des Urheberrechtgesetzes der Bundesrepublik Deutschland vom 9. September 1965 in der jeweils geltenden Fassung zulässig. Sie ist grundsätzlich vergütungspflichtig. Zuwiderhandlungen unterliegen den Strafbestimmungen des Urheberrechtgesetzes.

© Springer-Verlag Berlin Heidelberg 1999
Ursprünglich erschienen bei Springer-Verlag Berlin Heidelberg New York 1999
Softcover reprint of the hardcover 1st edition 1999

Die Wiedergabe von Gebrauchsnamen, Handelsnamen, Warenbezeichnungen usw. in diesem Werk berechtigt auch ohne besondere Kennzeichnung nicht zu der Annahme, daß solche Namen im Sinne der Warenzeichen- und Markenschutz-Gesetzgebung als frei zu betrachten wären und daher von jedermann benutzt werden dürften.

Satz: Reproduktionsreife Vorlage der Autoren
Umschlaggestaltung: de'blik, Berlin
SPIN: 10679796 30/3136 - 5 4 3 2 1 0 - Gedruckt auf säurefreiem Papier

VORWORT

Befürchtungen über eine globale Temperaturerhöhung durch eine weitere Steigerung der Emissionen von Treibhausgasen beeinflussen in erheblichem Maße die nationale und internationale Umweltpolitik. In Deutschland hatte die Politik bereits sehr frühzeitig diese Thematik aufgegriffen und im parlamentarischen Umfeld mit der Einsetzung der Enquête-Komission "Vorsorge zum Schutz der Erdatmosphäre" reagiert.

Die Bundesregierung hatte schon 1990 einseitig erklärt, CO_2-Emissionen um 25 % bis zum Jahre 2005 in Deutschland reduzieren zu wollen. Zu diesem Zeitpunkt wurde auch deutlich, daß in Deutschland ein umfassendes Instrumentarium fehlte, mit dem unterschiedliche Reduktionsstrategien analysiert und bewertet werden können. Die Bundesregierung kündigte deswegen ebenfalls 1990 die Entwicklung eines solchen Instrumentariums an. Seit dieser Zeit wird im Auftrag des Bundesministeriums für Bildung, Wissenschaft, Forschung und Technologie unter dem Namen IKARUS dieses Instrument von verschiedenen deutschen Forschungseinrichtungen mit dem Ziel erarbeitet, das nationale Energiesystem als Hauptverursacher der CO_2-Emissionen zu erfassen und zu bewerten.

Wichtige Meilensteine der internationalen Klimadiskussion stellte nach dem "Rio-Gipfel" der Abschluß der Klimarahmenkonvention im Jahre 1995 dar, in der allerdings Treibhausgasreduktionen nur qualitativ behandelt werden.

Die Klimakonferenz in Kyoto 1997 mit dem erfolgreichen Abschluß eines Klimaprotokolls stellt nun mit der quantitativen Festlegung von Reduktionszielen eine neue Herausforderung für die politische Umsetzung dieser Vorgaben dar. Der unilateralen deutschen Erklärung ist eine völkerrechtlich bindende Verpflichtung hinzugefügt worden. Als Ergebnis davon muß Deutschland im Rahmen der gemeinsamen, EU-internen Umsetzung des Kyoto-Protokolls für den "Treibhauskorb" (neben CO_2 auch CH_4, N_2O und andere Gase) im Zeitraum 2008-2012 ein Reduktionsziel von 21 % CO_2-Äquivalente erreichen.

Damit erhält auch das IKARUS-Instrumentarium zusätzliche Bedeutung, denn die Umsetzung dieser völkerrechtlichen Verpflichtung erfordert politisches Handeln, das auf einer rationalen und transparenten Basis erfolgen sollte, um die komplexen Zusammenhänge zwischen Energietechnik, Wirtschaft, Umwelt und Politik zu erkennen und die Konsequenzen zu verdeutlichen.

IKARUS hat einen Status erreicht, der diesem Anspruch weitgehend gerecht wird; es ist bereits im Vorfeld der Kyoto-Beratungen erfolgreich zur Politikberatung der Bundesregierung eingesetzt worden. Das IKARUS-Instrumentarium ist für Dritte auf CD-ROM verfügbar. Es zeichnet sich durch eine umfangreiche Informationsbasis aus, die neben einer Datenbank auch etwa 100 Berichte und Broschüren umfaßt sowie Computermodelle zur Simulation und Optimierung des deutschen Energiesystems und relevanter Sektoren, mit denen es möglich ist, kostenoptimale Reduktionsstrategien für eine nachhaltige Zukunft zu identifizieren.

Inhaltsverzeichnis

		Seite
1	**Ausgangslage und Übersicht**	**1**
2	**Beispiele für die Nutzung von IKARUS**	**11**
2.1	Das IKARUS-Informationssystem	11
2.2	Technikorientierte Klimagasreduktionsstrategien für Deutschland	30
2.3	Nationale Klimapolitik mit CO_2- oder Energiesteuern? Ein bewertender Vergleich für die deutsche Volkswirtschaft	47
3	**Sektorspezifische Beiträge zur Treibhausgas-Reduktion**	**63**
3.1	Energieumwandlungstechniken als Elemente in Minderungsstrategien energiebedingter Klimagasemissionen	63
3.2	Die Rolle der erneuerbaren Energien	84
3.3	Energieverbrauchsstrukturen und -tendenzen im Sektor Kleinverbraucher	108
3.4	Klimaschutzpotentiale im Bereich Raumwärme	123
3.5	Energieeffizienz, Strukturwandel und Produktionsentwicklung der deutschen Industrie	153
3.6	Energie- und Emissionsszenarien im Sektor Verkehr	169
3.7	Querschnittstechniken zur Energieumwandlung	192
4	**Internationale Verifikation von Vereinbarungen zum Klimaschutz**	**211**
	Autorenverzeichnis	**223**

1 Ausgangslage und Übersicht

Hermann-Friedrich Wagner, Gotthard Stein[1]

Die Bundesrepublik Deutschland gehört zu den Nationen, die als erste das Klimaproblem erkannt und dementsprechend ernst genommen haben. Bereits in der zweiten Hälfte der 70er Jahre hatte die damalige Bundesregierung auf Betreiben der führenden Wissenschaftler mit der Erarbeitung eines umfangreichen Klimaforschungsprogramms begonnen. Inzwischen ist Deutschland zu einem der weltweit führenden Länder bei den Klimawissenschaften geworden.

Auch das Parlament hat sich sehr früh intensiv mit dem Problem auseinandergesetzt. Der Deutsche Bundestag hat mit zwei Enquête Kommissionen zum Schutz der Erdatmosphäre von 1987 bis 1990 und 1991 bis 1994 auf diesem Gebiet Pionierarbeit geleistet und damit weltweit Maßstäbe gesetzt.

Schon zu Beginn der Auseinandersetzung um das Klimaproblem wurde deutlich, daß die Umwandlung und Nutzung von Energie eine große Rolle spielen werden. In besonderem Maße sind hier die Emissionen von CO_2 gemeint, die durch die Verbrennung fossiler Energieträger entstehen. Als Konsequenz hat die Bundesregierung bereits 1990 die nachhaltige Reduktion der CO_2-Emissionen zu einer politisch vorrangigen Aufgabe erklärt. So heißt es im dritten Energieforschungsprogramm, das Ende Februar 1990 vom Bundeskabinett verabschiedet wurde: "... muß als erster, wichtiger Schritt von Wissenschaft und Politik gemeinsam erarbeitet werden, um welche Mengen der CO_2-Ausstoß in der Bundesrepublik Deutschland bis zu welchem Zeitpunkt reduziert werden sollte."

Dies geschah beides mit Kabinettsbeschluß vom 13. Juni 1990. Dort wurde festgelegt: "Die Bundesregierung strebt als wichtigen Baustein eines Gesamtkonzepts (*zur CO_2-Reduktion*) an, die energiebedingten Emissionen von Kohlendioxid (CO_2) deutlich zu senken. Sie setzt eine Interministerielle Arbeitsgruppe ein, die sich bei der Erarbeitung von Vorschlägen an einer 25prozentigen Reduzierung der CO_2-Emissionen in der Bundesrepublik Deutschland bis zum Jahre 2005 - bezogen auf das Emissionsvolumen des Jahres 1987 - orientiert und Möglichkeiten einer Minderung weiterer energiebedingter Treibhausgase prüft." Dieser Beschluß wurde von der Bundesregierung auf der 1. Vertragsstaatenkonferenz der Klimarahmenkonvention in Berlin im Frühjahr 1995 nochmals unterstrichen und dabei auf das Bezugsjahr 1990 aktualisiert.

---

[1] Die Herausgeber sind Frau Klein sowie den Herren Gerster, Krause, Katscher und Hoffmann zu besonderem Dank verpflichtet. Von Herrn Gerster stammt auch der Vorschlag für den Namen des IKARUS-Projekts.

Hinsichtlich der Erreichung der Zielsetzung war bereits im 3. Energieforschungsprogramm folgendes ausgeführt worden: "Zur Erreichung von CO_2-Reduktionen gibt es keine einfache und eindeutige Strategie: Die ersten Diskussionen hierüber mit ihren auch politisch unterschiedlichen Ansätzen haben dies deutlich gezeigt. Um zielführend weiterzukommen, ist es deshalb notwendig, so rasch wie möglich Rahmenbedingungen zu erarbeiten, die allen zukünftigen Strategieüberlegungen gemeinsam zugrundegelegt werden können.

Hierzu bedarf es eines umfassenden, aber koordinierten Engagements aller auf diesem Gebiet ausgewiesenen wissenschaftlichen Institutionen in der Bundesrepublik Deutschland. Wegen der Bedeutung dieser Aufgabe und wegen der daraus resultierenden möglichen Konsequenzen für alle Bürger unseres Landes, ist hierfür eine besonders umfassende und sorgfältige Arbeit nötig, deren Ergebnisse so transparent und nachvollziehbar sind, daß sie in politisches Handeln umgesetzt werden können. Ausgangspunkt der Strategien muß eine einheitliche Datenbasis und eine einheitliche Bewertung der Potentiale aller uns heute für die Erreichung dieses Ziels zur Verfügung stehenden technischen Optionen sein. Die hierfür notwendigen Arbeiten müssen die erste Aufgabe für die Bearbeitung des Problems sein."

Bereitstellung eines Instrumentariums,

– mit dessen Hilfe unterschiedliche Strategien zur Reduktion von klimarelevanten Gasen, insbesondere CO_2, gegeneinander abgewogen,
– das Gesamtverständnis der Funktions- und Reaktionsweise unseres stark vernetzten Energiesystems vertieft und
– Strategieüberlegungen auf eine besser abgesicherte Basis gestellt werden können.

Anforderungen an das Instrumentarium:

- Aufbau einer umfassenden Datenbank mit Technik-, Bestands- und wirtschaftlichen Rahmendaten,
- Aufnahme aller Daten, die ausreichend dokumentiert sind, und Klassifizierung nach Validierungsgüte,
- Entwicklung geeigneter Computermodelle unterschiedlicher Art,
- freie Zugänglichkeit für Jedermann,
- Lauffähigkeit aller Instrumente auf PC

Abb. 1 Ziel des IKARUS-Projekts und Randbedingungen für das Instrumentarium

Dies war der Startpunkt für die Entwicklung von Instrumenten für Klimagas-Reduktions-Strategien, also für das IKARUS-Projekt.

Bevor das eigentliche Projekt im September 1990 mit der ersten Lenkungsausschußsitzung begann, wurden von Seiten des damaligen Bundesministeriums für Forschung und Technologie (BMFT) zahlreiche Gespräche mit Verbänden, Institutionen, Wissenschaftlern und Industrievertretern geführt. Sie hatten als Ziel, zum einen die Aufgabenstellung genauer festzulegen und zum anderen um Mitarbeit zu werben, vor allem für die Bereitschaft, die nötigen Daten bereitzustellen.

Die Gespräche zeigten u. a., wie stark die Meinungen sowohl über ein realistisches Reduktionsziel als auch über die Wege zu seiner Erreichung auseinanderklafften. In Extremwerten ausgedrückt, konnte die damalige Situation folgendermaßen zusammengefaßt werden: Die akademische Welt sah an vielen Stellen große CO_2-Reduktionspotentiale, konnte sie rechnerisch belegen und sah kaum Probleme für ihre Umsetzung; die Praktiker in Wirtschaft und Verwaltung dagegen sahen kaum eine Chance, solche Papierpotentiale auch Wirklichkeit werden zu lassen. Ähnlich wie bei uns war die Situation auch in anderen Ländern, wobei jedoch festzuhalten ist, daß die Diskussion in Deutschland weiter fortgeschritten war.

Was war der Grund für diese Situation? Nach unserer Analyse gab es dafür eine Reihe von Gründen. Sie reichten von reinem Wunschdenken auf der einen Seite bis zur Ablehnung jeder Art von Gedanken, die liebgewordenen Vorstellungen widersprechen, auf der anderen. Eine Divergenz der Ansichten ist über die Jahre zwar geblieben und läßt sich auch durchaus nachvollziehbar begründen; die früheren Extreme sind jedoch weitgehend abgebaut. 1990 waren sie jedoch nicht überbrückbar. Und IKARUS sollte dies auch gar nicht erst versuchen. Das Projekt sollte vielmehr die große Mehrheit der Akteure ansprechen, die zwischen den Grenzwerten standen und offen waren für eine faire Auseinandersetzung darüber, welches der bestmögliche Weg wäre, die CO_2-Emissionen unseres Energiesystems nachhaltig zu reduzieren. Deshalb mußte das zu entwickelnde Instrumentarium breit ansetzen und von einem möglichst großen Teil der Akteure getragen werden.

Dies ist sicher im wesentlichen gelungen.

Welcher Art mußte das Instrumentarium sein? Wie sich herausstellte, war - und ist auch heute noch - eine einheitliche, breite und wissenschaftlich gut fundierte Datenbasis unerläßlich; denn viele der Kontroversen beruhten auf unterschiedlichen Annahmen z. B. über technische oder ökonomische Daten. Deshalb kann die IKARUS-Datenbank auch als das Kernstück des Projektes bezeichnet werden. In ihre Erstellung ist der Löwenanteil aller Aufwendungen und Bemühungen geflossen. Abb. 1 faßt einige Anforderungen an das IKARUS-Instrumentrium zusammen.

An dieser Stelle soll bereits auf folgendes hingewiesen werden: Der Zusammenhang zwischen dem Klimaproblem und dem Energiesystem beruht nicht allein auf den CO_2-Emissionen. Vielmehr spielen auch andere energiebedingte Emissionen wie Methan (CH_4), in die Stratosphäre eingetragener Wasserdampf, Nicht-Methan-Kohlenwasserstoff (NMKW), Distickstoffoxid (N_2O), Stickoxide (NO_x), Kohlenmonoxid (CO), Schwefeldioxid (SO_2) und Fluorkohlenwasserstoffe (FCKW) als direkte Treibhausgase oder ihre Vorläufer eine wichtige Rolle. Sie wurden im IKARUS-Projekt ebenfalls miterfaßt. In Zukunft werden auch HFCs, PFCs und SF_6 aufgenommen.

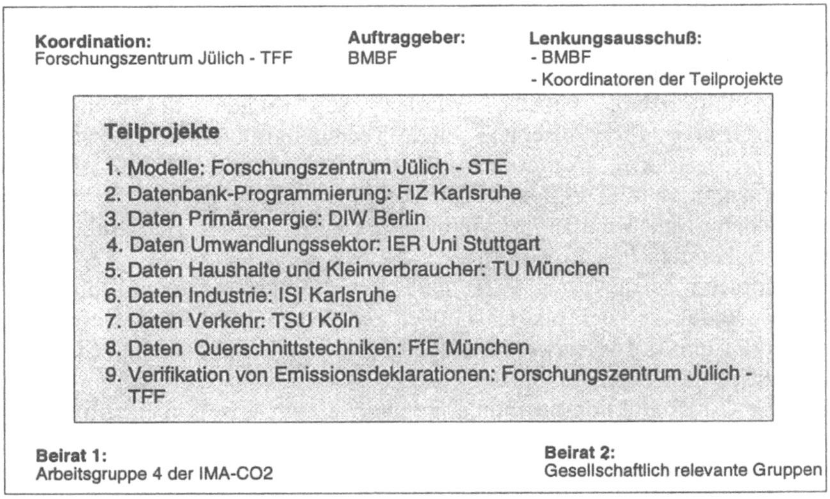

```
┌─────────────────────────────────────────────────────────────────────────┐
│  Koordination:              Auftraggeber:      Lenkungsausschuß:        │
│  Forschungszentrum Jülich - TFF   BMBF         - BMBF                   │
│                                                - Koordinatoren der Teilprojekte │
│  ┌───────────────────────────────────────────────────────────────────┐  │
│  │ Teilprojekte                                                      │  │
│  │                                                                   │  │
│  │ 1. Modelle: Forschungszentrum Jülich - STE                        │  │
│  │ 2. Datenbank-Programmierung: FIZ Karlsruhe                        │  │
│  │ 3. Daten Primärenergie: DIW Berlin                                │  │
│  │ 4. Daten Umwandlungssektor: IER Uni Stuttgart                     │  │
│  │ 5. Daten Haushalte und Kleinverbraucher: TU München               │  │
│  │ 6. Daten Industrie: ISI Karlsruhe                                 │  │
│  │ 7. Daten Verkehr: TSU Köln                                        │  │
│  │ 8. Daten Querschnittstechniken: FfE München                       │  │
│  │ 9. Verifikation von Emissionsdeklarationen: Forschungszentrum     │  │
│  │    Jülich - TFF                                                   │  │
│  └───────────────────────────────────────────────────────────────────┘  │
│  Beirat 1:                            Beirat 2:                         │
│  Arbeitsgruppe 4 der IMA-CO2          Gesellschaftlich relevante Gruppen│
└─────────────────────────────────────────────────────────────────────────┘
```

Abb. 2 Struktur der IKARUS-Teilprojekte [2]

Aufgrund des absehbar großen Umfangs der IKARUS-Datenbank war es notwendig, mehrere Institute mit der Bearbeitung zu beauftragen (siehe Abschnitt 3.1). Das waren für den Bereich Primärenergie das Deutsche Institut für Wirtschaftsforschung (DIW) in Berlin und für den Umwandlungsbereich das Institut für Energiewirtschaft und Rationelle Energieanwendung (IER) an der Universität Stuttgart. Die Endenergienutzung wurde in drei Gebiete aufgeteilt: Die Privathaushalte und der Kleinverbrauch wurden federführend vom Lehrstuhl für Energiewirtschaft und Kraftwerkstechnik der Technischen Universität München bearbeitet, der Industriesektor durch das Fraunhofer Institut für Systemtechnik und Innovationsforschung (ISI) in Karlsruhe und der Verkehr durch den TÜV Rheinland. Bei der Konzeption des Projekts stellte es sich weiterhin heraus, daß es zweckmäßig war, eine eigene Teildatenbank für Querschnittstechniken wie Motoren, Beleuchtung etc. aufzubauen. Dies wurde von der Forschungsstelle für Energiewirtschaft (FfE) in München übernommen. Design und der Aufbau der

---

[2] Genaue Bezeichnung der Forschungsgruppen:
STE = Programmgruppe Systemforschung und Technologische Entwicklung
FIZ = Fachinformationszentrum
DIW = Deutsches Institut für Wirtschaftsforschung
IER = Institut für Energiewirtschaft u. rationelle Energieanwendung d. Uni Stuttgart
TU München = Techn. Univ. München, Lehrstuhl für Energiewirtschaft und Kraftwerkstechnik
FhG-ISI = Fraunhofer Institut für Systemtechnik u. Innovationsforschung
TSU = TÜV Rheinland Sicherheit u. Umweltschutz GmbH
FfE = Forschungsstelle für Energiewirtschaft
TFF = Programmgruppe Technologiefolgenforschung

Datenbank lagen in der Verantwortung des Fachinformationszentrums (FIZ) Karlsruhe.

Der Auftrag an die Institute lautete, die für das IKARUS-Projekt relevanten technischen, wirtschaftlichen und umweltbezogenen Daten zu erarbeiten. Dabei sollten alle Quellen herangezogen werden, deren Daten nachvollziehbar dokumentiert waren. Es sollte also keinerlei Quellen-Diskriminierung zugelassen sein. Weiterhin sollten die Daten charakterisiert sein nach der Einschätzung ihrer Zuverlässigkeit (3 Kategorien) und nach "Verfallsdatum", d. h. nach welcher Zeit die Daten neu erhoben werden müssen. Ebenso wurde gefordert, daß die Daten auf wissenschaftlichen Workshops kritisch diskutiert werden mußten, ehe sie endgültig Bestandteil der IKARUS-Datenbank werden konnten.

Um hier so kohärent wie möglich vorzugehen, wurde von Anfang an, nach Vorbild der Enquête Kommissionen, ein für das gesamte Projekt einheitliches Analyseraster aufgestellt, an das sich alle Projektpartner, einschließlich der vielen Unterauftragnehmer, gehalten haben. Unterauftragnehmer waren nötig, weil auch für die genannten federführenden Institute das Aufgabenspektrum zu groß war, als daß es von ihnen alleine mit der für das IKARUS-Projekt benötigten Tiefe hätte bearbeitet werden können.

Aufgrund dieses sorgfältigen und breit angesetzten Vorgehens kann festgestellt werden, daß Deutschland heute über eine Energietechnologiedatenbank verfügt, die in Qualität und Quantität zu der weltweit führenden zu zählen ist.

Der Zweck der Daten ist nicht nur Information, sondern sie dienen auch als Informationsgrundlage für verschiedene Arten von Computermodellen. Diese Computermodelle sind Werkzeuge, um im Sinne der Aufgabenstellung unterschiedliche Strategien entwerfen und auf ihre volkswirtschaftlichen Konsequenzen untersuchen zu können, die im Jahr 2005 zu einer Senkung der CO_2-Emissionen in Deutschland um x% (z. B. x=25) führen. Da das Jahr 2005 einen relativ kurzfristigen Zeitraum darstellt, wurde IKARUS auch auf die längerfristige Perspektive des Jahres 2020 ausgelegt.

Die Entwicklung mehrerer Computermodelle war deshalb notwendig, weil die gestellte Aufgabe zu komplex war, um mit nur einem einzigen Modell gelöst werden zu können. Die so entstandenen Computerwerkzeuge lassen sich in fünf Kategorien einteilen: Lineare Optimierung, volkswirtschaftliche Einbettung (Input-Output-Modell), Simulation von energiewirtschaftlichen Teilbereichen, Kettenmodell, und intelligente Retrieval-Werkzeuge für die Datenbank. Auf letztere wird im Abschnitt 3.1 genauer eingegangen.

Das Hauptwerkzeug ist das lineare Optimierungsmodell von IKARUS. Es ist technik-orientiert und bildet den Energiefluß Deutschlands ab. Da zu Projektbeginn die alten und neuen Bundesländer in ihrer Struktur noch sehr verschieden waren, wurden die Daten für das Jahr 2005 für beide Teile Deutschlands getrennt erhoben. Die Daten für 2020 gelten für das ganze Land.

Das lineare Optimierungsmodell (abgekürzt LP-Modell, siehe Abschnitt 3.2) wurde von der Programmgruppe Systemforschung und Technologische Entwicklung (STE) des Forschungszentrums Jülich entwickelt. Es ist bedarfsorientiert angelegt, d. h., die Energieflüsse werden vom Nutzenergiebedarf bis zur Primärenergieseite abgebildet. Ausgangs- und Startpunkt für die Berechnungen mit dem LP-Modell ist der Bedarf nach den sogenannten Energiedienstleistungen wie z. B. die Nachfrage nach Raum- oder Prozeßwärme oder nach unterschiedlichen Arten von Transportleistungen. Sie werden durch die sogenannten energiebedarfsbestimmenden Größen hervorgerufen. Das sind z. B.

die Menge an Quadratmeter beheizten Raumes oder die Tonnenkilometer im Fernverkehr. Diese Größen stehen nicht isoliert, sondern sie sind Teil des volkswirtschaftlichen Gesamtsystems. Wenn also beispielsweise die Wirtschaft wächst, wird das die Güterverkehrsnachfrage beeinflussen. Ebenso wird man einen Einfluß auf die Quadratmeter zu beheizender Fläche registrieren, wenn sich die Bevölkerungszahl ändert. D. h., der Bedarf an Energiedienstleistungen, der befriedigt werden muß, hängt davon ab, wie sich die Volkswirtschaft insgesamt entwickeln wird. Um diese Wechselwirkung besser abschätzen und genauer studieren zu können, wurde von der Arbeitsgemeinschaft Energie- und Systemplanung (AGEP) an der Universität Oldenburg das volkswirtschaftliche Modell "Makroökonomisches Informationssystem (MIS)" entwickelt.

Die Befriedigung des Bedarfs an Energiedienstleistungen geschieht letztlich durch Primärenergien, die mit Hilfe sehr unterschiedlicher Techniken in Nutzenergie umgewandelt werden. Die lineare Optimierung des LP-Modells macht nichts anderes, als daß es unter den vielen (aggregierten) Energietechniken, die die IKARUS-Datenbank anbietet, so lange auswählt, bis die volkswirtschaftlichen Kosten, um einen vorgegebenen Satz an Energiedienstleistungen zu befriedigen, minimal geworden sind. Man erhält also als Antwort vom Modell einen umfangreichen Katalog von Techniken, die - wenn man sie in dem vom Modell errechneten Umfang einsetzen würde - zu einem Energiesystem für die Bundesrepublik führen würde, das im Vergleich zu unserer realen Situation volkswirtschaftlich wesentlich kostengünstiger wäre. Es würde sich also um eine sogenannte Non-Regret-Strategie handeln.

Bei diesem Vorgehen wurden keine Begrenzungen für die Höhe der CO_2-Emissionen zur Auflage gemacht. Es ging in diesem ersten Schritt nur um die Minimierung der volkswirtschaftlichen Kosten durch optimale Kombination von Energietechniken. Die CO_2-Auflage erfolgt in einem zweiten Schritt. D. h. es wird wieder eine Optimierung durchgeführt, doch diesmal wird eine Vorgabe von höchstens Y Mio. t CO_2-Emissionen (die der gewünschten Reduktion um X% entspricht) gemacht, die nicht überschritten werden dürfen. Da die IKARUS-Datenbank zwei Zeitpunkte für die Zukunft hat, nämlich 2005 und 2020, können diese Art von Untersuchungen für diese beiden Zeiten durchgeführt werden.

Wie die genauere Beschreibung des Modells in Abschnitt 3.2 zeigt, können auch Vorgaben darüber gemacht werden, wie im Einzelnen welche Techniken in welchem Umfang für die Optimierung eingesetzt werden können, und welche Primärenergien in welchen Mengen dabei genutzt werden dürfen. Es handelt sich also um exogen vorgegebene Begrenzungen (Bounds), die z.B. energiepolitischer, technischer oder verhaltensbedingter Natur sein können. Auf diese Weise kann man z. B. untersuchen, inwieweit eine X% CO_2-Reduktion im Jahr 2005 ohne die Nutzung der Kernenergie technisch/ökonomisch möglich wäre. Ähnliches gilt für den Einsatz etwa von Braun- oder Steinkohle. Auch die Bedeutung der erneuerbaren Energien oder von Energieeinsparmaßnahmen und rationeller Energieanwendung in allen Sektoren des Energiesystems lassen sich mit Hilfe von bounds genauer untersuchen.

Wegen der vielen Verflechtungen, die innerhalb eines Energiesystems und nach außen mit der volkswirtschaftlichen Umgebung bestehen, sowie wegen des enormen Umfanges und der großen Vielfalt an Techniken, die damit verbunden sind, kann die Wirklichkeit nur unvollkommen abgebildet werden. Natürlich ist es schwer, ja eigentlich unmöglich anzugeben, bis zu welchem Grad noch

Vereinfachungen zulässig sind, ohne zu unverantwortlichen Verfälschungen zu kommen.

Das IKARUS-Projektteam hat deshalb versucht, so detailliert vorzugehen, wie das daten- und rechentechnisch (aber auch budgetmäßig) möglich war. Dank der seit 1990 rapide angewachsenen Möglichkeiten der DV-Technik ergaben sich unter diesen Bedingungen für das LP-Modell ca. 2000 repräsentative Techniken und für das dem Modell zugrundeliegende Gleichungssystem ca. 2600 Variable.

An dieser Stelle ist es wichtig, noch auf eine weitere, sehr bedeutsame politische Randbedingung für IKARUS hinzuweisen: Da die Diskussion um eine nachhaltige CO_2-Reduktion so breit wie möglich geführt werden soll, bestand nämlich die Anforderung, daß das gesamte Instrumentarium PC-lauffähig und für jedermann frei zugänglich sein sollte.

Um die Nachteile dieser Einschränkungen teilweise auszugleichen, wurden als Ergänzung für spezielle Untersuchungen drei Simulationsmodelle (also keine Optimierungsmodelle!) entwickelt, und zwar für die Bereiche Raumwärme, Industrie und Verkehr (siehe Abschnitte unter 3.4, 3.5 und 3.6).

Das Teilmodell "Raumwärme" ermittelt den Energiebedarf für die Raumwärmeerzeugung und Warmwasserbereitung sowie die bei der Wärmeerzeugung anfallenden Treibhausgasemissionen bei privaten Haushalten. Die Untersuchungen beziehen sich sowohl auf Einzelgebäude als auch auf Gebäudeensembles und ermöglichen schließlich die Hochrechnung des gesamten Endenergiebedarfs zur Raumheizung und Warmwasserbereitung und der damit verbundenen gasförmigen Emissionen und Kosten für die Bundesrepublik Deutschland.

Im Teilmodell "Verkehr" wird die Nachfrage nach Verkehrsleistungen über die zu ihrer Befriedigung verfügbaren Transporttechniken sowie Maßnahmen zur Verkehrsbeeinflussung mit den resultierenden Energieanforderungen, Treibhausgasemissionen und Kosten verknüpft. Typische Fragestellungen, für die sich das Modell eignet, sind beispielsweise: "Welche Emissionsverringerung wird durch 'Tempo 130' auf der Autobahn erreicht?" Oder: "Welche Emissionsänderung bringt eine Verlagerung von 5 % des Straßenverkehrs auf die Bahn?"Auch wird es durch Vorgabe von Bestandszu- und abbauraten möglich, zeitabhängige Entwicklungen im Detail darzustellen. Schließlich wird das Modell - wie die anderen Teilmodelle auch - zur Erzeugung von aggregierten (repräsentativen) Techniken für das LP-Modell genutzt.

Es sei an dieser Stelle erwähnt, daß alle IKARUS-Modelle über eine eigene Datenbasis verfügen, die sich zwar aus der zentralen IKARUS-Datenbank speist, aber nicht unmittelbar mit ihr gekoppelt ist, so daß die einzelnen Modelle unabhängig von dieser und unabhängig voneinander betrieben werden können.

Die Ausnahme ist das Teilmodell "Industrie", das unmittelbar auf die IKARUS-Datenbank aufsetzt. Es wurde vom FhG-ISI entwickelt mit dem Hauptziel, in diesem besonders heterogenen Sektor die für das LP-Modell benötigten Technikaggregate zu bilden. Das Modell wurde in einem weiteren Schritt zu einem Simulationsmodell ausgebaut. Es verknüpft die Nachfrage nach industriellen Gütern mit den zu ihrer Herstellung verfügbaren Verfahren, Anlagen und Techniken und aggregiert dabei die in der Datenbank abgelegten Energienachfragen, die daraus resultierenden Emissionen sowie zusätzliche Kosten für Energieeinsparinvestitionen.

Als zusätzliche Erweiterung des Instrumentariums wurde ein sogenanntes Kettenmodell erstellt, das auf die Struktur des LP-Modells aufsetzt. Mit seiner

Hilfe können Technikvergleiche, etwa in Hinsicht auf die Emissionen, zwischen konkurrierenden Techniken mit gleicher Versorgungsaufgabe gemacht werden.

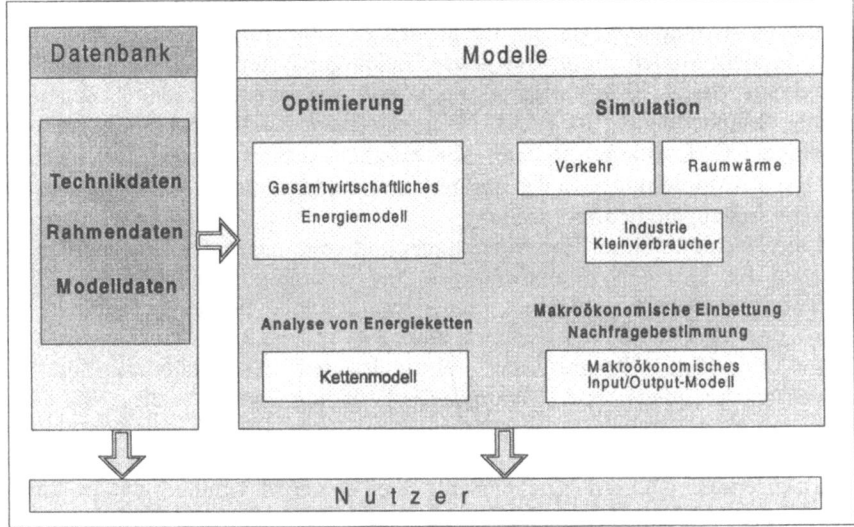

Abb. 3 IKARUS Instrumentarium

Ein Vorhaben von der Größe des IKARUS-Projektes mit 9 Teilprojekten konnte nur erfolgreich durchgeführt werden, wenn von Anfang an eine eindeutige, überschaubare und leicht handhabbare Organisationsstruktur vorlag. Ihr Aufbau stand deshalb am Beginn des Projekts. Danach waren die Teilprojektleiter alleine für ihre Aufgaben verantwortlich. Dies gilt auch für die verschiedenen Beiträge dieses Buches, die in der Verantwortung der jeweiligen Autoren liegen. Die Arbeit wurde laufend durch einen Lenkungsausschuß koordiniert. Er setzte sich aus den Leitern der Teilprojekte und dem Vertreter des damaligen BMFT, jetzt BMBF, als Auftraggeber zusammen. Das Management wurde von einem Sekretariat geleitet, das von der Programmgruppe Technologie-Folgenforschung (TFF) des Forschungszentrums Jülich gestellt wurde.

Das Projekt wurde durch einen Beirat begleitet, der identisch mit der Gruppe Technik des Interministeriellen Arbeitskreises CO_2-Reduktion war. Weiterhin wurde einmal im Jahr der interessierten Öffentlichkeit entweder im Forschungsministerium oder im Wissenschaftszentrum in Bonn über den Projektfortschritt berichtet und dabei um Anregungen und Verbesserungsvorschläge gebeten. Dieses Angebot wurde lebhaft aufgegriffen, und so entstammen zahlreiche Merkmale von IKARUS diesem intensiven Dialog mit der Fachwelt, der an dieser Stelle dafür nochmals ausdrücklich gedankt sein soll.

Mittlerweile sind sowohl für die IKARUS-Modelle als auch für die Datenbank Versionen auf CD-ROM verfügbar, die über das Forschungszentrum Jülich bzw. das Fachinformationszentrum Karlsruhe erhältlich sind und von zahlreichen wissenschaftlichen Institutionen, politischen und industriellen Einrichtungen sowie Ingenieurbüros bereits angefordert wurden.

Diese Informationen auf CD-ROM werden durch eine sehr umfangreiche Dokumentation von über 100 Berichten und Broschüren zu Ergebnissen des IKARUS-Projekts komplementiert. IKARUS wirkt somit weit in die Energieanwendung, -forschung und -lehre ein und hat bereits eine Vielzahl von akademischen Studien initiiert und beflügelt.

IKARUS stellt aber auch ein aufwendiges Projekt der Technikfolgenabschätzung dar, das erhebliche Anforderungen an Methodik und Management gestellt hat. Inhaltlich stellte die Verknüpfung der komplexen Zusammenhänge und Rückkopplung der ökologischen, ökonomischen und technologischen Elemente des derzeitigen und zukünftigen deutschen Energiesystems hohe Anforderungen an die Strukturierung der Fragestellung, Umsetzung der Konzeption sowie Modellierung der einzelnen Module. Einzigartig ist auch das Netzwerk der beteiligten Institutionen, das um IKARUS herum aufgebaut wurde. Dazu gehören die bereits erwähnten Projektpartner und die 70 Unterauftragnehmer (Abb. 2). Es ist somit nicht verwunderlich, daß das IKARUS-Projekt generellen Modellcharakter für die Studien der Systemanalyse und Technikfolgenabschätzung wie etwa Stoffstromanalysen hat.

Ein wichtiges Bindeglied zwischen den nationalen und internationalen Bemühungen zur Reduktion von Treibhausgasen stellt das Teilprojekt 9 "Internationale Verifikation von Vereinbarungen zum Klimaschutz" dar. In diesem Kontext ist auch die entscheidende Pionierarbeit zu nennen, die im IKARUS-Projekt auch im Bereich der Definition und Festlegung des Analyserasters und der Analysetiefe für die technologische, ökonomische und ökologische Dimension des Energiekomplexes geleistet wurde.

Dieser Standard eröffnet somit Möglichkeiten zum Vergleich und zur Interpretation zukünftiger Energiestrategien, die mit unterschiedlichen Modellierungsansätzen, wie etwa im jüngst gegründeten "Modellforum Energieanalysen", entwickelt werden. Ein weiteres wichtiges Beispiel für die Anwendung des IKARUS-Instrumentariums stellen Studien zum zukunftsfähigen Deutschland dar, wie sie beispielsweise jetzt im Rahmen der Hermann-von-Helmholtz-Gemeinschaft Deutscher Forschungszentren (HGF) in Arbeit sind.

Auch hier ist die IKARUS-Datenbasis, die ein zukunftsfähiges Deutschland beschreibt, eine bedeutende Voraussetzung für die erfolgreiche Durchführung einer solchen Studie.

Eine wichtige Feuertaufe zur Anwendung in der Politikberatung hat das IKARUS-Projekt im Rahmen des Vorhabens "Politikszenarien für den Klimaschutz"[3] des Bundesumweltministeriums und Bundesumweltamtes erhalten. In diesem Projekt sind im Rahmen der Vorgaben der Bundesregierung, bis zum Jahre 2005 die CO_2-Emissionen um 25 % zu reduzieren, mit Hilfe des Instrumentariums wichtige Aussagen zur Umsetzung dieser Klimaschutzziele erreicht worden.

---

[3] G. Stein und B. Strobel (Hrsg.): Politikszenarien für den Klimaschutz: Untersuchungen im Auftrag des Umweltbundesamtes: Szenarien und Maßnahmen zur Minderung von CO_2-Emissionen in Deutschland bis zum Jahre 2005. FZ Jülich, Reihe Umwelt, Band 5, 1997 ISBN 3-89336-215-0

Wie wird es mit IKARUS weitergehen? Zur Beantwortung dieser Frage haben insbesonders die Diskussionen und Ergebnisse zum Klimaprotokoll in Kyoto Ende 1997 entscheidende Weichenstellungen gegeben. Zwei Bereiche haben sich dabei als besonders bedeutsam für die Fortführung des IKARUS-Projektes erwiesen:
- Die Festlegung neuer Zieljahre und Reduktionsziele.
- Die Ergänzung der zu betrachtenden Klimagase.

Diese Entwicklungen haben Konsequenzen auf die nationale und europäische Klimaschutzpolitik und machen eine Adaptierung des Instrumentariums notwendig, damit es auch zukünftig als wichtiges deutsches Werkzeug zur Politikberatung zur Verfügung steht. Der technische Fortschritt, Normen- und Statistikänderungen, Erfahrungen im Umgang mit dem Instrumentarium, Rückmeldungen externer Nutzer sowie die rasante Entwicklung auf dem Softwaremarkt machen eine weitere Aktualisierung der IKARUS-Instrumente erforderlich, die in der bewährten Arbeitsteilung erfolgen wird. Schwerpunkt der Arbeiten wird in den Jahren 1999 bis 2002 die Aktualisierung der Datenbasis sein mit einer Erweiterung der Treibhausgaspalette um noch nicht erfaßte "Kyoto-Gase", Einfügen eines neuen Stützjahres 2010 sowie Einbeziehung eines zusätzlichen Analysejahres 2030, Bezug auf das Basisjahr 2000, Einführung des Euro sowie Qualitätssicherung der Datenbasis durch Fehler- und Lückenbeseitigung. Auch Ergänzungsarbeiten in der Retrieval-Software zur Verbesserung der Nutzerfreundlichkeit sind in begrenztem Umfang vorgesehen. Hinsichtlich der Modelle konzentrieren sich die Arbeiten auf die Anpassung an die Softwareentwicklung, d.h., Austausch veralteter Softwarepakete und Anpassung an aktuelle Betriebssystemumgebungen.

2. Beispiele für die Nutzung von IKARUS

2.1 Das IKARUS-Informationssystem

Jürgen Walter Tepel, Karl-Heinz Weber

2.1.1 Inhalt und Aufbau der Datenbank

2.1.1.1 Inhalt

Im Fachinformationszentrum Karlsruhe wurde eine Datenbank aufgebaut, die erstens als Informationssystem und zweitens als Datenquelle für Modellrechnungen dient. Wie in Kapitel 1 erläutert, werden Daten von verschiedenen Institutionen innerhalb der Bundesrepublik geliefert, in der Datenbank gespeichert und u.a. nach Aufarbeitung der Programmgruppe Systemforschung und Technologische Entwicklung (STE) des Forschungszentrums Jülich für Modellrechnungen zur Verfügung gestellt. Aufgabe des Fachinformationszentrum war es, in Zusammenarbeit mit den in Kapitel 1 genannten Partnern einen Datenbankentwurf zu erstellen, mit allen dazugehörigen Hilfsmitteln zu realisieren und den Endnutzern die Daten über eine graphische Nutzeroberfläche zur Verfügung zu stellen.

Das IKARUS-Informationssystem beinhaltet als zentraler Datenspeicher die Daten aller in den einzelnen Sektoren als relevant erachteten Energietechniken und Prozesse, sowie ergänzende Rahmendaten wie volkswirtschaftliche Daten, Daten zu Bedarf an Energiedienstleistungen und Produkten und weitere Informationen. Hauptelement des Informationssystems sind jedoch die Beschreibungen der Energietechniken. Diese liegen für das Referenzjahr 1989 – bzw. in aktualisierter Form für 1995 - als Beschreibung des Standes der Technik vor, sowie als Abschätzung der zukünftigen Entwicklung für die Jahre 2005 und 2020. Charakteristisch für die Datenbank ist, daß nicht in erster Linie real in Betrieb befindliche Anlagen (z.B. Kraftwerke, Kraftfahrzeuge) beschrieben werden, sondern jeweils ein für viele Anlagen repräsentativer Technik-Typ. So handelt es sich bei den Daten nicht etwa um einen Produktkatalog; gleichwohl können die repräsentativen Techniken zusätzlich durch Angaben zu realen Anlagen definierter Standorte ergänzt sein. Diese Fülle an Daten zu unterschiedlichsten Techniken dem Nutzer in überschaubarer Form zur Verfügung zu stellen, ist die zentrale Aufgabe des Informationssystems. Zu diesem Zweck wurde ein Retrievalsystem entwickelt, das dem Nutzer über eine graphische Nutzeroberfläche Zugang zu den Daten verschafft.

2.1.1.2 Auswahl des Betriebssystems und der Hardware

Als Zielsystem wurde ursprünglich ein IBM-kompatibler Personal Computer mit Intel 80486 Prozessor, 8 MB Hauptspeicher und einer 160 MB Festplatte ausgewählt. Als Betriebssystem hatte man sich für das neue OS/2 entschieden, das bei Projektbeginn von IBM entwickelt aber auch von Microsoft unterstützt wurde und als Betriebssystem der Zukunft bezeichnet wurde. Vornehmlich durch die mangelnde Unterstützung seitens anderer Softwarehersteller und Probleme beim Betrieb des eingesetzten Datenbanksystems ORACLE unter OS/2 V2.0, wurde bald nach Projektbeginn auf Windows 3.1 umgestellt. Bedingt durch den technischen Fortschritt in der Computer-Hardware und durch den Datenzuwachs von IKARUS wird zur Zeit ein Pentium Rechner mit 32 MB RAM und eine mindestens 500 MB grosse Festplatte empfohlen. Zusätzlich wird ein CD-ROM Laufwerk benötigt, da die Auslieferung des IKARUS-Systems nur noch über CD-ROM Datenträger geschieht. Ferner wurde die Software an die neueren Betriebssysteme Windows 95 und Windows NT 4.0 angepaßt, wobei die Nutzung unter Windows 3.x weiterhin unterstützt wird.

2.1.1.3 Auswahl des Datenbankmanagementsystems

Die Auswahl des Datenbankmanagementsystems (DBMS) erfolgte aus einer ganzen Reihe von Überlegungen. Die komplexen Beziehungen zwischen den Daten und vor allem die Tatsache, daß bei Projektbeginn die Datenstrukturen noch Schritt für Schritt erstellt werden mußten, verlangen große Flexibilität und Änderungsfreundlichkeit des DBMS. In einem relationalen System wie ORACLE lassen sich ohne weiteres Tabellen erstellen und Felder ändern, um den sich ändernden Anforderungen durch die von den Teilprojekten gestellten Daten gerecht zu werden. Ferner ist ORACLE weit verbreitet, läuft in sehr unterschiedlichen Hardwareumgebungen von PCs über Workstations zu Großrechnern, verfügt über sehr leistungsfähige Werkzeuge zur Softwareproduktion, bietet mit SQL[4] und PL/SQL funktional sehr mächtige und flexible Schnittstellen zwischen programmierten Anwendungen und Datenbanken und hat letztlich seitens der Herstellerfirma einen guten Benutzerservice. Die weite Verbreitung des DB-Systems garantiert auch zukünftig die notwendige softwaremäßige Unterstützung für die sich rasch entwickelnde EDV-Szene (z.B. WINDOWS NT, Solaris 2.x).

Von der Beschaffenheit der Daten ausgehend, wäre die Implementierung in ein Objekt-Orientiertes DBMS (OODBMS) durchaus überlegenswert gewesen. Bei Projektbeginn waren diese Systeme aber erst in der Entwicklungsphase und benötigten viel eigenen Programmieraufwand, sodaß sich der Aufwand für eine objektorientierte Implementierung nur schwer abschätzen ließ. Die von den

---

[4] Structured Query Language

Das IKARUS-Informationssystem 13

Herstellern mitgelieferten Entwicklungswerkzeuge waren in diesem Stadium nicht so ausgereift, wie die bei ORACLE standardmäßig mitgelieferten Entwicklungstools.

2.1.1.4 Datenbankkomponenten

Abb. 2.1.1 zeigt die Datenbank und ihre Einbindung in das Gesamtprojekt. Sie besteht aus einer Technik- (Energietechnologien), Rahmen- und Modelldatenbank. Die Modelldatenbank enthält die Eingabedaten für die LP-Modellrechnungen der STE Jülich. Die Technik- und Rahmendaten werden über das vom FIZ entwickelte Informationssystem dem Endnutzer bereitgestellt.

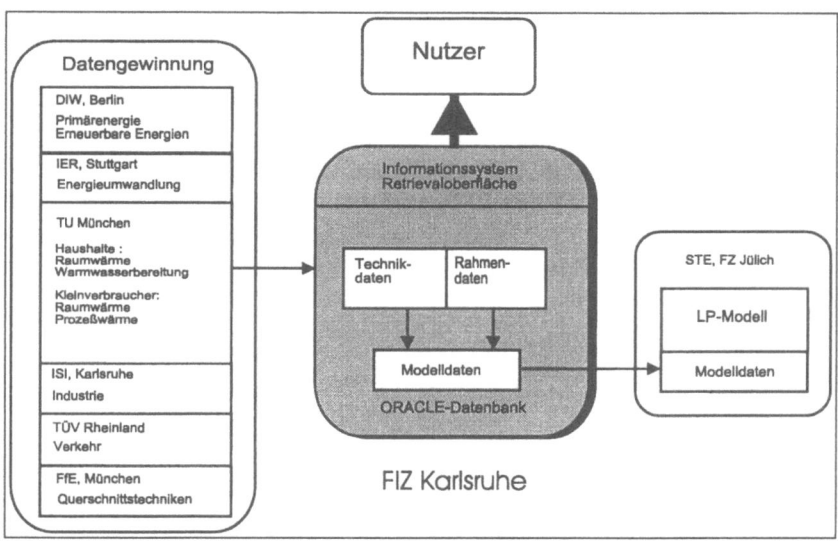

Abb. 2.1.1 Einbindung der Datenbank in das Gesamtprojekt IKARUS

Datenmodellierung

Anhand bilateraler Gespräche mit den Projektpartnern wurden für alle Sektoren semantische Datenmodelle erstellt. Diese wurden beim FIZ im Einklang mit den gelieferten Informationen in Entity-Relationship-Diagramme (ER-Diagramme) umgewandelt.

Da pro Tabelle mit bis zu einhundert Attributen zu rechnen war, die zum Teil noch unbekannt waren, konnte man die Daten nicht in klassischen, linearen Relationen als Tupel ablegen. Die zu einer Tabelle gehörigen Werte werden in einer zweiten "vertikalen" Tabelle gespeichert, deren Tupel in einer n:1-Beziehung zu den Einträgen (Primärschlüssel) der Haupttabelle stehen.

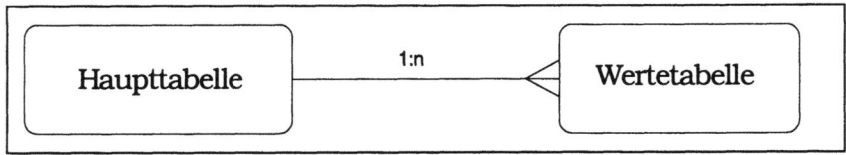

Abb. 2.1.2 Beziehung von Haupttabelle und Wertetabelle

In der Wertetabelle wird der Attributname (Feldname), der normalerweise in der Haupttabelle vorkommen würde, als Attributwert abgespeichert. FELD_ID und WERT in dem unten gezeigten, vereinfachten SQL-Skript spielen hier die Rolle von Attribut und Attributwert. Vorteile dieser Anordnung sind:

1. Zu jeder Tabelle können neue Attribute hinzugefügt werden, ohne die Struktur zu ändern.
2. Es werden nur Tupel angelegt, für die Werte vorhanden sind (keine Leerfelder)
3. Jeder Wert kann genauer umschrieben werden. So kann es zu jedem Wert (WERT) ein Minimum (WERT_MIN), ein Maximum (WERT_MAX), eine Verderblichkeit (WERT_VERDERB, (0/1)) und eine qualitative Abgabe über die Genauigkeit (WERTEGUETE (Skala 1-3)) geben. Zusätzliche Angaben sind FELDART (Klassifikation), LIT_KEY (Literaturverweis) und KOMMENTAR (Kommentare zu diesem Wert).

Tabelle 2.1.1 Struktur einer Wertetabelle

```
CREATE TABLE TI3PRW
(
    PROZ_GRP_ID     NUMBER (3)   NOT NULL,
    PROZ_ID         NUMBER (3)   NOT NULL,
    FELD_ID         NUMBER (4)   NOT NULL,
    FELDART         CHAR   (2)   NOT NULL,
    FOLGENR         NUMBER (5),
    WERT_STRING     CHAR   (32),
    WERT            NUMBER,
    WERT_MIN        NUMBER,
    WERT_MAX        NUMBER,
    WERT_VERDERB    NUMBER (1),
    WERTEGUETE      NUMBER (1),
    LIT_KEY         CHAR   (8),
    LIT_KURZBEZ     CHAR   (120),
    KOMMENTAR       CHAR   (255),
    PRIMARY KEY     (PROZ_ID, PROZ_GRP_ID, FELD_ID, FELDART))
```

Der Nachteil dieser Vorgehensweise ist allerdings ein komplizierteres und zeitaufwendiges Retrieval über SQL.

Um zu verhindern, daß unkoordiniert beliebige Grössen in die Wertetabelle eingetragen werden, wurden Merkmalstabellen und eine sektorübergreifende Feldkurzbezeichnungstabelle eingeführt. Diese "Dimensionstabellen" legitimieren und beschreiben die möglichen Attributnamen in den Werte- oder Faktentabellen. Folgendes Schema zeigt die verwendete Anordnung:

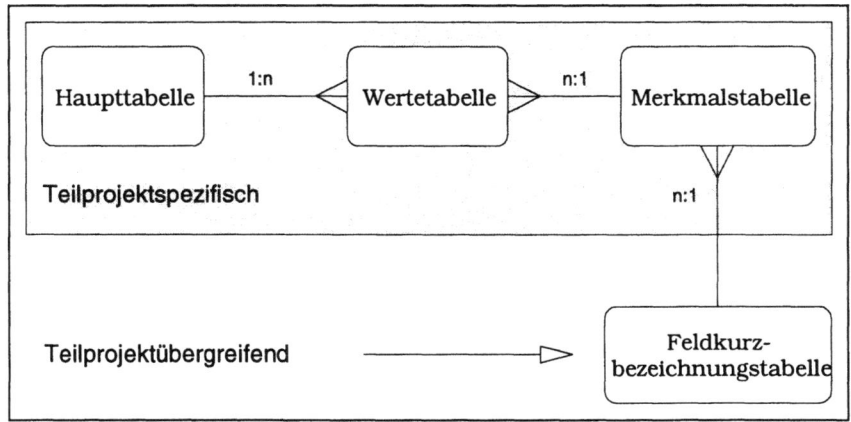

Abb. 2.1.3 Prinzip der Werte- und Merkmalstabellen

Für einen Sektor bestimmt die Merkmalstabelle die jeweils möglichen Attributsnamen. In den Merkmalstabellen der Sektoren sind auch die jeweiligen benutzerfreundlichen Einheiten hinterlegt. So kann man die Leistung eines Kernkraftwerks schlecht in den gleichen Einheiten angeben, wie die Leistung einer einzelnen kleineren Windturbine oder einer photovoltaischen Zelle. Die Merkmale sind wiederum eine Untermenge der im Gesamtprojekt erlaubten Feldkurzbezeichnungen. Der Sinn der letzen Tabelle ist es, für den Benutzer eine einheitliche Nomenklatur zu verwirklichen: unter Lebensdauer T_LEBEN sollte für alle Sektoren der gleiche Begriff abgespeichert sein. Für die verschiedenen Sektoren wurde eine möglichst einheitliche Datenstruktur angestrebt, in etwa wie in Abb. 2.1.4 für den Sektor "Umwandlung" schematisch dargestellt. In der Praxis ließ sich die hierarchische Anordnung der Tabellen in Form von Prozeßgruppen - Prozesse - Prozeßvarianten nur noch für die Primärenergie verwenden. In allen anderen Fällen wurde die Struktur erheblich komplizierter. Man kann die IKARUS-Datenbasis im weitesten Sinne als "Data Warehouse" bezeichnen.

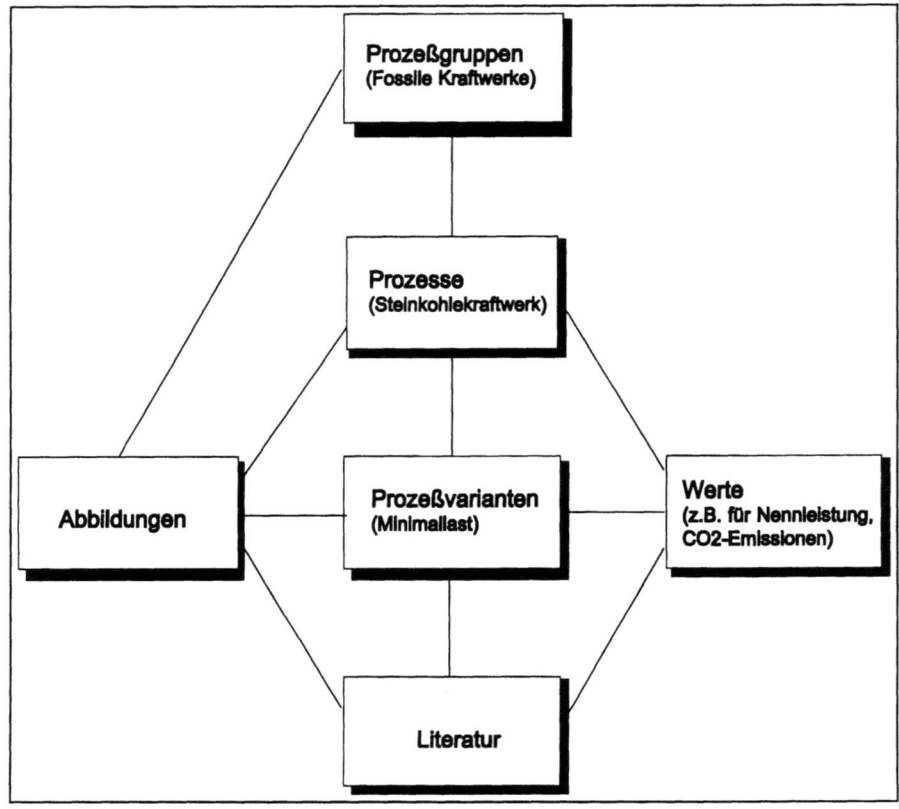

Abb. 2.1.4 Struktur des Umwandlungssektors in der IKARUS-Datenbank

2.1.2 Graphische Benutzeroberfläche

Über die Abfragesprache SQL, SQL*PLUS und PL/SQL lassen sich Tabelleninhalte sehr einfach anzeigen. Komplexe Fragen unter Hinzuziehen von mehreren gekoppelten Tabellen verlangen aber eine genaue Kenntnis der Datenstruktur. Für den allgemeinen Benutzer scheidet diese Zugriffsmethode aus.

Die graphische Benutzeroberfläche oder GUI wurde mit einer speziellen Software unter Windows 3.11 entwickelt. Mit Hilfe von vorhandenen und vorprogrammierten Modulen ließen sich in PowerBuilder 3 bzw. 4 recht bald ansprechende Effekte erzielen. Dabei wurde bewußt auf die Entwicklungswerkzeuge von Oracle (SQL-Forms) verzichtet, da bei Projektbeginn der Funktionsumfang noch recht beschränkt war. Mittlerweile wurde auf PowerBuilder 5 und 6 umgestellt. Letztere Versionen sind notwendig zur Zusammenarbeit mit Windows 95 bzw. Windows NT und Oracle V8.0 .

Das Retrieval orientiert sich in erster Linie an der jeweiligen Hierarchie der Sektoren. Zwar ist allen Sektoren gemeinsam, daß sowohl technische wie auch ökonomische und umweltrelevante Daten abgelegt sind. Aus dem hier geschilderten prinzipiellen Aufbau der Technikdatenbank ergibt sich aber, daß einem über alle Sektoren hinweg anwendbaren Retrievalsystem dadurch enge Grenzen gesetzt sind, daß die Datenstrukturen der Sektoren aufgrund der spezifischen Anforderungen weitgehend unterschiedlich sind. Ferner stimmt die Liste der berücksichtigten Merkmale eines Sektors nur zum geringen Teil mit der anderer Sektoren überein. Schließlich sind selbst scheinbar gemeinsame Merkmale aufgrund der technik-spezifischen Definitionen inhaltlich nicht immer vergleichbar.

Der erste Menüpunkt nach dem Start des Retrievalprogramms ist somit die Auswahl eines Sektors durch den Nutzer auf dem Eingangsbildschirm. Dieser gibt in Überblicksform die grobe inhaltliche Einteilung der Datenbank wieder (Abb. 2.1.5). Durch Aufruf der Online-Hilfe oder einer Stichwortliste kann der noch unerfahrene Nutzer sich hier bereits einen Überblick über die in den einzelnen Sektoren berücksichtigten Techniken verschaffen.

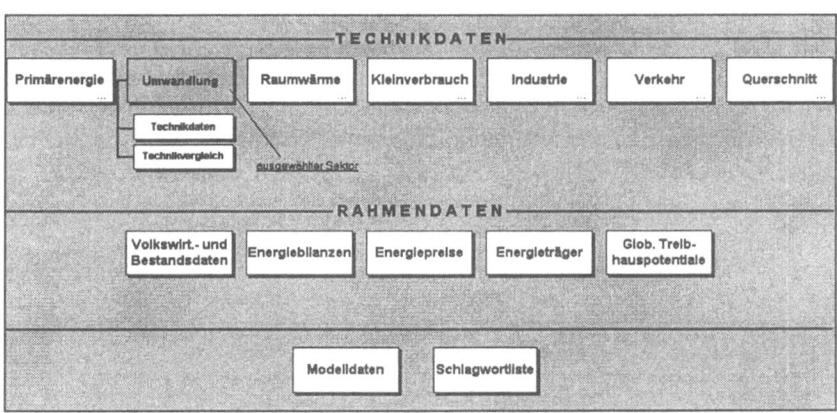

Abb. 2.1.5 Eingangsbildschirm zur Auswahl eines Datenbankbereichs

2.1.3 Beispiele aus dem Retrieval der IKARUS-Datenbank

Die folgenden Beispiele sollen einen Eindruck von der Arbeitsweise mit der IKARUS-Datenbank und den darin enthaltenen Informationen geben. Aus Platzgründen kann dieses hier nur exemplarisch geschehen. Es wurden Beispiele der Sektoren Umwandlung, Haushalte und aus den Querschnittstechniken gewählt. Ausführlichere Informationen zum Retrieval wie auch zum Gesamtaufbau der Datenbank sind in Laue et.al (1997) enthalten.

2.1.3.1 Selektion von Techniken

Beispiel 1 : Umwandlungstechnik

Die Auswahl der Retrievaloption "Technikdaten" verschafft dem Nutzer Zugang zu allen zu einer Technik bzw. einem Prozeß gespeicherten Daten, im Fall des Umwandlungssektors von der Auswahl einer Prozeßgruppe ausgehend – im folgenden Beispiel "Fossile Kondensationskraftwerke". Der Menüpunkt "Prozesse" führt auf die Liste der zur ausgewählten Prozeßgruppe vorhandenen Prozesse bzw. Anlagen (Abb. 2.1.6). Für jeweils einen auszuwählenden Prozeß – hier: *Braunkohlekraftwerk 800 MW* im Jahre 2005 - werden allgemeine Informationen wie Bearbeiter, Referenzjahr und ggf. ein Kommentar angegeben und - in der unteren Bildschirmhälfte - sämtliche zu diesem Prozeß gehörenden Merkmale mit ihren Werten. Einige Merkmale, wie z.B. die *"Dampferzeugerbauart"*, sind mit einem Textwert statt Zahlenwert beschrieben. In dieser Wertetabelle kann je nach Anzahl der vorhandenen Merkmale (z.T. bis zu 100) auf und ab "geblättert" werden. Ebenso können durch Scrollen nach rechts ergänzende Informationen wie Minimum, Maximum, Datengüte, und Kommentar zum Einzelwert angezeigt werden.

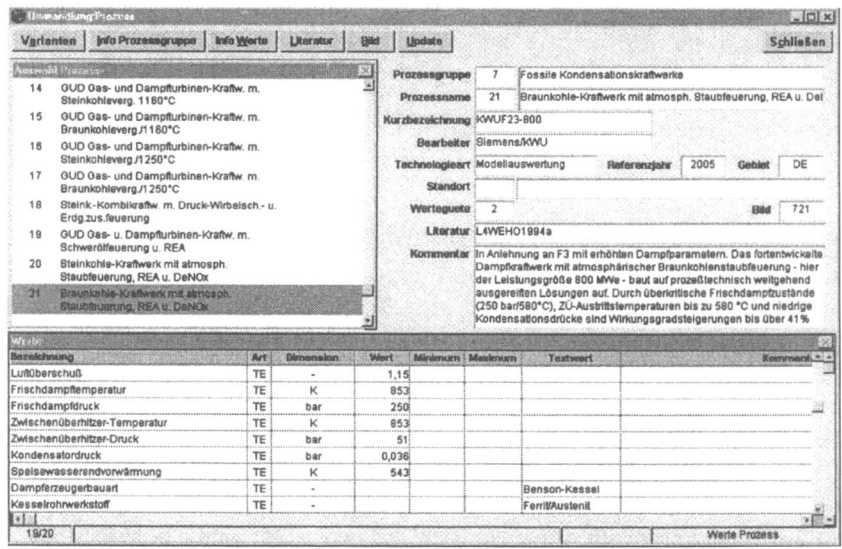

Abb. 2.1.6 Selektion eines Prozesses (Sektor Umwandlung)

Um eine Übersichtlichkeit zu wahren, kann die Anzeige eingeschränkt werden, z.B. auf Emissionen oder andere Merkmalsgruppen oder auch nur auf einzelne

Merkmale. Zur Erläuterung der in der linken Spalte der Wertetabelle angezeigten Merkmalsbezeichnungen ist es möglich, per Doppelklick auf ein Merkmal weitere Information (z.B. die Definition) in Form eines Merkmalkommentars anzuzeigen. Während der in Abb. 2.1.6 gezeigte Bildschirm die vom Einsatzmodus des Kraftwerks unabhängigen technischen und ökonomischen Daten wiedergibt, werden die einsatzabhängigen Werte zu eingesetzter Kohle- und erzeugter Strommenge, zu Emissionen und anderen variablen Merkmalen erst nach Wahl einer *Variante* – in der Regel einer bestimmten Auslastung – aufgelistet. Im gezeigten Prozeßbeispiel liegt außerdem als zusätzliche Information eine Graphik vor, die nach Betätigung des "Bild"-Knopfes sichtbar wird. (Abb. 2.1.7). Die angezeigte Graphik - hier ein Prinzipschaltbild - kann bei Bedarf ausgedruckt werden.

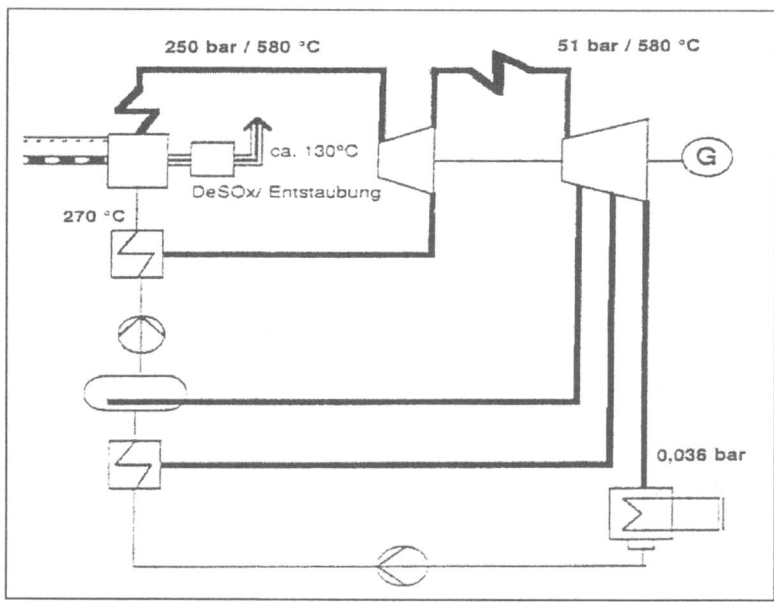

Abb. 2.1.7 Beispiel einer Graphikanzeige (Sektor Umwandlung)

Beispiel 2 : Sektor Haushalte (Raumwärme)

Hier findet zunächst eine Aufteilung in das Recherchieren von "Basisdaten" und sog. "Ergebnisdaten" statt. Bei der Option "Basisdaten" kann der Nutzer in den verschiedenen Ebenen Gebäudedaten, Daten zur Bauphysik (wärmetechnische Kennnwerte), zu Verteilsystemen für Heizung und Warmwasser, sowie zu Wärme- und Kälteerzeugern (Energieumwandler) getrennt recherchieren (Abb. 2.1.8). Im Menüpunkt "Ergebnisdaten" kann sich der Nutzer aufgrund einer von ihm vorzunehmenden Auswahl an Eingangsgrößen (aus den Basisdaten)

Ergebnisse für bestimmte Gebäudesyteme berechnen und anzeigen lassen. Das dazu in das Informationssystem integrierte Rechenprogramm wurde von dem für die IKARUS-Raumwärmedaten zuständigen Teilvorhaben (TU München) entwickelt.

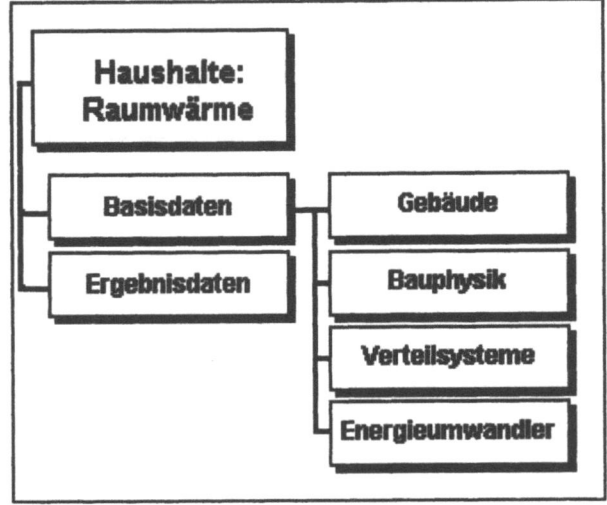

Abb. 2.1.8 Auswahlmenü zum Retrieval des Sektors Raumwärme

Abb. 2.1.9 zeigt ein Beispiel der Ebene *Gebäude* für ein ausgewähltes Einfamilienhaus der Baualtersgruppe 1984-89. Hier sind Bilder der verschiedenen Typgebäude nach Baualtersgruppen geordnet vorhanden und können auf Wunsch angezeigt werden. Über die Option *Bauphysik* werden zum soeben ausgewählten Gebäude wärmetechnische Kennwerte (z.B. k-Werte, Wärmebedarf) zum Istzustand oder auch nach Anwendung einer bestimmten Wärmeschutzmaßnahme angegeben (Abb. 2.1.10).
Während die meisten Daten tabellarisch angezeigt werden, werden Monatswerte - z.B. des Heizwärmebedarfs - graphisch aufgetragen (Abb. 2.1.11). Diese Möglichkeit wird durch die Angabe "Monatswerte" in der Wertetabelle angezeigt.
Von diesen Basisdaten ausgehend lassen sich nach Auswahl von Wärmeerzeugern für Heizung und/oder Warmwasserbereitung und eines Verteilungssystems *Ergebniswerte* selektieren. Ist die gewählte Kombination noch nicht als gerechneter Ergebnisdatensatz vorhanden, kann das genannte Berechnungs-programm aufgerufen werden. Dabei können noch weitere Randbedingungen wie die mittlere Raumtemperatur, die Personenbelegung pro m² oder die Warmwassertemperatur vom Nutzer vorgegeben werden.

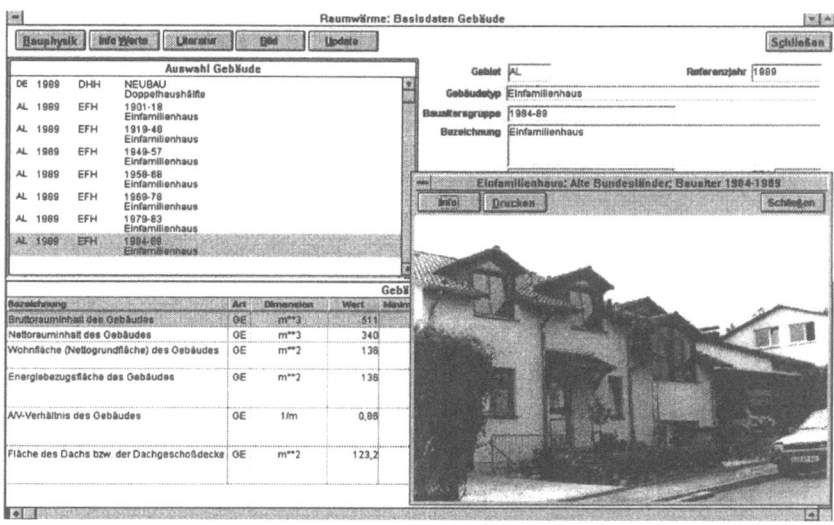

Abb. 2.1.9 Basisdaten und Bild eines Typgebäudes (Sektor Haushalte/Raumwärme)

Die berechneten Ergebnisdaten beinhalten die für eine gewählte Kombination resultierenden Energieverbrauchswerte (ggf. verteilt auf die Wärmeerzeuger für Heizung und Warmwasserbereitung), die Emissionen, Investitionen, Betriebskosten und eine Vielzahl technischer Daten. Bestimmte Daten, z.B. der monatliche Heizenergieverbrauch, können wiederum graphisch angezeigt werden.

Auch hier gilt, daß die Daten jeweils für ein ausgewähltes Typgebäude gelten. Die Hochrechnung von Energieverbrauch und Emissionen auf einen gegebenen Gebäudebestand (z.B. einer Kommune) ist nicht Bestandteil des Informationssystems.

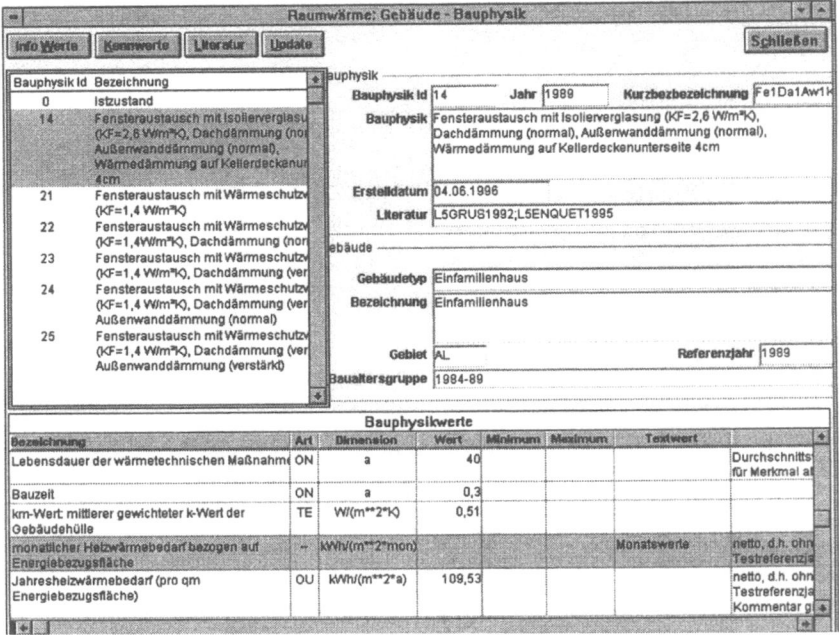

Abb. 2.1.10 Wärmetechnische Kennwerte eines Einfamilienhauses

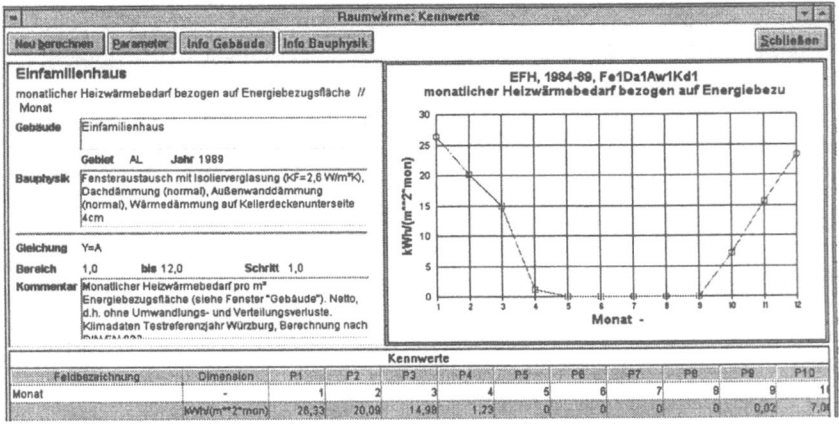

Abb. 2.1.11 Darstellung des monatlichen Heizenergiebedarfs (Sektor Haushalte)

Beispiel 3 : Solarkollektoren (Querschnittstechniken)

Der prinzipielle Aufbau des Retrievals der Querschnittstechniken ist ähnlich dem des Sektors Umwandlung. Die entsprechenden Ebenen heißen hier jedoch Gerätegruppen und Geräte, analog zu Prozeßgruppen und Prozessen. Dazu können jeweils mehrere Varianten vorhanden sein, die meistens bestimmte Anwendungsfälle repräsentieren. Das nachfolgende Beispiel gehört zur Gerätegruppe "Solarthermie".

Um schnell zu einem bestimmten Typ z.B. von Kollektoren zu gelangen, ermöglicht eine "Selektor" genannte Retrievaloption die Vorgabe weiterer Charakteristiken aufgrund derer im Gesamtbestand an solarthermischen Geräten selektiert wird. Im Beispiel wird ein Flachkollektor gesucht (Abb. 2.1.12). Nach Selektion des Gerätes kann noch eine Einsatzvariante bestimmt werden - hier der Einsatz zur Brauchwassererwärmung in einem Einfamilienhaus (Abb. 2.1.13).

Eine entscheidende Ausweitung des Retrievals der Querschnittstechniken besteht darin, viele Parameter nicht als Einzelwerte, sondern in Form von Kennlinien darzustellen. So ist z.B. der Jahresgang der monatlichen Bruttowärmeerzeugung eines Flachkollektors nicht in Form von zwölf Einzelwerten in der Wertetabelle abgelegt. Vielmehr weist ein Eintrag "Parameter" bei einem Merkmal auf die Möglichkeit der graphischen Darstellung der Monatswerte oder eines durch eine Kennwertgleichung zu berechnenden Merkmals hin. Dazu wird der Auswahlknopf "Kennwerte" betätigt und es erscheint z.B. die in Abb. 2.1.14 wiedergegebene Darstellung einer aus einer Kennwertegleichung berechneten Kennlinie der Investitionen für den oben ausgewählten Flachkollektor in Abhängigkeit von der Absorberfläche.

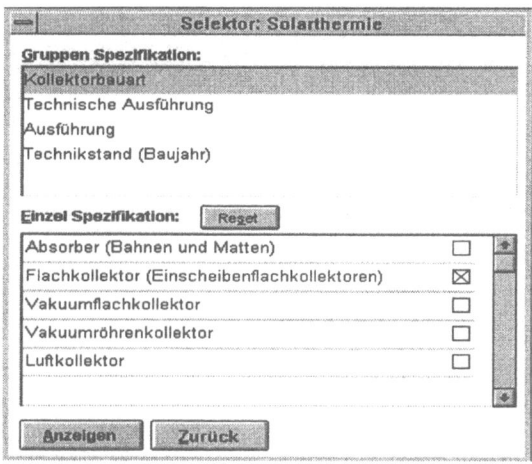

Abb. 2.1.12 Spezifikation zur Selektion einer Querschnittstechnik (hier: Solarthermische Geräte)

Abb. 2.1.13 Variantenwerte eines Solarkollektors

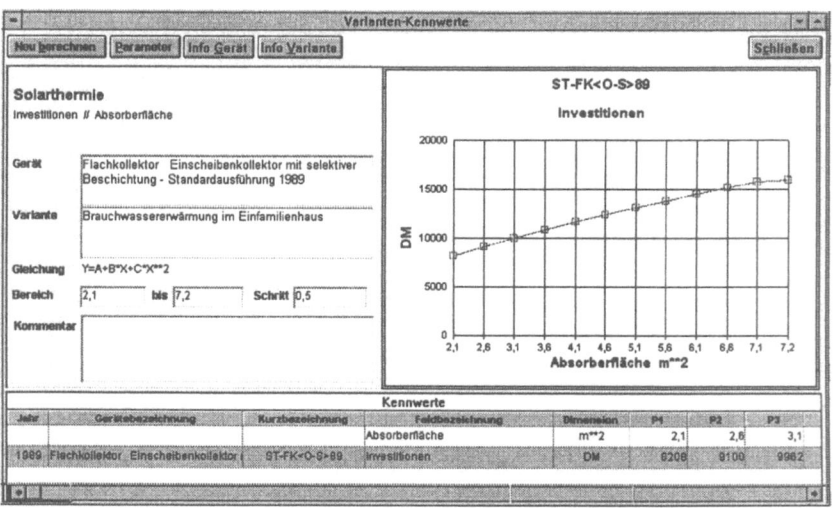

Abb 2.1.14 Kennliniendarstellung : Investitionskosten für Flachkollektoren

Zusätzlich zur graphischen Darstellung (Kennlinie) werden hier die zur Berechnung verwendete Gleichung (Polynom 2. Grades) und die darin verwendeten Koeffizienten angegeben. Ferner werden für bestimmte Stützstellen die Funktionswerte tabellarisch angezeigt. Es ist jeweils ein Definitionsbereich voreingestellt, für den die Kennlinie berechnet wird (hier: Absorberfläche von 2.1 bis 7.1 m²). Dieser Bereich kann jedoch vom Benutzer in bestimmten Grenzen verändert werden.

2.1.3.2 Technikvergleiche

Das an obigen Beispielen erläuterte Retrieval in den einzelnen Sektoren hatte als Ergebnis immer die Darstellung der Werte *eines* Prozesses, eines Systems oder eines Gerätes. In vielen Fällen ist zur Gegenüberstellung von mehreren zueinander alternativen Techniken eine vergleichende Darstellung erwünscht. Zu diesem Zweck wurde die Retrievaloption "Technikvergleich" entwickelt. Innerhalb eines Sektors können mehrere Techniken - auch aus unterschiedlichen Prozeßgruppen - selektiert und ihre Merkmale in *einer* gemeinsamen Tabelle aufgelistet werden. Von dieser Tabelle lassen sich dann mehrere Merkmale auswählen, deren Werte für die zu vergleichenden Techniken graphisch dargestellt werden. Bei der Auswahl dieser Merkmale ist jedoch auf die gleiche numerische Größenordnung zu achten, da die Graphik bzgl. des höchsten numerischen Wertes der ausgewählten Merkmale skaliert wird.

Abb. 2.1.15 zeigt die Auswahl von drei fossil befeuerten Kondensationskraftwerken (1989 und 2005) jeweils einer bestimmten Variante, ihre gemeinsame Wertetabelle und die graphische Darstellung der spezifischen CO_2-Emissionen der drei Prozesse.

Ein weiteres Beispiel zeigt die Darstellung von Kennlinien innerhalb eines Technikvergleichs. Es wurden aus dem Bereich Querschnittstechniken zwei Flachkollektoren (1989, 2005) ausgewählt, für die die Kennlinien des monatlichen Deckungsgrades bei der Brauchwassererwärmung in einem Einfamilienhaus dargestellt wird (Abb. 2.1.16).

2.1.3.3 Rahmendaten

Die Vielzahl der technischen Angaben in der IKARUS-Datenbank wird durch die Rahmendaten ergänzt. Sie sollen den Benutzer u.a. über die volkswirtschaftlichen Randbedingungen informieren, die sowohl den Ist-Zustand (1989/95) als auch die zu erwartenden Entwicklungen der Stützjahre 2005 und 2020 wiedergeben. Es sind u.a. folgende Daten enthalten:

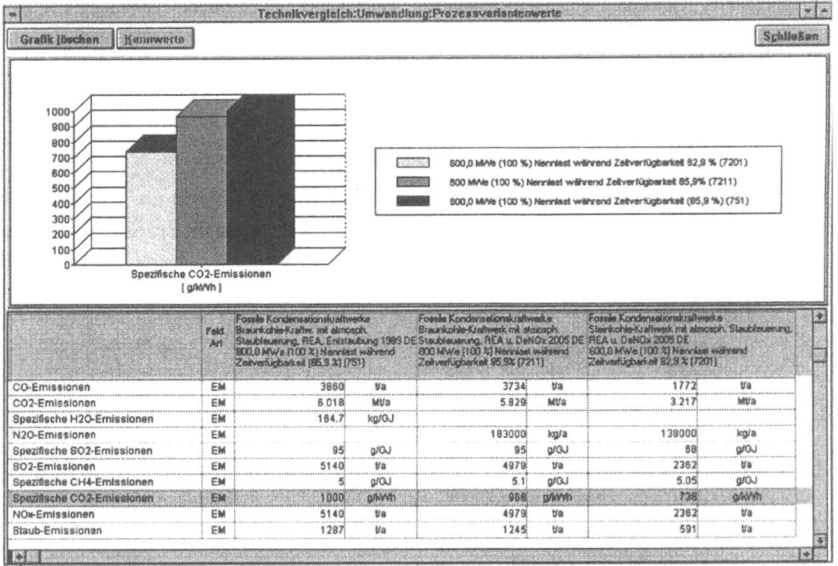

Abb. 2.1.15 Wertefenster im Technikvergleich mit graphischer Darstellung

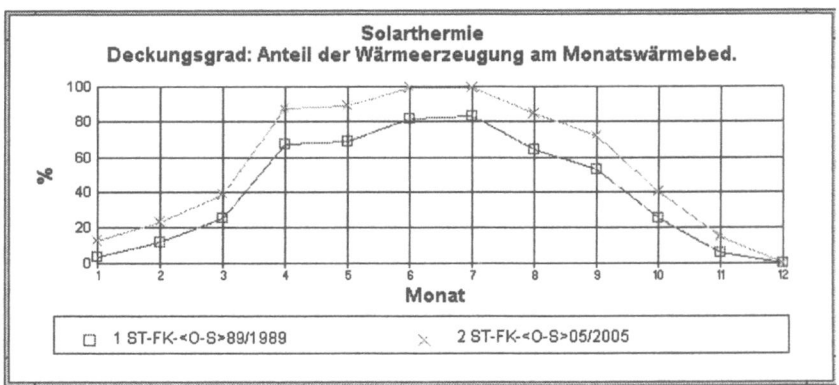

Abb. 2.1.16 Kennliniendarstellung im Technikvergleich (Querschnittstechniken)

Das IKARUS-Informationssystem 27

- Demographische Angaben: Bevölkerungsstand und -entwicklung für die Referenz- bzw. Zieljahre.

- Technikbestände (1989/95) und erwartete Potentiale in den Jahren 2005 und 2020 für die in der Technik- und Modelldatenbank beschriebenen Techniken/Prozesse.

- Strukturdaten in den Bereichen Haushalte, Industrie und Verkehr. Bedarf an Energie und Dienstleistung (z.b. Personenkilometer, Wohnflächen).

- Energiebilanzen der Bundesrepublik Deutschland für mehrere Jahre, soweit vorhanden auch für die neuen Bundesländer.

- Zentrale Rahmendaten : volkswirtschaftliche Daten wie Bruttoinlandsprodukt (BIP), Konsum etc..

Weitere Informationen sind zu Energieträgerpreisen, zu CO_2-Emissionsfaktoren und Heizwerten von Energieträgern sowie zu Treibhauspotentialen verschiedener klimarelevanter Gase vorhanden.

2.1.3.4 Allgemeine Retrievaloptionen

Ein wesentliches Merkmal der IKARUS-Datenbank ist die Tatsache, daß die enthaltenen Daten durch Quellenangaben belegt sind und z.T. mit Angaben des Unsicherheitsbereiches, der Datengüte und ggf. weiteren Kommentierungen versehen sind. Es ist sichergestellt, daß bis auf die Ebene der Einzelwerte hinunter mehrere *Literaturquellen* angegeben sein können. Durch Betätigen des Knopfes "Literatur" erhält der Nutzer Angaben über die zum angezeigten Datensatz verwendeten Quellen (Abb. 2.1.17) . Dies können bis zu 10 Zitate pro Datenbankeintrag sein.

In Allgemeinen sind im Retrievalprogramm jeweils mehrere Fenster auf einer Bildschirmseite geöffnet, um aus unterschiedlichen Tabellen stammende aber inhaltlich zusammengehörende Daten im Zusammenhang darzustellen. Ein einfacher Bildschirmausdruck enthält aber nur die Daten *eines* (des jeweils aktiven) Fensters und bietet damit eine wenig nutzerfreundliche Sicht auf die Daten. Es wurde daher zusätzlich eine *Reportfunktion* programmiert. Sie erlaubt es, jeweils eine Technik mit ihren allgemeinen Angaben, Quellenangaben etc. und den zugehörigen Werten aller Merkmale im Zusammenhang auszudrucken. Ein solcher "Report" zu einer Technik erstreckt sich i.a. über mehrere Seiten.

Weitere Unterstützung ist bereits durch den von dem Entwicklungswerkzeug Power Builder mitgelieferten und über die Nutzeroberfläche abrufbaren Funktionenumfang gegeben. Dazu gehören u.a. das Sortieren von Datensätzen sowie der Export angezeigter Datensätze in Excel-oder Text-Dateien. Ferner wird der Nutzer über ein Online-Hilfesystem und ein elekronisches Nutzerhandbuch mit ausführlichen Installationshinweisen unterstützt.

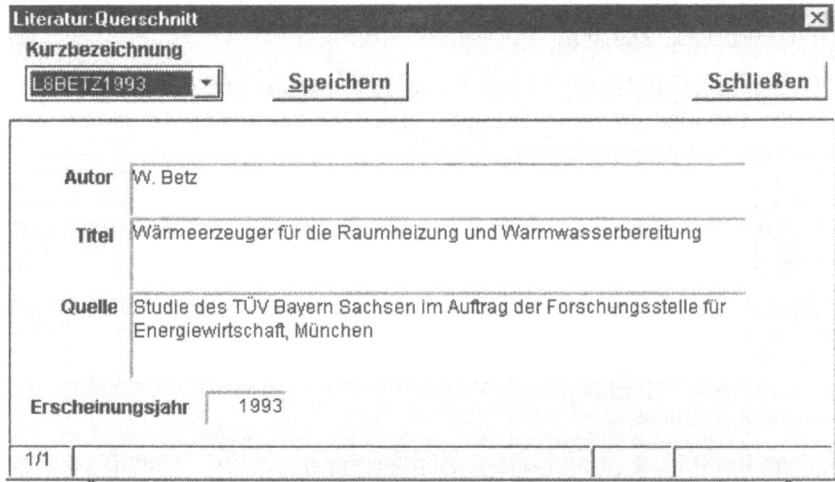

Abb. 2.1.17 Anzeige eines Literaturzitates

2.1.4 Schlußbemerkungen

Die Fülle der in der IKARUS-Datenbank abgespeicherten Information wird sicher eine Vielfalt an Auswertungen ermöglichen. Diese können jedoch nicht bereits von der Datenbank selbst vorgenommen werden. Spezielle Auswertungen müssen mit Hilfe nutzereigener Programme außerhalb der Datenbank erfolgen. Der Hauptzweck der IKARUS-Datenbank besteht vielmehr darin, die vielfältigen technischen und wirtschaftlichen Daten der relevanten Techniktypen aller Energiesektoren zu dokumentieren und verfügbar zu machen. Die bereitgestellten Informationen sollen helfen, Strategien einer nationalen CO_2-Reduktion auf einer gesicherten, möglichst unumstrittenen Datenbasis zu entwickeln. Das eigentliche "Durchspielen" dieser Strategien kann von der Datenbank nicht geleistet werden. Dazu können - je nach Fragestellung - die ebenfalls im IKARUS-Projekt entwickelten Instrumente Optimierungsmodell, Technikketten-Modell oder sektorale Teilmodelle eingesetzt werden.

Literatur

Laue H.-J., Weber K.-H, Tepel J.W. (1997): IKARUS-Datenbank – Ein Informationssystem zur technischen, wirtschaftlichen und umweltrelevanten Bewertung von Energietechniken. Schriften des Forschungszentrums Jülich, Reihe Umwelt, Band 4

2.2 Technikorientierte Klimagasreduktionsstrategien für Deutschland

Dag Martinsen, Peter Markewitz, Armin Kraft, Jürgen-Friedrich Hake

Neben CO_2 wird eine Vielzahl anderer Emissionstypen für den anthropogen bedingten Treibhauseffekt verantwortlich gemacht. Dieser Tatsache wurde auch im Rahmen der 3. Vertragsstaatenkonferenz in Kyoto Rechnung getragen, indem die Minderungsziele auf andere Treibhausgase erweitert wurden.

Vor diesem Hintergrund werden einige Reduktionsszenarien für das Jahr 2005 vorgestellt, die mit dem IKARUS-Optimierungsmodell gerechnet wurden. Neben CO_2 werden die Klimagase CH_4, N_2O, CO sowie Nicht-Methan-Kohlenwasserstoffe (NMKW) in die Betrachtungen miteinbezogen. Ziel ist es, im Hinblick auf CO_2-Minderungsstrategien den Einfluß dieser zusätzlichen direkten bzw. indirekten Treibhausgase abzuschätzen, wenn diese über CO_2-Äquivalenzwerte berücksichtigt werden. Die Angabe von Äquivalenzwerten ist mit großen Unsicherheiten verbunden, und es werden daher Bandbreiten vorgegeben. Diese werden im Sinne einer Sensitivitätsanalyse untersucht. Darüber hinaus wird der Einfluß von Nachfragesensitivitäten analysiert.

Eine CO_2-Minderungsstrategie muß so konzipiert sein, daß sie möglichst weit über das Jahr 2005 hinaus wirkt. Daher ist auch zu fragen, ob eine auf den Zeitpunkt 2005 ausgerichtete Minderungsstrategie auch für einen längeren Zeitraum, der über dieses Zieljahr hinausgeht, die effizienteste Lösung darstellt. Zur Beantwortung dieser Fragen werden in einem Kapitel Szenarien vorgestellt, die bis zum Jahr 2030 reichen.

2.2.1 Methodik, Modell und Szenarien

Ausgehend vom Minderungsbeschluß der Bundesregierung, die CO_2-Emissionen bis zum Jahr 2005 um 25% bezogen auf das Ausgangsniveau des Jahres 1990 zu mindern, werden für das Zieljahr 2005 ein Referenzszenario sowie einige Minderungsszenarien aufgestellt. Die Ermittlung der Szenarien erfolgt mit Hilfe eines technikorientierten Optimierungsmodells, welches das Energiesystem von der Nutzenergie- bzw. Energiedienstleistungs- bis zur Primärenergieseite abbildet. Das im Rahmen des IKARUS-Projektes entwickelte Optimierungsmodell (Martinsen et al., 1998) bildet die Energieflüsse, energiebedingte Emissionen und Kosten des gesamten Energiesystems ab und arbeitet nach der Methode der Linearen Programmierung. Optimierungskriterium ist in diesem Fall die Minimierung der Gesamtsystemkosten. Das Modell bewertet also den zur Änderung des Energiesystems (z.B. bei einer CO_2-Minderungvorgabe) notwendigen Aufwand in Form von Kosten und errechnet einen kostenoptimalen Technikmix (bzw. eine entsprechende Reduktionsstrategie) unter Berücksichtigung der getroffenen Annahmen (z.B. wirtschaftliche Entwicklung, Technikdaten etc.). Zugrundegelegt wurde dabei die Datenbasis der CD-ROM-Version 10/97 mit dem Basisjahr '89. Inzwischen ist die Revision der Datenbank mit neuem Basisjahr 1995 weitgehend abgeschlossen. Ergebnisse erster Analysen mit diesen Daten konnten allerdings keine Berücksichtigung mehr finden. Durch die Vernetzung im Modell werden Wechselwirkungen innerhalb der energiewirtschaftlichen Sektoren berücksichtigt.

Folgende Szenarien werden mit Hilfe des Modells gerechnet und analysiert:
- Basis- bzw. Referenzszenario (BAS)

Dieses Szenario läßt sich im Sinne einer Business-as-usual-Entwicklung interpretieren und spiegelt eine gewisse Erwartungshaltung bis zum Jahr 2005 wider. Unter der Annahme, daß mit Ausnahme der bereits initiierten Reduktionsmaßnahmen (z.B. Wärmeschutzverordnung) keine weiteren besonderen Maßnahmen zur CO_2-Reduktion ergriffen werden, wird eine kostenoptimale Energieversorgung unter Berücksichtigung schon heute absehbarer Entwicklungen (z.B. Kraftwerksbestand, Rolle der Kernenergie etc.) für das Jahr 2005 gesucht. Bei der Bewertung der Ergebnisse sind einerseits die steigenden Nachfragen nach Energiedienstleistungen zu sehen und andererseits sind autonome Effizienzverbesserung sowie Strukturveränderungen zu beachten.
- CO_2-Reduktionsszenario (CO2)

Gegenüber dem Referenzfall wird im Reduktionsszenario dem Modell eine CO_2-Reduktion von 25% vorgegeben, so daß das von der Bundesregierung anvisierte Minderungsziel in jedem Fall eingehalten wird. Ansonsten bleiben alle anderen Parameter gegenüber dem Referenzfall unverändert. Wie im nachfolgenden gezeigt wird, führen die vom Modell vorgeschlagenen Minderungsmaßnahmen zu einer Reduktion der anderen Treibhausgase im Sinne eines Mitnahmeeffekts. Die Minderung aller Treibhausgase, bewertet als CO_2-Äquivalente, liegt dann deutlich über 25 %.
- Treibhausgas-Reduktionsszenario (THG)

Im Gegensatz zum CO_2-Reduktionsszenario werden auch die anderen Treibhausgasemissionen über CO_2-Äquivalente in die Betrachtungen einbezogen. Die zuvor im 25%-CO_2-Reduktionsfall errechnete Minderung aller Treibhausgase wird dem Modell als Obergrenze vorgegeben. Zusätzlich besitzt das Modell somit auch noch die Option der Minderung anderer Treibhausgase.

Für die drei Szenarien (BAS, CO2, THG) werden zum einen die dem Modell exogen vorgegebenen Nachfragen in Form von Bandbreiten variiert und Sensitivitäten analysiert. Zum anderen sind die CO_2-Äquivalente der anderen Treibhausgase mit großen Unsicherheiten behaftet. Daher werden diese ebenfalls in Form von Bandbreiten variiert.

2.2.1.1 Energieträgerimportpreise, energiebedarfsbestimmende Nachfragen und Begrenzungen

Wie die energierelevanten Nachfragen werden dem Modell auch die Importenergiepreise exogen vorgegeben. Es wird angenommen, daß die Preise der wichtigsten Importenergieträger bis zum Jahr 2005 nur moderat ansteigen. Die Nachfragen nach Energiedienstleistungen sind für die Endverbrauchssektoren unterschiedlich definiert. Die Nachfrage des Industriesektors wird als Nettoproduktion branchenweise vorgegeben und ist in Tabelle 2.2.1 als Summenwert für alle Branchen angegeben. Im Kleinverbrauchssektor stellt die

Zahl der Erwerbstätigen die energiebedarfsbestimmende Größe dar. Die Nachfrage des Raumwärmebereichs im Haushaltssektor wird als zu beheizende Quadratmeter und die des Verkehrssektors als Tonnenkilometer (Güterverkehr) bzw. Personenkilometer (Personenverkehr) vorgegeben. Auf der Basis der in den vergangenen Jahren veröffentlichten Prognosen und Szenarien wurden die in Tabelle 2.2.1 enthaltenen Bandbreiten abgeleitet. Eine genauere Beschreibung hierzu findet sich in (Markewitz/Martinsen, 1997).

Tabelle 2.2.1 Entwicklung der wichtigsten Nachfragegrößen in den alten und neuen Bundesländern (ABL bzw. NBL) bis zum Jahr 2005

	1989 ABL (absolut)	2005 ABL Anstieg in %		1989 NBL (absolut)	2005 NBL Anstieg in %	
		Niedrig	Hoch		Niedrig	Hoch
Raumwärme (10^6 m²)	2198	18	29	419	15	15
Verkehr (Mrd. Pkm) (Mrd. tkm)	690 281	23 48	34 69	141 75	48 10	73 84
Industrie (Mrd. DM$_{kt}$)	592	35	35	(100)*	35	35
Kleinverbrauch Beschäftigte (Mio)	22	9	9	4.6	31	31

* fiktives Ausgangsniveau

Tabelle 2.2.2 Auswahl wichtiger energiepolitischer Begrenzungen für das Jahr 2005

	Alte Bundesländer	Neue Bundesländer
Steinkohle Gewinnung (PJ)	>1100	----
Steinkohle Verstromung (PJ)	> 500	-----
Steinkohle Importe (PJ)	< 800	< 270
Braunkohle Gewinnung (PJ)	< 970	> 640 und < 830
Braunkohle Verstromung (PJ)	> 750	> 550
Erdgas Importe (PJ)	< 2600	< 510
Kernenergie (GW)	= 21.1	----
Windkraft (GW)	> 2.7 und < 3.2	>0.17 und <1
Feste Biomasse (PJ)	< 161	< 65
Müllverwertung (PJ)	< 140	< 30

Das Optimierungsmodell wählt unter dem Zielkriterium der Kostenminimierung ausschließlich die kostengünstigsten Technologien und Maßnahmen aus. Allerdings spielen in der Realität auch noch andere Aspekte eine Rolle, die es zu beachten gilt. Diese sind beispielsweise sich bereits heute abzeichnende Entwicklungen bis zum Jahr 2005 (z.B. Kernenergie, Förderpläne für Kohle bis zum Jahr 2005 etc.). Informationen solcher Kategorie, die das Ergebnis stark prägen, werden dem Modell in Form von Begrenzungen mitgeteilt, die als Bandbreiten vorgegeben werden können. Eine Zusammenstellung der wichtigsten Begrenzungen findet sich in Tabelle 2.2.2.

2.2.1.2 CO_2-Äquivalente für andere Treibhausgase

Im Rahmen der Kyoto-Konferenz haben sich die Vertragsparteien auf den sogenannten 6-Gasansatz (Kyoto-Basket) geeinigt, der neben CO_2 die Treibhausgase CH_4, N_2O, HFC, PFC sowie SF_6 enthält. Im Rahmen der nachfolgenden Betrachtungen werden lediglich die durch Verbrennung und inländische Förderung fossiler Energieträger bedingten Emissionen CO_2, CH_4 und N_2O berücksichtigt, die von dominanter Bedeutung sind. Der Anteil der übrigen Treibhausgase an den bundesdeutschen energie- und nichtenergiebedingten Gesamtemissionen (Kyoto-Basket) beträgt schätzungsweise 3 % (als CO_2-Äquivalent) und ist somit sehr gering (BMU, 1997 u. Schafhausen, 1998).

Das im Rahmen der Analysen betrachtete Spektrum von Treibhausgasen wurde vor dem Hintergrund der direkten sowie indirekten Wirkungsmechanismen ausgewählt. Zum einen wirken Treibhausgase als Infrarotabsorber (direkte Wirkung), und zum anderen beeinflussen sie die Entstehung und Konzentration anderer Substanzen, die wiederum als Absorber wirken oder einen anderen Einfluß auf die Atmosphärenchemie besitzen. In vielen Fällen wird die indirekte Wirkung größer eingeschätzt als der direkte Einfluß und darf daher nicht vernachlässigt werden. Die Wirkung der Nicht-CO_2-Treibhausgase wird mit Hilfe von CO_2-Äquivalenzfaktoren bewertet, die auch als Global-Warming-Potentials (GWP) bezeichnet werden. Deren Höhe hängt von vielen Parametern und Annahmen ab, wie z.B. Verweildauer, Betrachtungszeit, Konzentration anderer Gase in der Atmosphäre etc. Insbesondere hat die Wahl des Betrachtungszeitraumes einen großen Einfluß auf die GWP-Faktoren der im Vergleich zu CO_2 relativ kurzlebigen Treibhausgase, die in den nachfolgenden Analysen berücksichtigt werden. Kurze Betrachtungszeiträume führen zu beträchtlich höheren GWP-Werten. Grundsätzlich ist die Vorgabe eines Betrachtungszeitraumes beliebig, allerdings empfiehlt sich bei einem kurzfristigen Reduktionsziel, wie es in den nachfolgenden Analysen untersucht wird, die Wahl eines kurzen Betrachtungszeitraumes. Für die verwendeten CO_2-Äquivalenzfaktoren (Tabelle 2.2.3) wird daher ein Betrachtungszeitraum von 20 Jahren zugrunde gelegt. Im übrigen ist der Zeitraum von 20 Jahren eine geeignete Zeitspanne, um die Wirksamkeit sowie die wirtschaftliche Effektivität vieler Emissionsminderungsmaßnahmen beurteilen zu können.

Bei der Interpretation der nachfolgenden Auswertungen kann man die mit Hilfe von CO_2-Äquivalenzwerten zusammengefaßten Emissionen aller Treibhausgase als eine Obergrenze und die CO_2-Emissionen als untere Grenze bewerten.

Über die Variation hinaus, die sich aus der Wahl des Betrachtungszeitraums ergibt, sind die GWP-Faktoren mit großen Unsicherheiten behaftet, was im wesentlichen mit der Einschätzung der indirekten Wirkung zusammenhängt. Daher sind in Tabelle 2.2.3 für jedes Treibhausgas Bandbreiten angegeben. Der mittlere Wert repräsentiert hierbei den mittleren Faktor, wie er vom IPCC angegeben wird. Es ist zu betonen, daß die Bandbreiten nur für Werte mit einem Betrachtungszeitraum von 20 Jahren gültig ist. Eine Variation des Betrachtungszeitraums ist in diesen Werten also nicht enthalten.

Die Treibhausgaswirkung von Stickoxiden (NO_x) ist in der vorliegenden Arbeit nicht berücksichtigt. Stickoxide besitzen aufgrund ihrer kurzen Verweildauer von einigen Stunden praktisch keine direkte Treibhauswirkung. Allerdings spielen sie bei der Ozonbildung in der Stratosphäre eine Rolle und besitzen somit eine indirekte Wirkung auf den Treibhauseffekt. Das Intergovernmental Panel on Climate Change (IPCC) definiert den CO_2-Äquivalenzfaktor über den Ozonanstieg, weist aber auf die großen Unsicherheiten hin. Während im Jahr 1990 noch ein vorläufiger GWP-Faktor von 150 (20 Jahre Betrachtungszeitraum) für Stickoxide angegeben wurde, wurde vom IPCC später in Frage gestellt, ob die Angabe eines solchen Faktors aufgrund der ungleichmäßigen Verteilung der Stickoxide überhaupt sinnvoll ist. (vgl. hierzu (Gebauer, 1995)) Im Rahmen der Analysen werden die Stickoxide daher nicht berücksichtigt. Würde man sie in die Betrachtungen miteinbeziehen, wäre die Minderung der Nicht-Treibhausgasemissionen noch größer als in den nachfolgenden Rechnungen ausgewiesen. Ursachen hierfür sind z.B. die Entstickung von Großfeuerungsanlagen oder die Einführung des geregelten Katalysators in Fahrzeugen.

Tabelle 2.2.3 Verwendete CO_2-Äquivalenzfaktoren (20 Jahre, direkte und indirekte Wirkung) (Gebauer, 1995)

	Unterer Wert	Mittlerer Wert	Oberer Wert
CO_2	1	1	1
CO	5	7	9
CH_4	41	62	83
N_2O	193	290	387
NMKWS	16	31	47

2.2.1.3 Szenarienergebnisse für das Jahr 2005

- *Bisherige Entwicklung, Basisfälle*

Bewertet man die Nicht-CO_2-Treibhausgase mit dem mittleren Wert der CO_2-Äquivalenzfaktoren (vgl. Tabelle 2.2.3), beträgt die Gesamtemission aller energiebedingten Treibhausgase inklusive CO_2 für das Jahr 1990 ca. 1223 Mio t (Abb. 2.2.1). Der Anteil der Nicht-CO_2-Gase beträgt ca. 19 %. Dieser Anteil setzt sich zusammen aus CO (6,5%), CH_4 (6,5%), N_2O (1%) sowie Nicht-Methan-Kohlenwasserstoffe NMKWS (5%). In der weiteren Entwicklung bis 1994 sind die Emissionen der CO_2-Äquivalente um ca. 16% zurückgegangen. Die Verringerung der CO_2-Emissionen für sich alleine beträgt ungefähr 11 %. Eine Berücksichtigung von weiteren Treibhausgasen führt also in der Auswertung der bisherigen Entwicklung zu einem deutlich größeren Rückgang der Emissionen als bei der üblichen lediglich auf CO_2 fokussierten Betrachtung. Gegenüber 1990 sind die Gase NMKWS (-52%), CO (-38%) und CH_4 (-26%) deutlich zurückgegangen, während die N_2O-Emissionen um ca. 11% zugenommen haben, was auf die zunehmende Anzahl von Fahrzeugen zurückzuführen ist, die mit einem geregelten Katalysator ausgerüstet sind. Wie Abb. 2.2.1 zeigt, ist auch ein Rückgang der Emissionen in den Projektionen[5] für das Jahr 2005 festzustellen. Im Vergleich zum Basisjahr 1990 liegt die Reduktion der CO_2-Emissionen bewertet als Äquivalente je nach Nachfrage zwischen 19 und 23 %. Die entsprechende Minderung der CO_2-Emissionen beträgt 12 bis 16 % und deckt sich mit den Emissionsprojektionen anderer Institute. Die Bandbreiten deuten auf die hohe Sensitivität der Nachfragevarianzen. Es bleibt festzuhalten, daß die Einhaltung des Minderungsbeschlusses der Bundesregierung wohl eher unwahrscheinlich ist. Zudem ist der nur noch geringe verbleibende Zeitraum bis zum Jahr 2005 zu sehen. Bei Einbeziehung der anderen Treibhausgasemissionen und der Annahme eines GWP-Betrachtungszeitraums von 20 Jahren wäre das Erreichen des Minderungsziels eher wahrscheinlich. Allerdings würde dies eine andere Interpretation des Beschlusses bedeuten.

Die sektorale Aufteilung der Treibhausgasemissionen ist in Abb. 2.2.2 für das Szenario mit hoher Nachfrage dargestellt und verdeutlicht die unterschiedlichen relativen Änderungen der Emissionen im Basisszenario (BAS) für das Jahr 2005 in den verschiedenen Sektoren. Verglichen mit dem Jahr 1990 beträgt die prozentuale Nettoänderung im Jahr 2005 bei einer hohen Nachfrage (niedrigen Nachfrage) im Umwandlungssektor −25% (-26%), im Verkehrssektor +9% (-4%), im Haushaltssektor −14% (-21%), im Sektor Kleinverbrauch −46% (-46%) sowie im Industriesektor −32% (-32%).

Bereits im Basisfall sinken die CO_2-Emissionen des Umwandlungssektors (Strom- und Fernwärmeerzeugung, Raffinerie, Kohleveredlung, Verteilung und Förderung der Primärenergieträger im Inland) um ca. 21%; die Reduktion der anderen Treibhausgase liegt im Bereich von 50% und ist deutlich ausgeprägter. Der starke Rückgang der Methanemissionen ist mit der rückläufigen Förderung heimischer Steinkohle zu erklären.

Im Verkehrssektor sind die CO_2-Emissionen von 1990 bis 1994 um ca. 8% gestiegen. Dieser Trend, der auf die zunehmenden Verkehrsleistungen zurückzuführen ist, setzt sich auch im Basisfall fort. Verglichen mit dem Ausgangsjahr 1990 liegen die CO_2-Emissionen des Basisfalls mit 21% (niedrige Nachfrage) bzw. 38% (hohe Nachfrage) deutlich höher. Anders ist die Entwicklung der übrigen Treibhausgasemissionen. Sowohl im Szenario mit niedriger als auch dem mit hoher Nachfrage ist ein Rückgang der Kohlenmonoxid- sowie Kohlenwasserstoffemissionen festzustellen. Neben dem Einsatz effizienterer Fahrzeuge insbesondere in den neuen Bundesländern ist die Einführung von Katalysatoren ein weiterer Grund hierfür. Allerdings ist der Einsatz geregelter Katalysatoren für den Anstieg der N_2O-Emissionen verantwortlich.

In den Sektoren Haushalte und Kleinverbraucher haben sowohl die CO_2-Emissionen als auch die Emissionen der anderen Treibhausgase in dem Zeitraum

---

[5] Auf eine detaillierte Beschreibung der Szenarien wird in diesem Beitrag bewußt verzichtet; diese findet sich in (Markewitz/Martinsen, 1997).

von 1990 bis 1994 abgenommen. Diese Entwicklung, die sich zum Teil auch bis zum Jahr 2005 fortsetzt, ist im wesentlichen mit der Substitution von Kohleheizungen und -öfen durch Öl- und Gasheizungen in den neuen Bundesländern zurückzuführen. Insgesamt beträgt die Reduktion aller Treibhausgasemissionen des Sektors Haushalte und Kleinverbrauch bis zum Jahr 2005 ca. 30 % (niedrige Nachfrage) bzw. 26 % (hohe Nachfrage) gegenüber der Ausgangssituation von 1990.

- *Reduktionsszenarien (CO_2, THG)*

Gegenüber dem Referenzfall (BAS) unterscheidet sich das Reduktionsszenario (CO2) durch die Vorgabe einer CO_2-Emissionsrestriktion von 25% bezogen auf das Emissionsniveau von 1990. Wie aus Abbildung 2.2.1 zu erkennen ist, resultiert hieraus ein Rückgang aller Treibhausgasemissionen um ca. 31%. Die aufgrund der CO_2-Restriktion vom Modell errechneten Minderungsmaßnahmen (Einsparung, Energieträgersubstitution etc.) bewirken sozusagen einen Mitnahmeeffekt, der zu dieser Minderung führt. Im Vergleich zum Referenzfall gehen die CO_2-Emissionen bei hoher Nachfrage (niedriger Nachfrage) um ca. 10% (15%) zurück. Der vergleichbare Rückgang der anderen Treibhausgase liegt bei ca. 5% (8 %). Wie im nachfolgenden noch gezeigt wird, hängt die Minderung von der jeweiligen Emissionsart sowie auch vom energiewirtschaftlichen Sektor ab.

Gegenüber dem CO_2-Reduktionsszenario wird im THG-Szenario eine Restriktion auf die Summe aller Treibhausgase gesetzt. Als Obergrenze wird der Wert der Treibhausgasemissionen (-31 % bzw. 845 Mio t) vorgegeben, wie er sich im CO_2-Reduktionsfall -ausgedrückt als CO_2-Äquivalent- errechnet. Eine derartige Vorgehensweise erlaubt dem Modell einen größeren Spielraum bei der Auswahl geeigneter Minderungsmaßnahmen, da der Lösungsraum erweitert wird. Das Modell besitzt neben reinen CO_2-Minderungsmaßnahmen auch andere Minderungsoptionen, wodurch bestimmte Sektoren entlastet und die Reduktionskosten verringert werden. Abbildung 2.2.1 sowie 2.2.3 verdeutlichen, daß die Unterschiede verglichen mit einer lediglich auf CO_2-Minderung ausgerichteten Strategie relativ gering sind. Tendenziell ergibt sich eine etwas geringere Reduktion der CO_2-Emissionen im Umwandlungsbereich und eine etwas größere Reduktion der anderen Treibhausgasemissionen bei den Sektoren Haushalte und Kleinverbraucher.

Zwischen dem CO_2- und dem THG-Szenario sind Verschiebungen zwischen den Sektoren wie auch zwischen den einzelnen Emissionsarten festzustellen. In Abbildung 2.2.4 sind diese Änderungen für das Szenario mit hoher Nachfrage und mittleren CO_2-Äquivalenzfaktoren dargestellt. Die in der Abbildung enthaltenen Prozentangaben beziehen sich auf die jeweils sektorspezifischen Emissionsmengen. Insgesamt ergibt sich eine CO_2-Mehremission von ca. 5.7 Mio t und eine Minderemission von CO (-3.8 Mio t CO_2-Äquivalenz), CH_4 (-0.6 Mio t CO_2-Äquivalenz) und NMKWS (-1.3 Mio t CO_2-Äquivalenz), während die N_2O-Emissionen nahezu unverändert bleiben. Sektoral betrachtet, ergibt sich ein differenziertes Bild.

Technikorientierte Klimagasreduktionsstrategien 37

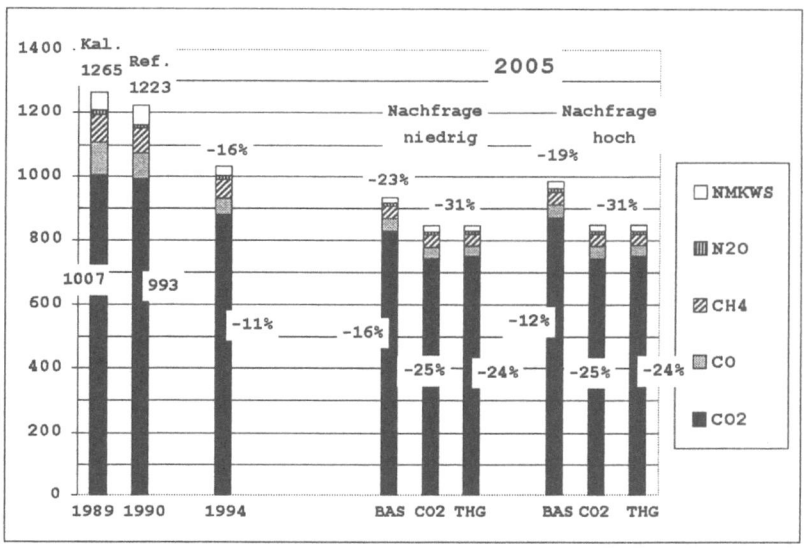

Abb. 2.2.1 Treibhausgasemissionen in den verschiedenen Szenarien in Mio t. (CO_2-Äquivalenzfaktor=mittlerer Wert)

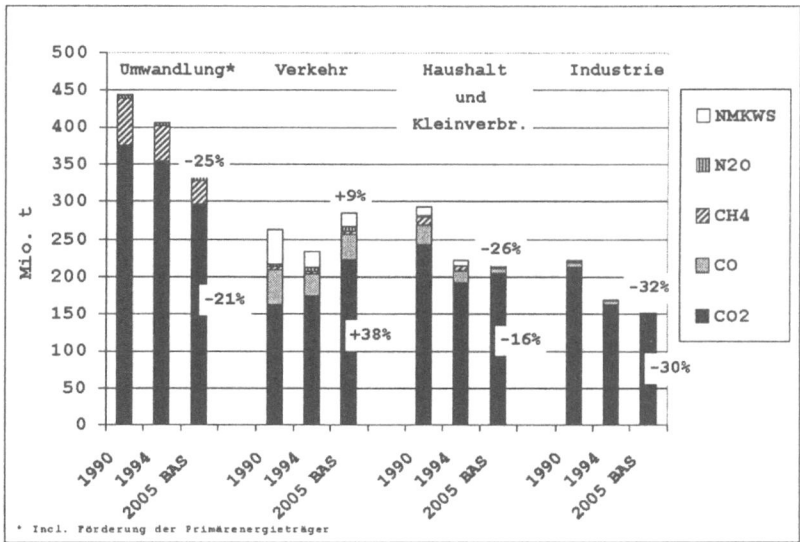

Abb. 2.2.2 Emissionen im Basisfall für das Jahr 2005 verglichen mit der historischen Entwicklung differenziert nach Sektoren (hohe Nachfrage, CO_2-Äquivalenzfaktor=mittlerer Wert)

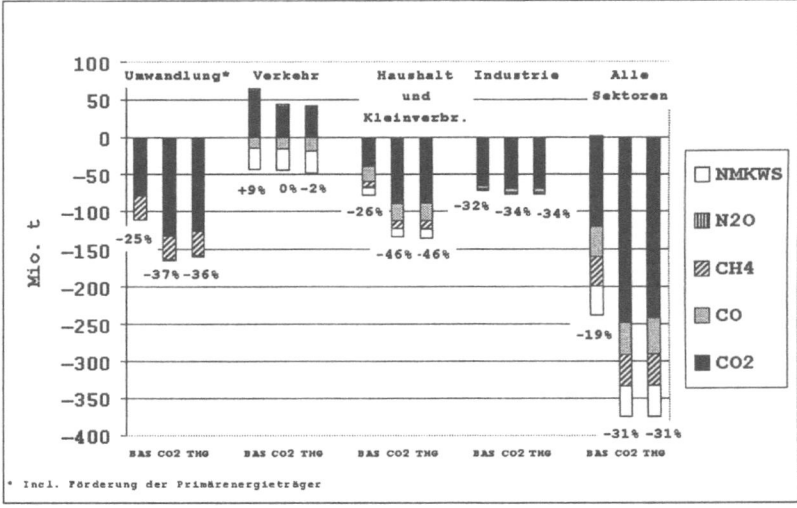

Abb. 2.2.3 Änderung der Treibhausgasemissionen in den verschiedenen Szenarien bis zum Jahr 2005 differenziert nach Sektoren (hohe Nachfrage, CO_2-Äquivalenzfaktor=mittlerer Wert)

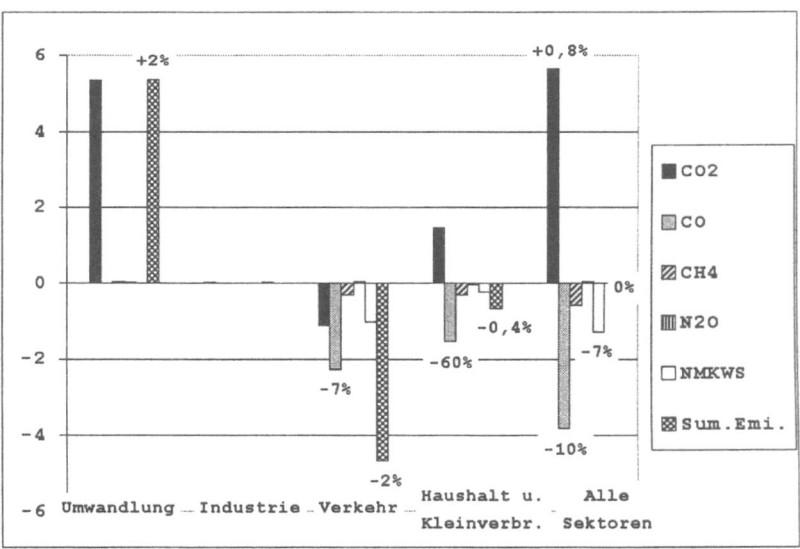

Abb. 2.2.4 Differenz der Emissionen zwischen dem CO2- und THG-Szenario in Mio t (hohe Nachfrage, CO_2-Äquivalenzfaktor=mittlerer Wert)

Verglichen mit dem Basisszenario (Abb. 2.2.3) sind für den *Umwandlungsbereich* in beiden Reduktionsszenarien deutliche CO_2-Minderungen festzustellen, während die Emissionen der anderen Treibhausgase in etwa konstant bleiben. Eine wesentliche Ursache hierfür ist der Einsatz von erdgasbefeuerten GuD-Kraftwerken und die niedrigere Kohleverstromung. Ein Vergleich der beiden Reduktionsszenarien (Abb. 2.2.4) zeigt, daß die CO_2-Emissionen des Umwandlungsbereichs im THG-Szenario um ca. 5 Mio t höher liegen und die anderen Treibhausgasemissionen in etwa unverändert bleiben. Diese CO_2-Mehremissionen werden durch die Minderung von Treibhausgasen in anderen Sektoren kompensiert.

Gegenüber dem Basisfall ist für den *Verkehrssektor* in beiden Reduktionsszenarien eine ausgeprägte Abnahme der CO_2-Emissionen sowie mit Ausnahme von N_2O eine moderate Abnahme der anderen Treibhausgase festzustellen. Verglichen mit der Ausgangssituation von 1990 ist die Summe der Treibhausgasemissionen im CO_2-Szenario nahezu unverändert und im THG-Szenario etwas niedriger. Gegenüber dem CO_2-Szenario beträgt im THG-Szenario die Reduktion aller Treibhausgase – ausgedrückt als CO_2-Äquivalent - ca. 4.7 Mio t.

Im Vergleich zum Basisfall liegen die CO_2-Emissionen des *Haushalts- und Kleinverbrauchssektors* mit 24 bis 25 % deutlich niedriger, was ungefähr einer Menge von 50 Mio t CO_2 entspricht. Von allen Endverbrauchssektoren liegen die größten Einsparpotentiale (verbesserte Wärmedämmung, verstärkter Einsatz von Erdgas und Substitution von Kohleheizungen etc.) im Haushaltssektor. Absolut gesehen liegt die Reduktion der anderen Treibhausgase ebenfalls niedriger, allerdings nicht so ausgeprägt wie die des CO_2. Gegenüber dem CO_2-Reduktionsszenario wird im THG- Szenario etwas mehr CO_2 emittiert. Diese Mehremissionen werden durch die stärkere Minderung der anderen Treibhausgase (insbesondere CO) in etwa kompensiert.

- *Varianz von Nachfrage und CO_2-Äquivalenzfaktoren*

Inwieweit die Bandbreiten von Nachfrage und CO_2-Äquivalenzfaktoren einen Einfluß besitzen, zeigt Tabelle 2.2.4. Aufgelistet sind die prozentualen Minderungen der Treibhausgasemissionen (inkl. CO_2) gegenüber 1990. Im Basisfall variiert die Minderung von −17 % (hohe Nachfrage und unterer Wert für CO_2-Äquivalenzfaktor) bis −26 % (niedrige Nachfrage und oberer Wert für CO_2-Äquivalenzfaktor). Die vergleichbare Minderung in den Reduktionsfällen beträgt −29 % bis −33 %. Die Varianz im Reduktionsfall ist aufgrund der Restriktionsvorgabe wesentlich kleiner.

Tabelle 2.2.4 Treibhausgasminderungen für die Bandbreiten von Nachfragen und CO_2-Äquivalenzfaktoren

	Basisfall		Reduktionsfall	
CO_2-Faktor	Niedrige Nachfrage	Hohe Nachfrage	Niedrige Nachfrage	Hohe Nachfrage
Unterer Wert	-21%	-17%	-29%	-29%
Mittlerer Wert	-23%	-19%	-31%	-31%
Oberer Wert	-26%	-22%	-33%	-33%

Die Ergebnisse zeigen, daß bei Einbeziehung anderer Treibhausgase, diese Unsicherheitsbereiche in die Betrachtungen miteinbezogen werden müssen. Die Angabe eines einzelnen Emissionsminderungswertes ist wenig aussagekräftig.

Kosten der Treibhausgasminderung
Verglichen mit dem Basisfall betragen die jährlichen Mehrkosten in den Reduktionsfällen THG und CO_2 5 bzw. 5,5 Mrd. DM (niedrige Nachfrage) und 14 bzw. 15 Mrd. DM für das Szenario mit der hohen Nachfrage. Die durchschnittlichen Reduktionskosten der Treibhausgasminderung für den Fall der niedrigen (bzw. hohen) Nachfrage liegen zwischen 53 (97) DM/tCO_2-Äquivalent im THG-Szenario (oberer Wert) und 63 (110) DM/tCO_2-Äquivalent im CO_2-Szenario. Ein Vergleich der Werte im THG- und CO_2-Fall, zeigt, daß die relative Differenz in einem Bereich von -4 bis -13 % (bzw. -2 % bis -8 %) liegt.

Die Grenzkosten oder marginalen Kosten (auch Schattenpreise genannt) liegen wesentlich höher als die Durchschnittskosten und sind in Abbildung 2.2.5 dargestellt. Wie bei den Durchschnittskosten besitzt die Nachfragevarianz auch bei den Grenzkosten einen entscheidenden Einfluß. Darüber hinaus ist es von großer Bedeutung, ob eine Restriktion auf die CO_2-Emissionen gesetzt wird oder auf andere Treibhausgase erweitert wird. Insbesondere im Reduktionsfall können die Grenzkosten im Mittel um knapp 20 % (von 346 DM/t auf 283 DM/t) reduziert werden, wenn wie im THG-Szenario dem Modell ein größerer Spielraum bei der Auswahl von Treibhausgasminderungsmaßnahmen zur Verfügung steht.

2.2.2 Ausblick bis zum Jahr 2030

Eine Betrachtung über den Zeitpunkt 2005 hinaus ist mit größeren Unsicherheiten aber auch mit einem größeren Spielraum für Reduktionsmaßnahmen verbunden.

In einer mehrperiodischen Optimierungsrechnung ist eine mögliche Entwicklung bis zum Jahr 2030 untersucht worden. Dabei ist der Zeitraum von 1990 bis 2030 in 5-Jahresperioden aufgeteilt. Die IKARUS LP-Daten (Stützpunkte 2005 und 2020) sind für die Jahre zwischen 1990 – 2005 und 2005 – 2020 interpoliert. Für den Zeitraum von 2020 bis zum Jahr 2030 wurden die Daten extrapoliert.

Im Referenzszenario bis 2030 ist eine "Business as usual" – Entwicklung mit moderatem Anstieg der Energieträgerpreise unterstellt. Die Nachfrage entspricht einer mittleren erwarteten Variante. Die maximal mögliche Kernenergiekapazität ist auf den heutigen Wert von ca. 21 GW netto begrenzt. Dies beinhaltet die Option, daß Kernkraftwerke die aus Altersgründen stillgelegt werden, durch Neubau ersetzt werden können. Die Förderung der deutschen Steinkohle wird weiter zurückgefahren, dafür wird aber mehr Importkohle zugelassen. Die Mindestförderung der Braunkohle wird im Zeitraum 2005 bis 2030 um ca. 10 % pro Periode (5 Jahre) zurückgenommen.

Technikorientierte Klimagasreduktionsstrategien

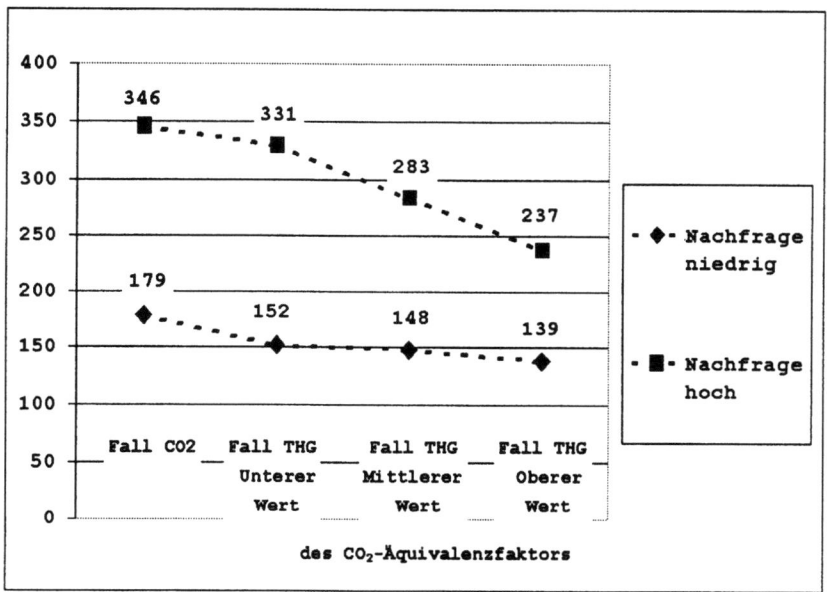

Abb. 2.2.5 CO_2-Grenzkosten (DM/tCO_2) für das Jahr 2005

In einem Reduktionsszenario werden ausgehend vom obigen Referenzszenario CO_2-Grenzwerte gesetzt. Im Vergleich zu 1990 wird -wie bereits in den vorhergehenden Betrachtungen- für das Jahr 2005 eine 25 %-Reduktion verlangt. Danach wird die CO_2-Restriktion sukzessive verschärft und entspricht im Jahr 2030 einer Reduktion von 40 % im Vergleich zu 1990.

In Tabelle 2.2.5 sind die CO_2-Emissionen von 1990 bis 2030 sowie prozentuale Änderungen für das Referenz- und Reduktionsszenario aufgeführt.

Im Jahr 2005 ergibt sich im Referenzfall eine Reduktion von ca. 14 % im Vergleich zu 1990. Danach ist der weitere Rückgang der CO_2-Emissionen geringer. Im Reduktionsfall entsprechen die Werte den vorgegebenen Grenzwerten.

Die entsprechende Entwicklung des Primärenergieverbrauchs ist in den Abbildungen 2.2.6 und 2.2.7 dargestellt. Im Referenzfall (Abb. 2.2.6) ist eine Minderung des Primärenergiebedarfs um ca. 17 % bis zum Jahr 2030 im Vergleich zu 1990 zu verzeichnen. Dabei gehen der Erdöl- und Braunkohleneinsatz zurück, während der Erdgasverbrauch gegenüber 1990 um über 70 % deutlich zunimmt. Der Einsatz von Steinkohle bleibt nahezu unverändert, allerdings nimmt der Anteil von Importkohle stark zu. Der Einsatz nuklearer Brennstoffe ist aufgrund der altersbedingten Stillegung von Kernkraftwerken rückläufig. Erst gegen Ende des Betrachtungszeitraumes werden wieder neue Kernkraftwerke zugebaut.

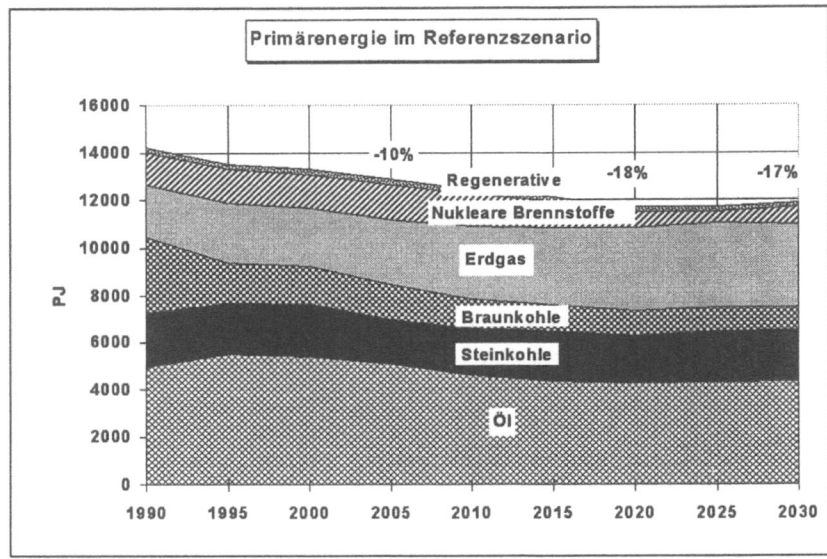

Abb. 2.2.6 Primärenergieverbrauch im Referenzszenario

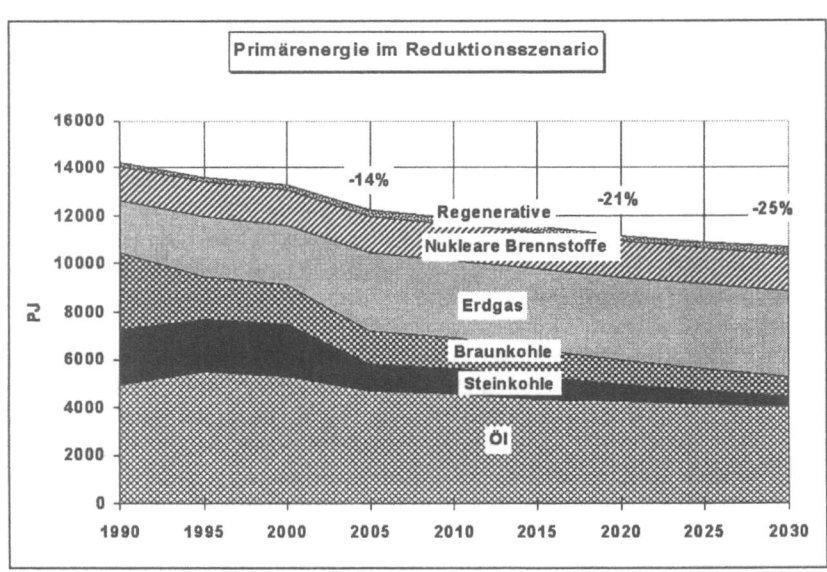

Abb. 2.2.7 Primärenergieverbrauch im Reduktionsszenario

Im Reduktionsfall werden Maßnahmen zur Energieeinsparung verstärkt getroffen, so daß der Primärenergieverbrauch im Zeitraum nach 2000 wesentlich niedriger ist als im Referenzfall. Im Gegensatz zum Referenzfall geht der

Steinkohleneinsatz kontinuierlich zurück. Da neue Kernkraftwerke als Ersatz veralteter und somit stillgelegter Anlagen zugebaut werden, bleibt der Einsatz von nuklearen Brennstoffen auf dem heutigen Niveau. Der Einsatz regenerativer Energieträger nimmt ebenfalls zu. Insgesamt decken jedoch die regenerativen Energieträger nur einen geringen Anteil des Primärenergieverbrauchs.

Die Mehrkosten aufgrund der CO_2-Minderungsvorgabe zeigen ein deutliches Maximum für die Periode um das Jahr 2005. Insbesondere müssen in dieser Periode hohe Investitionen getätigt werden, um die Zielvorgabe der Bundesregierung von 25 %-CO_2-Redukion erreichen zu können. Nach dem Jahr 2005 wird dann deutlich weniger investiert. Erst in den letzten 10 Jahren des Zeitraums von 2020 bis 2030, steigen aufgrund der verschärften CO_2-Reduktionsvorgaben die Mehrkosten wieder deutlich an.

Eine Umlegung der annuitätisch umgelegten Mehrkosten auf die jährliche CO_2-Minderung, ergibt die in Abbildung 2.2.8 dargestellten spezifischen durchschnittlichen CO_2-Minderungskosten. Im Vergleich sind auch die Grenzkosten, die naturgemäß erheblich höher liegen, aufgetragen.

Deutlich erkennbar sind die relativ hohen CO_2-Reduktionskosten für das Jahr 2005 (80 DM/t). Danach sinken die Kosten auf ca. 30 DM/t im Jahr 2015, um dann wieder auf ca. 80 DM/t bis zum Jahr 2030 anzusteigen. Die Ergebnisse zeigen, daß die zielpunktorientierte CO_2-Reduktion von 25 % bis zum Jahr 2005 sehr teuer ist. Eine zeitliche Verschiebung dieser Zielvorgabe könnte zu einer gleichmäßigen Verteilung der CO_2-Kosten führen, und somit zu einer Verringerung der kumulierten Mehrkosten bis 2030.

Tabelle 2.2.5 CO_2-Emissionen bis zum Jahr 2030 (*kursiv: Reduktionsvorgaben*)

Szenario	1990	1995	2000	2005	2010	2015	2020	2025	2030
Referenz Mio.t Vergl.1990	994	894 −10%	897 −10%	858 −14%	834 −16%	826 −17%	815 −18%	831 −16%	827 −17%
Reduktion Mio.t Vergl.1990	994	894 −10%	875 −12%	*750* *−25%*	*720* *−28%*	*690* *−31%*	*660* *−34%*	*630* *−37%*	*600* *−40%*
Red. - Ref. Mio.t Vergl. Ref.			-22 −3%	-108 −13%	-114 −14%	-136 −16%	-155 −19%	-201 −24%	-227 −27%

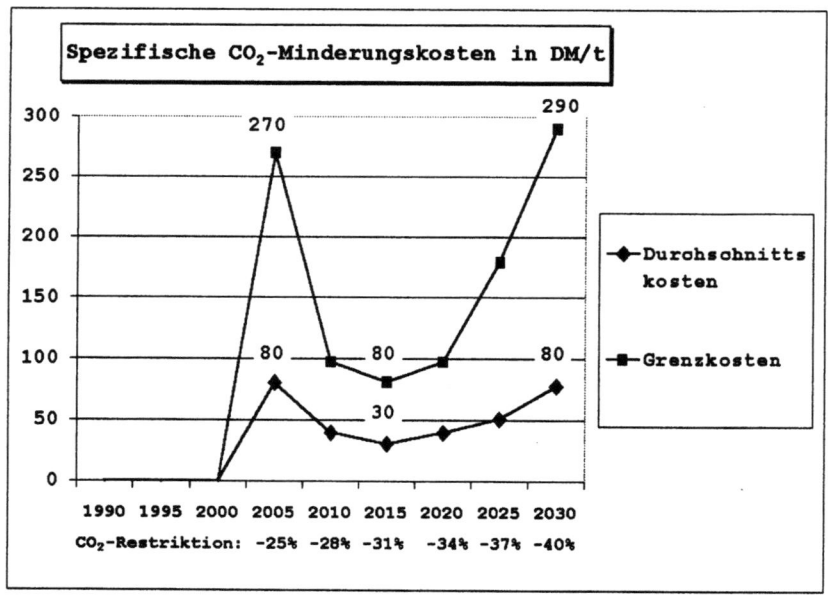

Abb. 2.2.8 CO_2-Minderungskosten

2.2.4 Fazit

Ein Ziel der Untersuchungen war es, die mögliche Entwicklung der CO_2- sowie der Nicht-CO_2-Treibhausgasemissionen bis zum Jahr 2005 aufzuzeigen. Darüber hinaus galt es, verschiedene Sensitivitätsanalysen durchzuführen sowie die Entwicklung bis zum Jahr 2005 in den Kontext einer längerfristigen Projektion zu stellen. Von besonderem Interesse war die Einordnung des CO_2-Minderungsbeschlusses der Bundesregierung in den Szenarien und Projektionen.

Im Basisfall, der im Sinne eines no-regret-Szenarios interpretiert werden kann, liegt die CO_2-Reduktion für das Jahr 2005 in einem Bereich von 12 bis 16%. Bezieht man die Treibhausgase CH_4, N_2O sowie CO über CO_2-Äquivalenzwerte (Betrachtungszeitraum 20 Jahre) in die Analysen mit ein, beträgt die Reduktion der Treibhausgase in der Summe 17 bis 26 %. Die im CO_2-Reduktionsszenario vom Modell errechneten Minderungsmaßnahmen bewirken im Sinne eines Mitnahmeeffektes eine Reduktion aller Treibhausgasäquivalente von 29 bis 33 %.

Eine auf eine Minderung aller Treibhausgase ausgerichtete Minderungsstrategie führt gegenüber einer "reinen" CO_2-Minderungsstrategie zu Kompensationseffekten zwischen den einzelnen Sektoren. Gemessen an den jährlichen Gesamtemissionen sind die emissionsseitigen Auswirkungen absolut gesehen relativ gering. Allerdings besitzen sie erhebliche Auswirkungen auf die Grenzkosten, die deutlich reduziert werden.

Die Analysen zeigen weiterhin, daß das Modell auf Nachfrageänderungen sehr sensitiv reagiert. Da die exogen vorgegebenen Nachfragegrößen einen stark prognostischen Charakter besitzen und daher naturgemäß mit erheblichen

Unsicherheiten behaftet sind, ist die Angabe einer Emissionsprojektion nur in Form einer Bandbreite aussagekräftig. Die Bandbreite von CO_2-Äquivalenzwerten ist aufgrund von Unsicherheiten erheblich und besitzt starken Einfluß auf das Modellergebnis. Die Ergebnisse können daher nur einen Trendcharakter besitzen.

Die Einhaltung des CO_2-Minderungsziels der Bundesregierung bis zum Jahr 2005 wird aus heutiger Sicht nur mit größten Anstrengungen möglich sein. Die Szenarien bis zum Jahr 2030 zeigen, daß die geforderte CO_2-Reduktion von 25 % bis zum Jahr 2005 mit hohen Kostenbelastungen verbunden ist. Im Vergleich hierzu sind die Kosten für den Zeitraum nach 2005 trotz verschärfter Reduktionsvorgaben deutlich geringer. Es stellt sich daher die Frage nach einer zeitlichen Verschiebung der Zielvorgabe der Bundesregierung. Als Kompensation wäre eventuell eine zusätzliche Verschärfung der CO_2-Restriktionen ab dem Jahr 2015 bis 2020 denkbar. Bei einer solchen Strategie würden Kosten verringert und Mittel effizienter eingesetzt.

Literatur

Bundesministerium für Umwelt, Naturschutz und Reaktorsicherheit, BMU (1997): Klimaschutz in Deutschland – Zweiter Bericht der Regierung der Bundesrepublik Deutschland nach dem Rahmenabkommen der Vereinten Nationen über Klimaänderungen. Bonn 1997

Gebauer, P.H. (1995): CO_2-Äquivalenzfaktoren atmosphärischer Spurengase. Diplomarbeit, vorgelegt an der Rheinischen Friedrich-Wilhelms-Universität Bonn, Juni 1995

Martinsen, D., Markewitz, P., Walbeck, M., Jagodzinski, P., Müller, D. (1998): Das IKARUS-Optimierungsmodell. In: Markewitz et al.: Modelle für die Analyse energiebedingter Klimagasreduktionsstrategien. Schriften des Forschungszentrums Jülich, Reihe Umwelt Band 7, S. 57 – 138, Jülich 1998

Markewitz, P., Martinsen, D. (1997): IKARUS-Minderungsszenarien für Deutschland. In: Modellinstrumente für CO_2-Minderungsstrategien. Hrsg. von Hake J.Fr. u. Markewitz, P., Umwelt – Systemanalysen des Forschungszentrums Jülich, Band 4200003, Jülich 1997

Schafhausen, F. (1998): Kyoto – und was kommt danach ? Energiewirtschaftliche Tagesfragen 48. Jg. (1998) Heft 1/2 S. 11 – 16

2.3 Nationale Klimapolitik mit CO_2- oder Energiesteuern? Ein bewertender Vergleich für die deutsche Volkswirtschaft

Claudia Kemfert, Wilhelm Kuckshinrichs, Wolfgang Pfaffenberger

2.3.1 Einleitung[6]

Die Reduktion der Emission des Klimagases CO_2 kann nur gelingen, wenn das Entscheidungsverhalten einzelner Wirtschaftssubjekte (Unternehmen, Haushalte) beeinflußt wird. Umweltpolitische Instrumente zielen darauf ab. Instrumente der Umweltpolitik können unterschieden werden in ordnungsrechtliche Regelungen, die eine direkte Verhaltenssteuerung der Wirtschaftssubjekte induzieren sollen, und marktwirtschaftliche. Ordnungsrechtliche Regelungen sind als Auflagen oder Normen ausgestaltet. Abgaben- bzw. Steuerlösungen und Umweltzertifikatsmodelle bilden den Kreis marktwirtschaftlicher Instrumente. Ein spezifisches Instrument zur Reduktion energiebedingter CO_2-Emissionen ist eine Umweltsteuer in Form einer Energie- bzw. CO_2-Steuer.

In der Diskussion um die Einführung einer Umweltsteuer zur Reduzierung der schadstoffhaltigen Emissionen bestehen unterschiedliche Ansätze bezüglich der Wahl des Steuertatbestands bzw. der Bemessungsgrundlage. Grundsätzlich wird bei der Wahl des Steuertatbestands die Frage gestellt, welche Bemessungsgrundlage am geeignetsten ist. Aus allokationstheoretischer Sicht müßte der Gegenstand besteuert werden, welcher externe Kosten verursacht, somit die Emissionen.[7] Aufgrund von praktischen Umsetzungsschwierigkeiten wird jedoch häufig als Ersatzbemessungsgrundlage die Energiemenge zugrunde gelegt, wobei nach Primär- oder Endenergie differenziert werden kann. Wird Primärenergie besteuert, sind alle Bereiche, insbesondere auch der Stromerzeugungsbereich, betroffen. Da aber bei einer Primärenergiesteuer nur die Primärenergieträger, nicht jedoch die erzeugten Energieträger besteuert werden, besteht die Gefahr, daß Sekundärenergie aus Ländern ohne entsprechende Steuer importiert wird und damit die Steuerwirkungen abgeschwächt werden. Um dies zu vermeiden, müßte eine Endenergiesteuer eingeführt werden. Um einen Effekt wie bei der Primärenergiesteuer zu erreichen, muß die Inputstruktur des Stromerzeugungssektors bekannt sein, wodurch sich insgesamt erhöhte Steuersätze ergeben würden. Die Lösung dieses Problems beschreibt im Grunde die Emissionssteuer, die die eben genannten Problembereiche vermeidet. Die EU - Kommission schlägt deshalb eine Kombination aus Emissions- und Energiesteuer vor.

---

[6] Die Analyse basiert wesentlich auf der Dissertation von Frau Kemfert. Die Studie stellt eine Anwendung des MIS-Modells auf eine aktuelle Fragestellung dar (vgl. dazu Kemfert (1998a)).

[7] Pigou (1932)

Zusätzlich stellt sich die Frage der Aufkommensneutralität des Steuervorschlags. Je nach Wahl einer geeigneten Kompensationmethode kann z. B. das Aufkommen der Steuer als Pauschalbetrag an die einzelnen Wirtschaftssubjekte zurückerstattet werden oder bestehende Abgaben können reduziert werden. Bei der ersten Variante erhöht die Rückerstattung das verfügbare Einkommen der Haushalte, d.h. der Nachfrageseite.[8] Mit der zweiten Variante kann auf der Unternehmens- und damit Angebotsseite der Volkswirtschaft eine Reduzierung der Abgaben so ausgestaltet sein, daß der Faktor Arbeit durch eine Senkung der Lohnnebenkosten entlastet wird. Darüberhinaus wird diskutiert, ob das Steueraufkommen zur Ausdehnung der Staatsausgaben oder zur Konsolidierung des Staatsbudgets eingesetzt wird.[9]

Im folgenden werden die makroökonomischen und umweltökonomischen Effekte einer Energiemengensteuer und einer Emissionssteuer auf Primär- und Endenergie mit dem MIS-Modell quantifiziert. Zur vergleichenden Evaluation werden die von der EU vorgeschlagenen Energiesteuersätze auf ihre makroökonomischen und umweltökonomischen Auswirkungen für Deutschland überprüft. Dazu werden unterschiedliche Rückführungsstrategien des Steueraufkommens berücksichtigt.

2.3.2 Das MIS-Modell

Das makroökonomische Informationssystem MIS ist als nachfragegetriebenes, dynamisches Input-Output Modell ausgelegt und basiert auf einer spezifisch aggregierten funktionalen Input-Output Tabelle des Statistischen Bundesamtes des Jahres 1989. Die Investitionen sind aufgrund der Dynamisierung des wirtschaftlichen Wachstumsprozesses endogenisiert. Darüber hinaus ermöglicht MIS eine endogene Determinierung des Exports und der privaten Nachfrage. Zum einen können dabei exogene Vorgaben über die Entwicklung dieser Nachfragegrößen berücksichtigt werden, zum anderen bestimmt eine endogene Preisentwicklung die Struktur dieser Größen. Somit ändern Preisänderungen im Bereich der privaten Nachfrage das sektorale Nachfrageverhalten, im Bereich des Außenhandels sorgt ein Wechselkursmechanismus dafür, daß die Leistungsbilanz einen vorgegebenen Zielwert erreichen kann, die Wechselkursänderungen haben wiederum Auswirkungen auf die Außenhandelsstruktur. Aufgrund dieser Tatsache können Abweichungen des gesamtwirtschaftlichen Bruttosozialprodukts vom vorgegeben Zielwert auftreten.

Die für Input-Output Modelle charakteristische lineare Struktur wird zugunsten einer variablen Struktur mit substitutionalen Faktoreinsatzmengen aufgehoben. Dazu werden anhand einer geschachtelten CES-Produktionsfunktion[10] intrasektorale Substitutionen zwischen den Produktionsfaktoren Kapital und

---

[8] Das Deutsche Institut für Wirtschaftsforschung (DIW) hat in einem Ökosteuer-Gutachten den Vorschlag für einen sogenannten "Öko-Bonus" gemacht, der den Haushalten für ökologisch freundliches Verhalten gezahlt wird. Vgl. Bach et al. (1994) und zur Evaluation Kemfert (1998a), S.212 ff. sowie Kuckshinrichs (1998).

[9] Vgl. Kohlhaas and Welsch (1995) und Welsch (1995).

[10] Constant Elasticity of Substitution.

Energie und zwischen den jeweiligen Energieträgern zugelassen. Änderungen der relativen Preise werden ausgelöst durch exogen vorgebbare Energiepreisentwicklungen und eine Energiesteuer bzw. Emissionssteuer, die den Energiepreis je nach verbrauchter Energiemenge bzw. emittierter Schadstoffmenge verändert. Darüber hinaus sind dem Modell als exogene Nutzervorgaben die Parameter der Produktionsfunktion über die Entwicklung des autonomen technischen Fortschritts (AEEI[11]-Faktoren) und die erheblich für die Substitutionspotentiale verantwortlichen Substitutionselastizitäten der Einsatzfaktoren vorzugeben.[12]

Zusätzlich beinhaltet das MIS Modell diverse Submodelle, anhand derer spezifische Vorstellungen über Verkehrs-, Elektrizitäts- und Wohnungs-Wärmeentwicklung simuliert werden können. Diese Submodelle werden für die folgenden Modellrechnungen ausgeklammert, d.h. die Struktur der Ausgangbasis wird für die Zielperioden übernommen.

Hinsichtlich der Steuer ermöglicht das MIS-Modell die differenzierte Einführung einer Energie- und Emissionssteuer. Als Kompensationsstrategie werden über die Beiträge der Arbeitgeber zur Sozialversicherung die Lohnnebenkosten gesenkt. Dieser Ansatz kann für den gesamten Unternehmensbereich gleichermaßen gelten oder es kann nach arbeitsintensiver Dienstleistungsbranche und Industrie unterschieden werden.

Das Modell rechnet die Zielperioden 2005 und 2020 für Westdeutschland.

2.3.3 Untersuchungen verschiedener Steuermodelle

2.3.3.1 Szenarioannahmen zur Energiesteuer und CO_2-Steuer

Die Energiesteuer bezieht sich auf unterschiedliche Bemessungsgrundlagen, zum einen wird der Primärenergieverbrauch PEV, zum anderen der Endenergieverbrauch EEV zugrunde gelegt. Zudem wird eine CO_2-Emissionssteuer erhoben, die sich ebenso auf den Primärenergieverbrauch oder auf den Endenergieverbrauch bezieht. Dabei werden unterschiedliche Varianten der Kompensation berücksichtigt: Szenario 1 beschreibt die Einführung einer Energiesteuer ohne Kompensation. Szenario 2 folgt einem Kompensationsansatz, indem der Anteil der Arbeitgeberbeiträge zur Sozialversicherung für alle Produktionssektoren gleichermaßen gesenkt wird. Szenario 3 unterscheidet sich von Szenario 2 nur dadurch, daß nicht alle Sektoren bzgl. der Reduzierung der Lohnnebenkosten gleich behandelt werden, sondern die Sektoren der Industrie (Ind.) als Ganzheit betrachtet werden. Letztere Strategie soll vermeiden, daß der Sektor Dienstleistungen (DL) aufgrund der hohen Beschäftigtenzahlen und damit hohen Kompensationszahlungen durch die erste Kompensationsmethode übervorteilt wird. Die makroökonomische Analyse basiert auf einem Vergleich

---

[11] Autonomous Energy Efficency Improvement.
[12] Zur ausführlichen Modellbeschreibung siehe Kemfert (1998b), Kuckshinrichs, Pfaffenberger und Ströbele (1998), Pfaffenberger und Kemfert (1997), Kemfert und Kuckshinrichs (1997), Pfaffenberger und Kemfert (1998).

dieser Szenarien mit einem Standardszenario für die Zielperioden 2005 und 2020. Folgende Übersicht verdeutlicht die umweltökonomischen Strategien:

Tabelle 2.3.1 Übersicht der Szenarien

	Ohne Kompensation	Mit Kompensation	Mit Kompensation Ind./DL
Energiesteuer auf PEV	Szenario 1 a	Szenario 2 a	Szenario 3 a
Energiesteuer auf EEV	Szenario 1 b	Szenario 2 b	Szenario 3 b
CO_2 Steuer auf PEV	Szenario 1 c	Szenario 2 c	Szenario 3 c
CO_2 Steuer auf EEV	Szenario 1 d	Szenario 2 d	Szenario 3 d

Im Rahmen der Modellanwendung müssen diverse exogene Vorgaben über Modellparameter getroffen werden, die allen Szenarien gemeinsam zugrunde gelegt werden. Besonders entscheidend ist die Wahl des Wirtschafts- und Bevölkerungswachstums, des autonomen Energieeinsparpotentials und der Substitutionselastizitäten. Das Bevölkerungswachstum bezieht sich auf Schätzungen von PROGNOS, die Wahl der AEEI Faktoren auf Annahmen des DIW[13], die Vorgaben der Substitutionselastizitäten beziehen sich auf ökonometrische Schätzungen.[14] Annahmen der spezifischen Submodelle, die dem MIS Modell angelagert sind, werden hier nicht explizit vorgenommen, die Struktur der Ausgangsbasis wird in Annahme einer normalen Entwicklung fortgeschrieben. Hinsichtlich des Verkehrs wird eine moderate Verkehrsentwicklung unterstellt, ohne weitreichende Änderungen zum bisherigen Verkehrsverhalten. Ebenso wird im Elektrizitätsbereich die Struktur des Ausgangsjahres übernommen, im Bereich der Wohnungsnachfrage werden ebenso Standardwerte angenommen.

Die Wahl der Energiesteuersätze orientiert sich an Annahmen bzw. Vorschlägen der Europäischen Union. Nach dem EU-Vorschlag ergibt sich im Anfangsjahr ein Steuersatz von 3 $ pro Barrel Rohöl, der linear bis auf 10 $ pro Barrel Rohöl steigt. Für das Zieljahr 2005 wird damit ein Steuersatz von ca. 9 DM pro MWh erhoben wird, der sich in den hier gewählten Szenarien nochmals bis zum Jahr 2020 verdreifacht. Dies gilt ebenso für den Endenergiesteuersatz. Die Emissionssteuer auf CO_2-Emissionen beträgt bis zum Jahr 2005 ca. 17 DM / t CO_2 und bis zum Jahr 2020 ca. 50 DM / t CO_2.

---

[13] Vgl. DIW (1995).
[14] Vgl. Kemfert (1998b).

Tabelle 2.3.2 Steuersätze

	Energie- bzw. CO_2-Steuer
Primärenergie	
2005	8,80 DM / MWh
2020	26,50 DM / MWh
Endenergie	
2005	6,30 DM / MWh
2020	18,90 DM / MWh
CO_2	
2005	16,86 DM / t CO_2
2020	50,58 DM / t CO_2

Tabelle 2.3.2 zeigt die im Modell eingesetzten Primärenergie-, Endenergie- bzw. CO_2 - Steuersätze. Der gewählte Steuersatz von 8,80 DM / MWh entspricht 2,45 DM / GJ bis zum Jahre 2005 bzw. 26,50 DM / MWh entspricht 7,35 DM / GJ bis zum Jahre 2020.

2.3.3.2 Mengensteuer auf Primärenergie und Endenergie

Tabelle 2.3.3 zeigt die Entwicklung des Bruttoinlandsprodukts (Gross Domestic Product, GDP), des privaten Konsums, der Wertschöpfung (WS), der Erwerbstätigen, des Außenhandels und der CO_2-Emissionen der einzelnen Szenarien für beide Zielperioden. Das Standardszenario beschreibt die Entwicklung der Volkswirtschaft ohne gesonderte umweltpolitische Maßnahmen. Es dient als Vergleichsszenario und stellt einen "business as usual" - Fall dar, an dem die Effekte einer Energiesteuer gemessen werden können. Die Wirkungen der Primärenergiesteuer (Szenario a) und der Endenergiesteuer (Szenario b) werden als Veränderungen im Vergleich zum Standardszenario dargestellt.

Mit Einführung einer Primärenergiesteuer sinkt das Bruttoinlandsprodukt in 2005 im ersten Szenario um 0,4 Prozentpunkte und im zweiten um ca. 0,1 Prozentpunkte, während es im dritten Szenario um ca. 0,1 Prozentpunkte ansteigt. Im Jahre 2020 verändert sich das GDP im Vergleich zum Standardszenario nur im Energiesteuerfall ohne Reduktion (Szen1a) in negativer Weise, in den beiden anderen Fällen zeigt sich ein Anstieg des GDP. Der Konsum und die Erwerbstätigen fallen in allen Szenarien im Vergleich zum Standardszenario in beiden Analyseperioden. Das Szenario ohne Kompensationsstrategie weist höhere Reduktionen des privaten Konsums, der Wertschöpfung und der Erwerbstätigen auf als die Szenarien mit Kompensationsmaßnahme. Die Wertschöpfung reduziert sich im Szenario ohne Kompensation erheblich, wohingegen in den Szenarien mit Kompensation ein Anstieg der Wertschöpfung zu beobachten ist. Eine Verbesserung der Handelsbilanz ist ausschließlich im Szenario mit Kompensationsvariante zwei zu beobachten, im Szenario ohne Kompensationsmethode und mit Kompensationsmethode eins tritt eine

Bilanzverschlechterung ein. Die CO_2-Emissionen verringern sich bis zum Jahre 2005 in allen Szenarien um ca. 8%, bis zum Jahre 2020 um ca. 14% mit Ausnahme des ersten Szenarios. In diesem Fall beträgt die Reduktion 8%.

Tabelle 2.3.3 Effekte einer Primär- und Endenergiesteuer im Vergleich zum Standardszenario

		Energiesteuer auf PEV			Energiesteuer auf EEV		
	Standard	Ohne Kompensation (Szen 1a)	Mit Kompensation (Szen 2a)	Mit Kompensation Ind./DL (Szen 3a)	Ohne Kompensation (Szen 1b)	Mit Kompensation (Szen 2b)	Mit Kompensation Ind./DL (Szen 3b)
		%	%	%	%	%	%
GDP	Mrd. DM						
2005	2478,7	-0,43	-0,08	0,11	-0,27	-0,07	-0,10
2020	2840,4	-0,44	0,13	0,29	-0,53	-0,13	-0,10
Konsum	Mrd. DM						
2005	1402,2	-0,21	-0,06	-0,08	-0,14	-0,07	-0,08
2020	1628,5	-0,36	-0,16	-0,23	-0,44	-0,23	-0,26
WS	Mrd. DM						
2005	2475,7	-0,3	0	0,1	-0,2	0	0
2020	2836,8	-0,8	0,2	0,2	-0,4	0	0
Erwerbst.	Mill.						
2005	24,28	-0,37	-0,25	-0,25	-0,33	-0,29	-0,29
2020	21,75	-0,37	-0,18	-0,14	-0,37	-0,23	-0,23
Exporte	Mrd. DM						
2005	736,7	-0,48	-0,07	0,01	-0,34	-0,16	-0,14
2020	871,1	-0,83	-0,09	0,14	-1,00	-0,49	-0,41
Importe	Mrd. DM						
2005	602,5	0,70	0,38	-0,30	0,51	0,23	0,33
2020	712,7	0,08	0,06	-0,42	0,20	0,13	0,03
CO_2-Emiss.	Mill. t						
2005	708	-8,01	-7,97	-7,99	-8,38	-8,36	-8,37
2020	766,8	-7,26	-14,44	-14,59	-13,56	-13,51	-13,54

Mit Einführung einer Endenergiesteuer (Szenario b) reduziert sich das GDP im Szenario ohne Kompensationsstrategie um 0,27 Prozentpunkte. Szenario 2b weist dabei eine kleinere Verringerung des GDP auf als Szenario 3b. In der zweiten Zielperiode vermindert sich das GDP in Szenario 1b und 2b stärker als in Szenario 3b. Die Konsumausgaben fallen in allen Szenarien in beiden Perioden, jedoch zeigt sich auch hier das schon durch die Einführung einer Primärenergiesteuer beobachtete Muster einer stärkeren Reduktion im ersten Fall und einer schwächeren Verminderung im zweiten und dritten Szenario. Die Wertschöpfung fällt insgesamt im Szenario 1b. Die beiden anderen Szenarien zeigen keine veränderten Effekte im Vergleich zum Standardszenario. Die Zahl der Erwerbstätigen nimmt in allen Szenarien in beiden Perioden ab. Ebenso verringern sich die Exporte in allen Szenarien in beiden Perioden. Szenario 2b und 3b vermindern die Exportnachfrage jedoch nicht in dem Maße wie Szenario 1b ohne Kompensation. Die Importe steigen in entsprechender Relation, somit kommt es in allen Szenarien zu Handelsbilanzverschlechterungen. Die CO_2-Emissionen verringern sich bis zum Jahre 2005 in allen Szenarien um 8,4%. Bis zum Jahre 2020 kommt es nahezu identisch in allen Szenarien zu einer Emissionsreduktion von 13,5%.

Vergleich und Evaluation
Der Vergleich einer Primärenergiesteuer mit einer Endenergiesteuer zeigt zunächst generell, daß die Art der Kompensationsmethode entscheidend ist. Wird keine Kompensationsstrategie gewählt, so greift die Primärenergiesteuer stärker als die Endenergiesteuer in das Wirtschaftsgeschehen ein, da es zu stärkeren Wertschöpfungs- und Beschäftigtenverlusten und damit ebenso zu einer Verschlechterung der Handelsbilanz und in der Gesamtheit zu einer Verminderung des GDP im Vergleich zur Endenergiesteuer kommt. Denn ohne Kompensationsmethode werden sowohl die Energiesektoren als auch die Industrie- und Dienstleistungssektoren durch die erhöhten Energiepreise mit einer gesteigerten Kostenstruktur konfrontiert, die zu einer Reduktion des Outputs führt. Die Produktionssektoren können nicht die teurer gewordene Energie durch Kapital substituieren, so daß deren Wirtschaftlichkeit und Wettbewerbsfähigkeit nicht erhalten bleiben kann. Dies kann sogar so weit führen, daß Grenzanbieter aufgrund der Kostenbelastung aus dem Markt scheiden. Der Fall ist jedoch nicht gleichzusetzen mit einer stärkeren Reduzierung der CO_2 – Emissionen. Diese werden im Falle einer Endenergiesteuer etwas stärker vermindert. Dies liegt daran, daß bei einer Primärenergiesteuer der Stromsektor als wesentlicher Umwandlungssektor stark belastet wird, im Falle der Endenergiesteuer hingegen die energieverbrauchenden Sektoren stärker belastet werden. Bei einer Endenergiesteuer ohne Kompensation ist der Raumwärmesektor stark betroffen, dieser vermindert den Energieeinsatz erheblich.

Dennoch kommt es insgesamt durch die Einführung der Endenergiesteuer zu keinen derartig tiefgreifenden wirtschaftlichen Einschnitten wie durch die Primärenergiesteuer. Im Falle einer Entscheidung für eine Energiesteuer ohne Kompensationsmaßnahme ist daher eine Endenergiesteuer vorzuziehen.

Im Beispiel einer Einführung einer Energiesteuer mit Kompensationsstrategie ändert sich das Ergebnis. Zur Verdeutlichung wird die sektorale Nettosteuer, d.h. die zu zahlende Steuer verrechnet mit der Kompensation, herangezogen. Das Steueraufkommen insgesamt beträgt ca. 26 Mrd. DM. Die Be- und Entlastung der Sektoren wird durch die Nettosteuer in Tabelle 2.3.4 gezeigt.

In der vergleichenden Betrachtung läßt sich feststellen, daß die Einführung einer Primärenergiesteuer und einer Endenergiesteuer zu einer nahezu identischen Reduktion des GDP bis zum Jahre 2005 führt, hingegen kommt es bis zum Jahre 2020 im Falle einer Primärenergiesteuer zu einem GDP - Anstieg. Die unterschiedliche Struktur der Belastung bis zum Jahre 2005 wird durch Tabelle 2.3.4 deutlich.

Tabelle 2.3.4 Sektorale Nettosteuer in Mio. DM im Jahre 2005

IO-Sektoren	Mit Kompensation		Mit Kompensation Ind./DL	
	Energiesteuer auf PEV	Energiesteuer auf EEV	Energiesteuer auf PEV	Energiesteuer auf EEV
	Mill. DM	Mill. DM	Mill. DM	Mill. DM
Kohle	14,70	-93,40	220,90	-8,70
Öl	-477,40	-373,30	-450,20	-362,20
Gas	-120,00	-101,90	-75,50	-83,70
Strom	-8167,00	167,70	-7866,60	288,70
Raumwärme	-4700,40	-1581,20	-4697,60	-1580,70
Atom	0,00	0,00	0,00	0,00
Reg. Energie	6,90	3,30	12,40	5,50
Sonst. Energie	0,70	0,30	1,30	0,60
MIV	-3914,80	-2796,60	-3914,90	-2796,60
Bus - Verkehr	-39,30	-48,30	26,90	-21,10
ÖPNV	40,20	14,70	72,40	27,90
Bahn - Personen	59,10	0,30	134,00	31,10
Lkw - Verkehr	-437,40	-471,30	91,30	-254,20
Bahn - Güter	165,00	45,00	315,50	106,80
Schiffsverkehr	-55,10	-44,50	-40,90	-38,60
Sonst. Verkehr	-679,90	-541,40	-553,30	-489,40
Landwirtschaft	-18,70	-86,60	69,90	-50,20
Chemie	-589,60	-920,40	610,00	-434,30
Steine + Erden	-151,40	-189,80	41,90	-111,00
Sonst. Industrie	1101,80	370,40	2178,50	811,00
NE - Metall	16,40	-61,00	91,10	-30,50
Eisen	-1442,00	-1114,50	-1253,20	-1036,50
Papier	14,90	-80,50	187,60	-10,50
Fahrzeug + Elektro	5448,00	2390,50	10073,90	4205,70
Nahrung + Genuß.	409,10	90,30	912,00	296,70
Gießerei	385,30	128,30	757,70	280,30
Bau	1608,00	671,90	2992,70	1240,50
Wohnungen	29,50	0,00	62,00	13,40
Dienstleistungen	8543,60	3565,60	238,50	225,70
Staat	2949,90	1056,50	-238,50	-225,70
Summe	0,00	0,00	0,00	0,00

Eine Nettosteuer wird durch ein negatives Vorzeichen ausgedrückt. Eine Nettoentlastung ergibt sich nach einem positiven Vorzeichen.

Im Bereich der Energiesektoren zeigt sich, daß durch die Einführung der Primärenergiesteuer der Stromsektor als wesentlicher Umwandlungssektor erheblich belastet wird. Dagegen tritt im Fall der Endenergiesteuer eine Entlastung ein. Der Raumwärmesektor wird sowohl durch die Endenergiesteuer als auch durch eine Primärenergiesteuer belastet. Das gilt in geringerem Ausmaß auch für die anderen Energiesektoren. Im Bereich der Industriesektoren wird deutlich, daß die einzelnen Sektoren durch die Primärenergiesteuer weniger stark belastet sind, so daß durch die Kompensation eine günstigere Struktur zu beobachten ist. Durch die Entlastung einiger Industriesektoren kommt es zu sektoralen Vorteilen in der Wertschöpfung, bei den Erwerbstätigen und beim Außenhandel, so daß insgesamt mit der Kompensationsvariante 1 eine Besteuerung der Primärenergie zu günstigeren Ergebnissen führt.

Im Vergleich zu der Kompensationsvariante 2 wird durch Tabelle 2.3.4 deutlich, daß der Dienstleistungssektor nicht in dem Maße entlastet wird wie mit der Kompensationsmethode 1. Die Differenzierung des Kompensationsansatzes nach Industrie- und Dienstleistungssektors hat ja gerade zum Ziel, einen übermäßigen Vorteil für die Dienstleistungsbranche zu vermeiden. Denn die arbeitsintensive Dienstleistungsbranche wird in der Kompensationsvariante 1 erheblich entlastet, wohingegen andere Sektoren stärker belastet werden. Kompensationsvariante 2 entlastet nahezu alle Sektoren im Vergleich zur Kompensationsvariante 1. Ausnahmen bilden der Raumwärmebereich, der motorisierte Individualverkehr (MIV) und der Staat. Dadurch ergibt sich in den Szenarien 3a und 3b eine ausgeglichenere wirtschaftliche Situation als in den Szenarien 2a und 2b. So fallen die Beschäftigtenzahlen durch die Einführung einer Primärenergiesteuer nicht in dem Ausmaß wie durch die Einführung einer Endenergiesteuer, zudem verbessert sich die Handelsbilanzsituation und damit insgesamt der wirtschaftliche Zustand. Die CO_2 - Emissionen sinken bis zum Jahre 2005 nicht in dem Maße wie durch die Einführung einer Endenergiesteuer, jedoch kommt es bis zum Jahre 2020 zu einem stärkeren Rückgang der CO_2 - Emissionen durch die Primärenergiesteuer.

Insgesamt bleibt festzuhalten, daß auf der Basis einer Kompensation eine Primärenergiesteuer einer Endenergiesteuer vorzuziehen ist. Die Industriesektoren werden dadurch weniger stark belastet. Für den Kompensationsansatz stellt sich die Differenzierung des Industrie- und des Dienstleistungssektors als vorteilhafter dar.

2.3.3.3 Emissionssteuer auf Primärenergie und Endenergie

Die Emissionssteuer bezieht sich ebenfalls auf die Vorschläge der EU Kommission zur progressiven Steuererhöhung bis zum Jahre 2020. Der Steuersatz bezieht sich hier auf die CO_2 - Emissionen und beträgt bis zum Jahre 2005 16,86 DM / t CO_2 und bis zum Jahre 2020 50,58 DM / t CO_2. Besteuert wird ausschließlich der Verbrauch von Energie je nach Anteil des Kohlenstoffgehalts des jeweiligen Energieträgers. Die gesamtwirtschaftlichen Effekte für beide Zielperioden zeigt zunächst Tabelle 2.3.5.

Tabelle 2.3.5 Effekte einer Emissionssteuer auf Primär- und Endenergie im Vergleich zum Standardszenario

	Standard	CO_2-Steuer auf PEV			CO_2-Steuer auf EEV		
		Ohne Kompensation (Szen 1c)	Mit Kompensation (Szen 2c)	Mit Kompensation Ind./DL (Szen 3c)	Ohne Kompensation (Szen 1d)	Mit Kompensation (Szen 2d)	Mit Kompensation Ind./DL (Szen 3d)
		%	%	%	%	%	%
GDP	Mrd. DM						
2005	2441,1	0,00	0,11	0,11	-0,34	-0,08	-0,07
2020	2712	-0,13	0,15	0,18	-0,12	0,16	0,12
Konsum	Mrd. DM						
2005	1380,5	-0,05	0,00	-0,01	-0,14	-0,07	-0,07
2020	1557,4	-0,28	-0,19	-0,20	-0,32	-0,17	-0,19
WS	Mrd. DM						
2005	2438,1	0	0,1	0,1	-0,2	0	0
2020	2753,9	-0,1	0,1	0,1	0	0,2	0,2
Erwerbst.	Mill.						
2005	24,14	0,00	0,04	0,04	-0,37	-0,29	-0,29
2020	21,4	-0,33	-0,23	-0,23	-0,28	-0,19	-0,19
Exporte	Mrd. DM						
2005	723,1	-0,10	0,01	0,03	-0,33	-0,11	-0,08
2020	827	-0,70	-0,44	-0,39	-0,70	-0,33	-0,29
Importe	Mrd. DM						
2005	591,8	0,20	0,10	0,08	0,83	0,39	0,39
2020	673,7	-0,53	-0,85	-0,96	-0,07	-0,06	-0,09
CO_2-Emiss.	Mill. t						
2005	704	-7,60	-7,64	-7,67	-9,07	-9,05	-9,07
2020	751,4	-10,47	-10,43	-10,43	-18,89	-18,91	-16,60

Tabelle 2.3.5 zeigt den Vergleich der beiden Kompensationsansätze mit dem Standardszenario. Im Falle der Emissionssteuer auf Primärenergie verändert sich bis zum Jahre 2005 das GDP im ersten Szenario nicht, in Szenario zwei und drei kommt es zu einer Steigerung um 0,1 Prozentpunkte. Bis zum Jahre 2020 fällt das GDP nur im ersten Szenario und steigt in Szenario drei stärker als in Szenario zwei. Die CO_2 Emissionen werden bis zum Jahre 2005 im Szenario eins um ca. 7,6 Prozent und in Szenario zwei und drei etwas stärker reduziert. Bis zum Jahre 2020 kommt es im Szenario eins zu einer größeren Verminderung der CO_2 Emissionen (10,5%) als in Szenario zwei und drei. Die Konsumnachfrage reduziert sich geringfügig im ersten Szenario bis zum Jahre 2005, in den weiteren Szenarien tritt keine nennenswerte Änderung ein. Bis zum Jahre 2020 ist eine Reduktion des Konsums in allen Szenarien zu beobachten. Die Wertschöpfung verändert sich im ersten Szenario nicht bis zum Jahre 2005 und reduziert sich bis zum Jahre 2020, in Szenario zwei und drei erhöht sich die Wertschöpfung in beiden Zielperioden. Die Erwerbstätigenzahlen zeigen bis zum Jahre 2005 im ersten Szenario keine Veränderung und steigen geringfügig in den beiden anderen Szenarien. Bis zum Jahre 2020 sinken die Beschäftigtenzahlen in allen Szenarien, im ersten Szenario jedoch stärker als in den beiden anderen Szenarien. Die Exportnachfrage

vermindert sich bis zum Jahre 2005 im ersten Szenario und steigt minimal in den beiden anderen Szenarien. Bis zum Jahre 2020 ist ein Exportrückgang in allen Szenarien zu beobachten. Die Importe steigen bis zum Jahr 2005 in allen Szenarien, im ersten Szenario aber stärker als in den weiteren Szenarien. Bis zum Jahre 2020 tritt ein Importrückgang im Vergleich zum Standardszenario ein.

Die Emissionssteuer auf Endenergie bewirkt eine Verringerung des Bruttoinlandsprodukts in allen Szenarien bis um Jahre 2005, wobei in Szenario eins die stärkste Verminderung eintritt. Bis zum Jahre 2020 reduziert sich das GDP ausschließlich in Szenario eins und erhöht sich in Szenario zwei und drei. Die CO_2 - Emissionen vermindern sich bis zum Jahre 2005 in allen Szenarien um ca. 9,06%. Bis zum Jahre 2020 verringern sie sich in den Szenarien eins und zwei jeweils um ca. 18,9%, im Szenario drei jedoch nur um 16,6%. Somit zeigt sich zunächst, daß das Szenario mit Kompensationsvariante eins ohne Trennung der Industriesektoren und des Dienstleistungssektors im Jahre 2020 eine größere Steigerung des GDP und eine stärkere Reduktion der CO_2 - Emissionen aufweist. Wie Tabelle 2.3.5 darstellt, vermindert sich die Konsumnachfrage in allen Szenarien in beiden Perioden im Vergleich zum Standardszenario. Es zeigt sich auch hier, daß es in den Szenarien zwei und drei zu geringeren Reduktionen als in Szenario eins ohne Kompensationsstrategie kommt. Die Wertschöpfung vermindert sich im ersten Szenario bis zum Jahre 2005 und verändert sich nicht in den beiden anderen Szenarien, bis zum Jahre 2020 kommt es zu einer Wertschöpfungssteigerung im Szenario zwei und drei. Die Zahl der Erwerbstätigen verringert sich mit der eben beschriebenen Struktur in beiden Zielperioden. Insgesamt vermindert sie sich bis zum Jahre 2005 um 90 bzw. 70 Tsd. Personen und bis zum Jahre 2020 um 60 bzw. 40 Tsd. Personen. Ebenso fallen die Exporte. In Szenario drei treten geringere Verringerungen auf als in Szenario eins und zwei. Die Importe steigen bis zum Jahre 2005 und vermindern sich geringfügig bis zum Jahre 2020.

Somit können nach einem ersten Blick bei Erhebung einer Emissionssteuer mit Kompensation die Szenarien zwei und drei unter dem Argument einer günstigen Entwicklung des Arbeitsmarktes, des Wirtschaftswachstums und einer Verbesserung der Umweltbedingungen durch reduzierte CO_2-Emissionen einer positiven "double dividend" oder auch Mehrfachdividende zugeordnet werden. Dies liegt in erster Linie daran, daß der gewählte Emissionssteuersatz auf Primärenergie nicht so hoch ist, daß das Wirtschaftsgeschehen in nennenswerter Weise negativ beeinflußt wird.

Vergleich und Evaluation
Die Einführung einer Emissionssteuer auf Primärenergie mit dem entsprechenden Steuersatz der Emissionssteuer auf Endenergie hat im ganzen eine geringere Beeinflussung des wirtschaftlichen Geschehens zur Folge. Das Wirtschaftswachstum und damit die wesentlichen gesamtwirtschaftlichen Größen werden nicht in dem Maße negativ tangiert wie durch die Emissionssteuer auf Endenergie. Wie bereits in dem Vergleich der Energiesteuer auf Primär- und Endenergie gesehen, führt die Emissionssteuer auf Primärenergie aber zu einer geringeren Reduktion der CO_2 - Emissionen. Denn bei der CO_2 - Steuer auf Primärenergie wirkt sich die Zusammensetzung des Energieverbrauchs eines Sektors aus, da der Beitrag der einzelnen Energieträger zu CO_2 sehr verschieden ist. Bei einer CO_2 - Steuer auf Endenergie wirkt sich darüber hinaus der Strom-

verbrauch aus. Der Stromverbrauch wird in diesem Fall mit konstanten Gewichten auf CO_2 umgerechnet. Tabelle 2.3.6 zeigt die sektorale Nettosteuer aus zu zahlender Steuer und Kompensationsbetrag beider Kompensationsmodelle bis zum Jahre 2005.

Die Energiesektoren Kohle, Öl und Raumwärme sind im Falle einer Emissionssteuer auf Endenergie in beiden Kompensationsfällen stärker belastet als durch die Emissionssteuer auf Primärenergie. Auffällig ist hier der Raumwärmesektor, welcher aufgrund des starken Endenergieverbrauchs trotz Kompensationsmaßnahmen erheblich durch die Emissionssteuer auf Endenergie belastet wird. Der Stromsektor wird aufgrund des hohen Anteils an Primärenergie stark durch die Steuer auf Primärenergie belastet.

Im Bereich der Industriesektoren wird durch die Einführung einer CO_2- Steuer auf Endenergie der chemische Sektor weniger stark entlastet und die Steine und Erden - Industrie, die Eisen - Industrie und die NE - Metalle mehr belastet im Vergleich zur CO_2 - Steuer auf Primärenergie, da diese Sektoren vergleichsweise viel Strom verbrauchen. Der Sektor Dienstleistungen und der Fahrzeugbausektor werden aufgrund der hohen Beschäftigtenzahlen mehr entlastet. Der Staatssektor wird, wie durch die Energiesteuer, in der zweiten Kompensationsvariante mehr belastet, wodurch sich ebenso die sektoralen Reduktionen in Wertschöpfung und Beschäftigung erklären lassen.

Im Vergleich der Kompensationsansätze zeigt sich, daß mit der Kompensationsvariante 2 zum einen der Dienstleistungssektor nicht in dem Umfang Ausgleichszahlungen erhält und sowohl die Energiesektoren als auch die Industriesektoren, wie Chemie und sonstige Industrie, stärker entlastet werden. Diese Struktur zeigte sich ebenfalls durch die Einführung einer Mengensteuer. Aus diesem Grund ist auch hier dem zweiten Kompensationsansatz der Vorzug zu geben.

2.3.4 Abschließende Bewertung

Insgesamt ist eine Evaluation im Vergleich schwierig. Die Emissionssteuer auf Primärenergie greift entsprechend der auftretenden gesamtwirtschaftlichen Effekte nicht in dem Maße in das Wirtschaftsgeschehen ein wie die Emissionssteuer auf Endenergie. Doch bleibt zu vermuten, daß mit einem höheren CO_2 - Steuersatz auf Primärenergie ähnlich starke Effekte auftreten werden wie durch die CO_2 - Steuer auf Endenergie. Ein höherer Steuersatz auf Primärenergie ist aber erforderlich, um zu gleichartiger CO_2 – Reduktion zu gelangen.

Im Vergleich der Emissionssteuer zu der Mengensteuer auf EEV ist festzustellen, daß durch die Emissionssteuer weniger starke gesamtwirtschaftliche Verluste entstehen und ein höheres Reduktionsziel erreicht werden kann. Die Belastungen durch die Nettosteuer sind im Fall einer CO_2 - Steuer auf Endenergie ebenfalls nicht so hoch.

Tabelle 2.3.6 Sektorale Nettosteuer in Mio. DM im Jahre 2005

IO-Sektoren	Mit Kompensation		Mit Kompensation Ind./DL	
	CO_2-Steuer auf PEV	CO_2-Steuer auf EEV	CO_2-Steuer auf PEV	CO_2-Steuer auf EEV
	Mill. DM	Mill. DM	Mill. DM	Mill. DM
Kohle	-3,10	-101,10	90,10	-10,10
Öl	-231,90	-306,90	-220,50	-295,00
Gas	-0,40	0,90	18,20	20,40
Strom	-3391,20	168,30	-3265,90	298,20
Raumwärme	-2191,50	-5706,30	-2190,50	-5704,90
Atom	0,00	0,00	0,00	0,00
Reg. Energie	2,80	4,10	5,20	6,50
Sonst. Energie	0,30	0,40	0,50	0,70
MIV	-1911,00	-1910,60	-1911,00	-1910,60
Bus-Verkehr	-25,50	-12,40	2,30	16,80
ÖPNV	16,60	7,40	30,10	21,60
Bahn-Personen	22,50	-30,70	54,00	2,30
Lkw-Verkehr	-258,50	-146,90	-36,60	86,10
Bahn-Güter	66,90	21,90	130,00	88,20
Schiffsverkehr	-28,20	-27,50	-22,20	-21,20
Sonst. Verkehr	-112,30	-127,10	-59,20	-71,30
Landwirtschaft	-6,70	-110,20	37,40	-71,50
Chemie	320,60	121,90	803,60	645,10
Steine + Erden	-111,10	-145,50	-30,50	-60,20
Sonst. Industrie	420,70	432,80	849,90	900,40
NE-Metall	2,90	-155,90	33,90	-123,40
Eisen	-591,40	-735,20	-510,80	-651,30
Papier	-3,50	-91,50	65,90	-16,80
Fahrzeug + Elektro	2253,20	2782,50	4138,80	4740,60
Nahrung + Genuß.	157,30	121,30	366,40	342,60
Gießerei	153,80	129,60	310,00	292,90
Bau	704,60	871,40	1285,70	1481,70
Wohnungen	11,60	-22,20	25,20	-7,90
Dienstleistungen	3526,70	3869,30	106,90	279,70
Staat	1205,80	1098,50	-107,00	-279,70
Summe	0,00	0,00	0,00	0,00

Eine Nettosteuer wird durch ein negatives Vorzeichen ausgedrückt. Eine Nettoentlastung ergibt sich nach einem positiven Vorzeichen.

Bei der Besteuerung von PEV kann die Emissionssteuer hingegen das Reduktionsniveau der Energiesteuer nicht erreichen. Jedoch sind die gesamtwirtschaftlichen Effekte der Energiesteuer nachteiliger. Im Falle einer Emissionssteuer sind die Sektoren stark betroffen, die kohlenstoffhaltige Energien vermehrt einsetzen. Jedoch ist die Kostenbelastung nicht so gravierend wie im Falle einer Mengensteuer. Insgesamt zeigt sich, daß die wirtschaftliche Belastung einer Emissionssteuer mit Kompensationszahlungen nicht so stark ist wie bei der Mengensteuer. Alles in allem kann die Emissionssteuer der Mengensteuer vorgezogen werden. Der Primärenergieverbrauch scheint jedoch die bessere Bemessungsgrundlage zu sein.

Literatur

Bach, S., Kohlhaas, M., Meinhardt, V., Praetorius, B., Wessels, H., and Zwiener, R. (1994). *Ökosteuer - Sackgasse oder Königsweg? Ein Gutachten des DIW für Greenpeace e.V.*, Berlin.

DIW, (1995). " 'Selbstverpflichtung' für die Wirtschaft zur CO_2-Reduktion: Kein Ersatz für aktive Klimapolitik." *DIW-Wochenbericht*, 14/95, S. 277-284.

Kemfert, C. (1998a). Makroökonomische Wirkungen umweltökonomischer Instrumente - Eine Untersuchung der Substitutionseffekte anhand ausgewählter volkswirtschaftlicher Modelle für Deutschland, Frankfurt a.M. u.a.

Kemfert, C. (1998b). "Estimated substitution elasticities of a nested CES production function for Germany" in: Energy Economics 20, S. 249 - 264

Kemfert, C., and Kuckshinrichs, W. (1995). "Das Makroökonomische Informationssystem MIS." Energieforschung aus technischer, ökonomischer, ökologischer und politischer Sicht, J.-F. Hake, K. Kugeler, W. Pfaffenberger, and H.-J. Wagner, eds., Forschungszentrum Jülich, Jülich, S. 477-491.

Kemfert, C., and Kuckshinrichs, W. (1996). "Macroeconomic Simulation of Energy Policy in Germany: Effects of a CO_2 tax System." Proceedings of ECOS '96: Efficiency, Costs, Optimization, Simulation and Environmental Aspects of Energy Systems, P. Alvors, L. Eidensten, G. Svedberg, and J. Yan, eds., Stockholm, S. 525-532

Kemfert, C., and Kuckshinrichs, W. (1997). "MIS - A Model-based Macroeconomic Information System for Energy Analysis in Germany." in: Bunn, D., Larsen, E. (Hrsg.): Energy Economics and Systems Modelling for Energy Policy, S.47 - 66

Kuckshinrichs, W. (1998). "Gesamtwirtschaftliche Aspekte der CO_2-Minderung". In: Borsch, P. und Hake, J.-Fr. (Hrsg.), Klimaschutz – eine globale Herausforderung. Landsberg am Lech: Aktuell, S. 211-242.

Kuckshinrichs, W., Pfaffenberger, W. und Ströbele, W. (1998). "Das Makroökonomische Informationssystem (MIS)". In: Markewitz, P. et al. (Hrsg.), Modelle für die Analyse energiebedingter Klimagasreduktionsstrategien. Schriften des Forschungszentrums Jülich, Reihe Umwelt, Band 7, S. 9-55.

Kohlhaas, M., and Welsch, H. (1995). "Modelle einer aufkommensneutralen Energiepreiserhöhung und ihre wirtschaftlichen Auswirkungen, Teil 1 und Teil 2." *Zeitschrift für Energiewirtschaft* (1/95 und 2/95).

Pfaffenberger, W., and Kemfert, C. (1997). "Das makroökonomische Informationssystem IKARUS-MIS" in: Molt, S., Fahl, U.: "Energiemodelle in der Bundesrepublik Deutschland- Stand der Entwicklung, Stuttgart, S. 235 -265

Pfaffenberger, W., and Kemfert, C. (1998). "CO_2 Taxation and Competitiveness of the German Economy - An Analysis with the Macroeconomic Information System MIS." Erscheint in Journal of International Economics, forthcoming.

Pfaffenberger, W., and Ströbele, W. (1995). Projekt IKARUS: Makroökonomische Einbettung; MIS Modellbeschreibung (Band 1), Musterszenarien (Band 2), Technische Dokumentation des Modells MIS (Band 3), Oldenburg.

Pigou, A.C. (1932). "The economics of welfare." London: Mcmillan, 4. Auflage.

Welsch, H. (1995). Klimaschutz, Energiepolitik und Gesamtwirtschaft: Eine Allgemeine Gleichgewichtsanalyse für die Europäische Union, Bonn.

3. Sektorspezifische Beiträge zur Treibhausgas-Reduktion

3.1 Energieumwandlungstechniken als Elemente in Minderungsstrategien energiebedingter Klimagasemissionen

Ulrich Fahl, Dieter Herrmann, Alfred Voß

3.1.1 Einleitung

Wenn in der Bundesrepublik Deutschland Aspekte des Klimaschutzes für die Entwicklung der Energieversorgung heute eine ähnlich wichtige Rolle spielen wie Versorgungssicherheit, Wirtschaftlichkeit oder die Begrenzung von Schadstoffemissionen, so spiegelt das die weitreichenden Veränderungen im öffentlichen Bewußtsein wieder, die zu dieser Frage in den vergangenen rund zehn Jahren stattgefunden haben. Hierzu haben zweifellos ganz stark die Anstrengungen der Bundesregierung beigetragen, dieses globale Problem national und international zu thematisieren. Große Bedeutung ist dabei der anspruchsvollen Selbstverpflichtung beizumessen, die Emission sogenannter Klima- oder Treibhausgase in Deutschland bis zum Jahr 2005 um 25 % gegenüber 1990 zu reduzieren. Das umfangreiche Forschungsprojekt "IKARUS", das der Entwicklung systemanalytischer Instrumente für die Untersuchung von Klimagasreduktionsstrategien dient, unterstützt ein Umsetzen jener Minderungsselbstverpflichtungen nicht nur methodisch, sondern es trägt seinerseits zur Bewußtseinsbildung und dem Aufbau entsprechender Forschungsnetzwerke bei. Nicht von ungefähr wurde das IKARUS-Instrumentarium auf breiter interdisziplinärer und interinstitutioneller Grundlage geschaffen und ist für einen Gebrauch durch möglichst viele interessierte Nutzer vorgesehen.

Die Minderung energiebedingter Treibhausgasemissionen, ein gleichbleibendes Niveau von Energiedienstleistungen unterstellt, ist zunächst dadurch möglich, daß der hierfür notwendige Einsatz an Nutzenergie durch Einsparmaßnahmen verringert, der Wirkungsgrad der Umwandlung der hierbei verwendeten Endenergieträger in Nutzenergie erhöht oder Endenergieträger mit geringeren spezifischen Emissionen eingesetzt werden, z. B. Erdgas anstelle von Kohle oder Heizöl. Entsprechende Maßnahmen berühren im wesentlichen nur die Energieverwendung, das heißt in der Struktur des IKARUS-Instrumentariums, die "Endenergiesektoren". Allerdings sind die Möglichkeiten einer Einsparung ohne Komfortverlust in der Regel ähnlich begrenzt, wie die Steigerung von Umwandlungswirkungsgraden. Größere Freiheitsgrade bestehen nur darin, daß Endenergieträger zum Einsatz gelangen, deren Nutzung emissionsfrei ist, und die auch bei ihrer Bereitstellung keine Emissionen verursacht haben. Letzteres ist aber keine Frage der Energieanwendung mehr, sondern Aufgabe des Energieumwandlungssektors. Dieser umfaßt im wesentlichen alle jene Prozesse und Anlagensysteme, die für eine stoffliche Veredelung fossiler Brennstoffe oder für eine energetische Umwandlung von Primärenergieträgern in die von den Endverbrauchern benötigten Sekundär- bzw. Endenergieträger "zuständig" sind. Hierin eingeschlossen ist auch die leitungsgebundene Verteilung von Energieträgern.

Die Zusammenhänge zwischen Umwandlungssektor und Emissionsminderung sind indes vielschichtiger. Zuerst muß der Umwandlungssektor alle Veränderungen in der Endenergieträgerstruktur möglichst effizient bedienen können, die sich aus Minderungsmaßnahmen bei den Endverbrauchern ergeben. Des weiteren gibt es im Umwandlungssektor, und zwar aufgrund des allgemein hohen Konzentrationsgrades bzw. der großen Leistung der hier betriebenen Anlagen und Umwandlungsprozesse, selbst wichtige Ansatzpunkte sowohl für Wirkungsgraderhöhungen als auch für Kostensenkungen. Diese führen entweder unmittelbar zu einer Emissionsminderung, oder aber sie können emissionsarme Versorgungslösungen insgesamt wirtschaftlich attraktiver machen. Und schließlich ist der Umwandlungssektor als Bindeglied zwischen Primärenergiebereitstellung und Endenergieversorgung jene entscheidende Grundlage dafür, emissionsfreie Sekundärenergieträger tatsächlich auch emissionsfrei bereitstellen zu können. Im hypothetischen Grenzfall kann dies dadurch geschehen, daß alle potentiellen Schadstoffe und Klimagase bei der Umwandlung fossiler Primärenergieträger zurückgehalten und "entsorgt" werden. Wahrscheinlicher ist hingegen, daß fossile Brennstoffe generell durch erneuerbare Energiequellen und Kernenergie ersetzt werden, was auf einen weitgehenden technischen und strukturellen Wandel des Umwandlungssektors hinausliefe.

Im Rahmen des IKARUS-Gesamtprojektes hatte das Institut für Energiewirtschaft und Rationelle Energieanwendung (IER) der Universität Stuttgart den Auftrag, die notwendigen Daten für die Beschreibung des Umwandlungssektor zu ermitteln. Während der Laufzeit des Projektes bis Ende 1995 bestand die Aufgabe im Teilprojekt 4 in erster Linie darin, durch eine geeignete qualitative Beschreibung eines hinreichend breiten und repräsentativen Spektrums von Techniken des Umwandlungssektors sowie durch Bereitstellung entsprechender technischer, wirtschaftlicher und ökologischer Daten für die Modelljahre 1989, 2005 und 2020 zu einer sachgerechten Modellierung von Klimagasreduktionsstrategien beizutragen. Dabei sollte für die Modelljahre 1989 und 2005, soweit erforderlich, nach den Modellräumen "alte Bundesländer" und "neue Bundesländer" unterschieden werden. Und für beide Modellräume waren bei relevanten Anlagenarten die im Basisjahr 1989 vorhandenen Bestände zu ermitteln. Der Untersuchungsansatz und die Ergebnisse sind im Projektendbericht (Fahl et al. 1995) entsprechend dokumentiert. Das bis Ende 1998 laufende Anschlußvorhaben "IKARUS-Anwendung" war im Teilvorhaben 4 unter Einschluß von Testrechnungen mit dem IKARUS-LP-Modell vor allem auf die Erprobung, Vervollständigung und weitere Verbesserung einschließlich Aktualisierung der Daten des Umwandlungssektors ausgerichtet, die die Grundlage für eine praktische Nutzung und die Weitergabe des Instrumentariums an Dritte bildete.

In der folgenden kurzen Darstellung dieser Aktivitäten wird zunächst auf einige generelle Eigenschaften und Besonderheiten des Umwandlungssektors sowie der Datenbasis zu dessen Beschreibung eingegangen. Im weiteren werden die für die erste Projektphase charakteristische Datensammlung und -eingabe beschrieben, um sich danach den mehr für die zweite Projektphase typischen Fragen der Nutzung und Aktualisierung der Datenbasis zuzuwenden.

3.1.2.1 Aufbau der Datenbasis zur Beschreibung des Umwandlungssektors

Struktur und Abgrenzung des Umwandlungssektors, wie er dem IKARUS-Instrumentarium zu Grunde liegt, kann Abb. 3.1.1 entnommen werden. Durch unterschiedliche Schraffur getrennt, sind dabei die beiden qualitativ unterscheidbaren Bereiche der stofflichen Veredelung und der energetischen Umwandlung von Primärenergieträgern zu jeweils kommerziellen Sekundärenergieträgern zu erkennen. Die Kohleveredelung beinhaltet insbesondere die "klassischen" Prozesse der Verkokung, aber auch die verschiedenen Verfahren der Vergasung und Verflüssigung mit den vorrangigen Zielprodukten Koks, Synthesegas bzw. gasförmige Brennstoffe, Treibstoffe. Aus pragmatischen Gründen der Projektbearbeitung wird die Brikettierung und die Siebkohleherstellung für bestimmte Abnehmerkategorien dem Primärenergiesektor zugeordnet. Methanolerzeugung und Mobil-Oil-Prozeß werden gesondert dargestellt, da sie mit dem speziellen Zielprodukt "Kraftstoffe" sowohl auf Kohle als auch auf Erdgas aufsetzen können. Als weitere Eigenheit wird die "energetische" Müllnutzung in der Abbildung der stofflichen Umwandlung zugeschlagen. Damit soll zum Ausdruck gebracht werden, daß es sich hierbei primär um den technologischen Prozeß der Inertisierung und Volumenverringerung des Mülls handelt, der mit einer Abwärmenutzung verbunden ist.

Der Teilbereich der energetischen Umwandlung enthält vor allem die für zentrale Erzeugung von Elektroenergie und Fern-/Nahwärme vorgesehenen Kraftwerke, Heizkraftwerke und Heizwerke auf fossiler und auf nuklearer Basis sowie die entsprechenden Verteilungssysteme. Bei Wasserkraftanlagen werden nur die grossen Lauf-, Speicher- und Pumpspeicherkraftwerke dem Umwandlungssektor zugerechnet, Kleinwasserkraftwerke unter 1 MW hingegen dem Primärenergiesektor. Letzteres gilt auch für Windkraft- und Photovoltaikanlagen. Als neue, im allgemeinen noch nicht kommerziell verfügbare Technik wurden Brennstoffzellen gesondert ausgewiesen. Langfristig wird bei deren Einsatz im Umwandlungssektor eine Zuordnung zu den Kraftwerken bzw. KWK-Anlagen zutreffend sein. Als zukunftsweisende oder hypothetische Techniken sind sowohl Systeme einer zu erwartenden Wasserstoffenergetik als auch einer denkbaren Rückhaltung und Endlagerung von CO_2 enthalten. Wiederum mehr als Frage einer pragmatischen Aufgabenverteilung werden dem Umwandlungssektor auch die Teilgebiete Elektroenergie- und Kernbrennstoff-Import bzw. Kernbrennstoffzyklus zugeordnet.

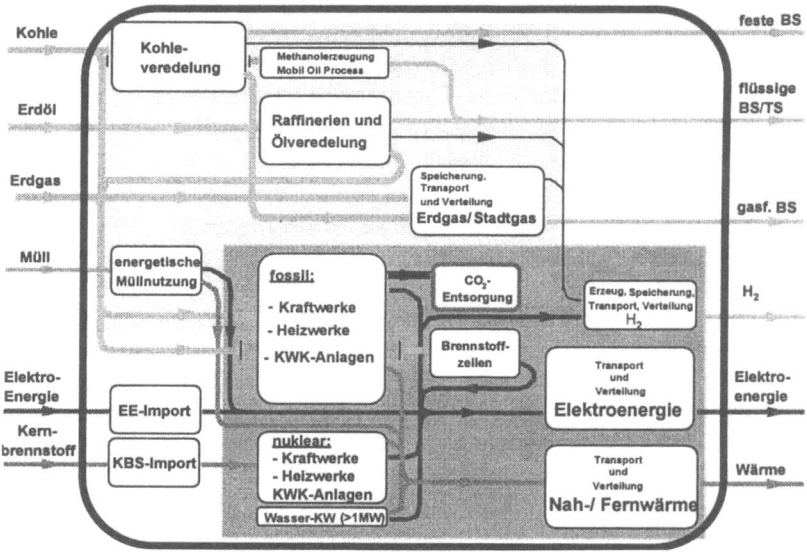

Abb. 3.1.1 Struktur des Umwandlungssektors im IKARUS-Instrumentarium

3.1.2.2 Technische und strukturelle Besonderheiten des Umwandlungssektors

Um die zuvor genannten unterschiedlichen Anforderungen bzw. Reaktionsmöglichkeiten des Umwandlungssektors im Falle notwendiger Emissionsminderungen sachgerecht abbilden zu können, ist es nützlich, sich die diesbezüglichen Unterschiede zu den Endenergiesektoren zu verdeutlichen:
- Energie ist in aller Regel nicht "Bedürfnis an sich", sondern ist lediglich mehr oder minder notwendige Voraussetzung für die Bedürfnisbefriedigung. Sofern die Art und Weise der Energiebedarfsdeckung die Qualität der Bedürfnisbefriedigung nicht beeinträchtigt, kann sowohl bei den Endanwendungen als auch im Umwandlungssektor von einer weitgehenden gegenseitigen Substituierbarkeit unterschiedlicher Energieträger bzw. Versorgungslösungen ausgegangen werden. Einschränkungen bestehen dahingehend, daß eine Reihe von Energieanwendungen alternativlos auf Elektroenergie angewiesen sind, und daß mobile Anwendungen heute überwiegend mit fossilen Energieträgern, insbesondere Mineralölprodukten, versorgt werden müssen. Außerhalb dieser Beschränkungen entscheiden im wesentlichen ökonomische Kriterien über die Art und Weise der Versorgung.
- Energieversorgung ist der eigentliche Arbeitsgegenstand des Umwandlungssektors. Damit ist die Anzahl der hierbei in Betracht zu ziehenden Techniken und Prozesse einerseits relativ klein und überschaubar. Andererseits ist deren Bedeutung für die Energieversorgung so groß und sind technische Verbesserungen und Strukturwandel für die Emissionsminderung so wichtig, daß deren explizite Abbildung für die Untersuchung und Optimierung von Minderungsstrategien weitgehend unerläßlich ist. Im Unterschied hierzu ist die Vielfalt der

Energieanwendungsprozesse geradezu erdrückend. Eine explizite Abbildung im Modell ist praktisch nicht möglich. Gleichzeitig sind die hierbei möglichen technischen und strukturellen Änderungen nur sehr bedingt durch Gegebenheiten der Energieversorgung bestimmt. Sie können folglich auch nur mit entsprechenden Einschränkungen zum Gegenstand einer Optimierung von Minderungsstrategien gemacht werden.

- Die überwiegend notwendige explizite Abbildung der einzelnen Techniken des Umwandlungssektors erfordert, sich einerseits sehr detailliert mit deren erheblicher technischer Heterogenität auseinandersetzen zu müssen, aber andererseits eine möglichst konsistente modellgemäße Darstellung aller Techniken zu erreichen. Beispielsweise werden allein bei unterschiedlichen Techniken der Stromerzeugung völlig unterschiedliche physikalisch-technische Wirkprinzipien ausgenutzt, wenn z. B. Wasserkraftwerk, Brennstoffzellenkraftwerk und Kernkraftwerk verglichen werden. Die technologischen Unterschiede zwischen Kohlevergasung, Stromverteilung und etwa CO_2-Endlagerung sind noch größer. Im Unterschied hierzu sind bei der Endanwendung Querschnittsprozesse üblich, die Elektroenergie, Fernwärme oder ein begrenztes Spektrum an Brenn- und Treibstoffen einsetzen, um im wesentlichen Wärme, Kraft und Licht zu erzeugen. Das heißt, es geht dabei weniger um die (technologische) Vielfalt der relevanten Prozesse, als um die Vielfalt der Bedingungen, unter denen diese ablaufen. Eine wichtige Konsequenz dieser technischen Heterogenität des Umwandlungssektors besteht darin, daß durch die Verfügbarkeit technischen Spezialwissens und durch die Fähigkeit, dieses Wissen modellgerecht umzusetzen, entscheidende Grenzen für dessen Abbildung gesetzt sind.

- Wichtige Unterschiede bestehen indes auch zwischen verschiedenen Kategorien von Techniken des Umwandlungssektors. Insbesondere betrifft das einerseits die unmittelbaren Erzeugungs- bzw. Umwandlungsanlagen und andererseits die leitungsgebundenen Transport- und Verteilungssysteme. Während erstere im wesentlichen vom speziellen Einsatzort weitgehend unabhängig sind, widerspiegeln die anderen hochgradig die speziellen geographischen Bedingungen. Im Zusammenhang mit Minderungsstrategien kann sich sowohl die Struktur des Parks von Erzeugeranlagen, aber auch jene der Verteilungssysteme grundlegend verändern. Diese Veränderungen müssen modellgerecht abgebildet werden. Im Falle der Verteilungssysteme ergibt sich eine analoge Problematik wie bei der Energieanwendung, daß sich strukturelle Veränderungen letztlich nur näherungsweise und hochaggregiert darstellen lassen. Das erfordert entsprechende Rechenvorschriften bzw. Hilfsmodelle, die außerhalb der unmittelbaren Optimierung von Minderungsstrategien anzuwenden sind. Datenbereitstellung bedeutet dementsprechend sowohl die Beschreibung der einzelnen Bausteine von Verteilungssystemen als auch die Hochrechnung und Aggregation zu entsprechenden Modellparametern. Im Unterschied hierzu können Erzeugeranlagen einer bestimmten Art in der Regel unmittelbar als fiktive Einzelanlage im Modell abgebildet werden.

- Während sich die Transport- und Verteilungssysteme, ähnlich wie der zu beheizende Gebäudebestand im Haushaltsektor oder der Fahrzeugpark im Verkehrssektor lediglich mit einer begrenzten Geschwindigkeit strukturell verändern, können etablierte Umwandlungstechniken relativ schnell bedeutungslos werden, technisch grundlegend weiterentwickelt werden, oder es können völlig neue entstehen und Bedeutung erlangen. Letztlich ist das von äußeren Rahmenbedingungen, von spezifischen Anforderungen an die Energieversorgung oder dem wissenschaftlich-technischen Fortschritt abhängig. Das heißt, in Abhängigkeit von den spezifischen Zukunftserwartungen wird solchen Einzeltechniken des Umwandlungssektors unterschiedliche energiewirtschaftliche Bedeutung im Betrachtungszeitraum zuzumessen sein. Besondere Aufmerksamkeit werden notwendigerweise jene verdienen, die entscheidend für Minderungsstrategien sind, wobei sich diese Einschätzung im Laufe der Zeit und mit wachsender Erfahrung verändern kann.

3.1.2.3 Datenerhebung und -verwaltung

Um unter den genannten Voraussetzungen eine für die Untersuchung von Minderungsstrategien energiebedingter Treibhausgasemissionen geeignete, zugleich aber auch möglichst allgemeingültige, belastbare und konsensfähige Datengrundlage für den Umwandlungssektor zu schaffen, wurde ein flexibles Konzept zur Gewinnung und modellgerechten Strukturierung der Daten angestrebt. Es mußte faktisch zeitlich parallel zur Modellentwicklung umgesetzt werden und beruhte im wesentlichen auf folgenden Elementen:

- Erarbeitung einer *Prototyp-Datenbank*, in der einige unterschiedliche Kraftwerkstypen in Datenblättern, und zwar durch Kommentar(e) sowie technische, wirtschaftliche und ökologische Daten, strukturiert beschrieben werden.
- Vergabe von *Unteraufträgen* an fachlich kompetente Institutionen zur Beschreibung des Standes und der Entwicklungstendenzen für Techniken des Umwandlungssektors und zur Erarbeitung analog strukturierter Datenblätter.
- Erarbeitung von *Modell-Testdaten* zum Umwandlungssektor, die bei verminderten Genauigkeitsanforderungen den Anforderungen des IKARUS-LP-Modells nach Inhalt, Umfang und Struktur der Daten gerecht werden.
- Durchführung von *Daten-Workshops*, in denen zu besonders wichtigen Techniken die Ergebnisse externer Zuarbeiten von einem breiteren Kreis von Spezialisten auf den jeweiligen Gebieten erörtert und begutachtet werden.
- Erarbeitung von *IKARUS-LP-Modelldaten* vor allem auf der Grundlage der externen Zuarbeiten, aber auch eigener Erhebungen sowie durch Überarbeitung der Modell-Testdaten.
- *Datenbank-Eingabe* der in den externen Zuarbeiten enthaltenen Datenblätter in die IKARUS-Technikdatenbank, redaktionelle Überarbeitung und Herausgabe der Berichte.

Tabelle 3.1.1 gibt einen Überblick über die im Teilprojekt 4 vergebenen Unteraufträge. Sie beziehen sich vor allem auf solche Teilgebiete, die von großer Bedeutung für künftige Minderungsstrategien energiebedingter Treibhausgasemissionen sind. Herausragendes Beispiel ist hierbei der Bereich moderner Kraftwerks- und Heizkraftwerkstechnik.

Des weiteren bestand ein Interesse an der Vergabe von Unteraufträgen zu Techniken, die thematisch weit vom Arbeitsgebiet des IER Stuttgart entfernt sind. Durch das IER selbst war die umfangreiche Koordinierung und Anleitung dieser

Arbeiten zu sichern. In Tabelle 3.1.2 sind jene Untersuchungen zu ausgewählten Problemen aufgeführt, die durch das IER Stuttgart bearbeitet worden sind.

Im Verlaufe der konkreten Bearbeitung wurde eine Reihe von Erfahrungen gesammelt, die immer wieder zur Modifikation des ursprünglichen Konzeptes der Datensammlung, -aufbereitung und -strukturierung geführt haben. Sie betreffen teilweise jene Besonderheiten der Techniken des Umwandlungssektors im Vergleich zu den Endverbrauchssektoren, die zuvor diskutiert worden sind. Zu den praktischen Erfahrungen zählt z. B. die Erkenntnis, daß es nicht sinnvoll ist, die Vielfalt und Unterschiedlichkeit der Techniken des Umwandlungssektors unbedingt in eine einheitliche Struktur pressen zu wollen. Vielmehr gilt es Kompromisse zu finden zwischen hinreichender Vereinheitlichung und zweckmäßiger Differenzierung. In diesem Sinne sind z. B. die aus der Prototyp-Datenbank abgeleiteten Datenblätter im weiteren differenziert und möglichst den Besonderheiten der jeweiligen Technik angepaßt worden. Hierdurch kann nicht nur die einzelne Technik zutreffender und kompakter beschrieben werden, sondern es werden auch Barrieren bei dem bearbeitenden Spezialisten abgebaut, wenn er eine ihm vertraute Darstellungsweise wählen kann.

Tabelle 3.1.1 Unteraufträge zur Technologiebeschreibung und Datenerhebung nach Auftragnehmern

	Auftragnehmer	Aufgabe(n)	Bemerkungen
1	Siemens/KWU, Erlangen	• Fossile Kraftwerke • Kernkraftwerke (KKW)	• Workshop am IER, 06.04.93 • Beratung mit Vertretern von EVU und Verbänden bei KWU am 17.01.94
2	Forschungszentrum Karlsruhe	• Kernbrennstoffkreislauf	
3	Dt. Gesellschaft zum Bau und Betrieb von Endlagern für Abfallstoffe, Peine	• Endlagerung radioaktiver Abfälle	
4	Inst. f. Wasserbau, Universität Stuttgart	• Wasserkraftwerke >1 MW$_e$	
5	Dt. MontanTechnologie für Rohstoff-Energie-Umwelt, Essen	• Kohleveredelung	• Workshop am IER, 10.11.92
6	Inst. f. Siedlungswasserbau, Universität Stuttgart	• Energetische Müllnutzung	
7	Engler-Bunte-Institut, Universität Karlsruhe	• Raffinerien u. Ölveredelung	
8	Inst. f. Energieverfahrenstechnik, Forschungszentrum Jülich	• Brennstoffzellen • Methanolerzeugung • Mobil Oil Prozeß	• Workshop am IER, 10.11.92
9	Ludwig-Bölkow-Systemtechnik, Ottobrunn	• H$_2$-Brennstoffzellen Elektrolyse, H$_2$-Speicher u. -transport	• Workshop am IER, 23.11.92
10	Inst. f. Elektr. Anlagen u. Energiewirtschaft, RWTH Aachen	• Elektroenergietransport und -verteilung	• Workshop an der RWTH, 28.01.93
11	Dipl.-Ing. H. P. Winkens	• Fernwärmetransport und -verteilung	• Workshop am IER, 23.11.92
12	Ruhrgas AG, Essen, Dorsten	• Erdgastransport, -speicherung und -verteilung	• Workshop am IER, 23.11.92
13	Institut f. Energetik, Leipzig	• Vergangenheitsdaten DDR: Umwandlungssektor ohne Nah- und Fernwärme	
14	Inst. f. Energietechnik, TU Dresden	• Vergangenheitsdaten DDR: Nah- u. Fernwärme	
15	Prof. W. Seifritz, Windisch (CH)	• Entsorgungsmöglichkeiten für Klimagase • Zuarbeiten zu Kraftwerke	• Workshop beim BMBF (BMFT) am 23./24.03.92
16	Inst. f. Sicherheitsforschung u. Reaktortechnik, Forschungszentrum Jülich	• Hochtemperaturreaktoren	

Energieumwandlungstechniken

Tabelle 3.1.2 Vom IER Stuttgart bearbeitete Teilaufgaben der Technologiebeschreibung und Datenerhebung

	Aufgaben
1	Fossil befeuerte KWK-Anlagen und Heizwerke kleinerer Leistung
2	Wärmekraftwerke, Anlagenbestand 1989, alte Bundesländer
3	Stromimport aus konventionellen Kraftwerken
4	Fern- u.Nahwärme, Anlagenbestand 1989, alte Bundesländer
5	(Groß-) Wärmepumpen in Fern- u. Nahwärmesystemen

Die ursprüngliche Hoffnung, daß mit einheitlichen Datenblättern sofort eine Datenstruktur geschaffen wird, die unmittelbar vom IKARUS-LP-Modell weiterverarbeitet werden kann, hatte sich aus wenigstens zwei Gründen nicht erfüllt. Erstens hat sich gezeigt, daß letztlich die Modellentwicklung (mit)entscheidend für die Festlegung der Datenstruktur ist, so daß ein vorher festgelegtes Schema wenig Chancen hat, sich durchzusetzen. Zweitens weisen die Datenblätter unvermeidbar Lücken auf, vor allem bei sehr zukunftsorientierten und hypothetischen Techniken, die im Nachhinein z. B. durch Analogiewerte oder Schätzwerte geschlossen werden müssen. Es zeigt sich, daß eine nachträgliche Bearbeitung und z. B. LP-modellgerechte Strukturierung unvermeidbar ist. Dabei lassen sich auch Strukturen relativ unproblematisch verändern, wenn dies EDV-gestützt vorgenommen werden kann. Das war beispielsweise bei allen Techniken möglich, die als Einzelanlagen abgebildet werden.

Eine weitere Erfahrung besteht darin, daß es für die Datenbereitstellung nicht nur objektive Erfahrungs- und Wissensgrenzen gibt, sondern darüber hinaus mit ganz "normalen" Hemmnissen gerechnet werden muß. Zwei wichtige Beispiele betreffen:

- *Unterschiedliche Erfahrungshorizonte und Betrachtungsweisen* von Datenlieferanten bzw. Unterauftragnehmern und Systemanalytikern: Diese beruhen insbesondere auf dem Umstand, daß einzelne Techniken aus der Sicht des Gesamtproblems oft eine nur marginale Bedeutung haben, aber für den auf dem jeweiligen Teilgebiet arbeitenden Spezialisten sich als zentral darstellen. Schwierigkeiten der Kommunikation ergeben sich vor allem zu möglichen, notwendigen bzw. zulässigen Vereinfachungen der modellhaften Darstellung, zu den Unterschieden zwischen gesamtwirtschaftlicher und einzelwirtschaftlicher Betrachtungsweise sowie zum Teil auch hinsichtlich der Fachterminologie.
- *Wettbewerbsrelevanz von Daten*: Insbesondere ökonomische, aber auch ökologische und seltener technische Daten sind für einzelne Unternehmen wettbewerbsrelevant. Obwohl für Modelluntersuchungen in der Regel hochaggregierte bzw. gemittelte Daten benötigt werden, sind von einzelnen Unternehmen oder von Verbänden Bedenken gegen eine Weitergabe geltend gemacht worden. Dies, weil entweder in Zwischenstufen der Bearbeitung Einzeldaten benötigt werden (und hierbei ein Abfluß befürchtet wird), oder weil durch Merkmalskombinationen aus aggregierten Daten z.T. auf Einzelanlagen zurückgerechnet werden könnte.

In Abb. 3.1.2 ist das letztlich realisierte Konzept der Datenbereitstellung im Teilprojekt 4 dargestellt, wie es sich unter Berücksichtigung der praktischen Erfahrungen im Verlaufe der Projektbearbeitung entwickelt hat. Es ist eine deutliche Differenzierung der primär erhobenen Daten nach Anlagenbeständen vorhandener Technik und den Daten für die künftig einzusetzende Techniken zu erkennen. Bei den Beständen etwa an Kraftwerken unterschiedlicher Bauart interessieren die konkreten technischen, wirtschaftlichen und ökologischen Daten der Einzelanlagen weniger, da diese Kapazitäten ohnehin nur noch mit den laufenden Betriebskosten im Optimierungsmodell berücksichtigt werden. Hierzu kann mit vergleichsweise kleinem Fehler auf grobe Mittelwerte und Schätzungen ausgewichen werden. Außerdem sind detaillierte Angaben, die über publizierte Statistiken hinausgehen, kaum erhältlich. Bezüglich der Ausgangssituation bei den Treibhausgasemissionen kann ebenfalls auf veröffentlichte Statistiken zurückgegriffen werden. Erforderlich sind hingegen Angaben zum Anlagenalter, um einen in späteren Modelljahren zu erwartenden Ersatzbedarf bestimmen zu können. Zu diesem Zweck sind vorhandene Statistiken entsprechend ergänzt und erweitert worden.

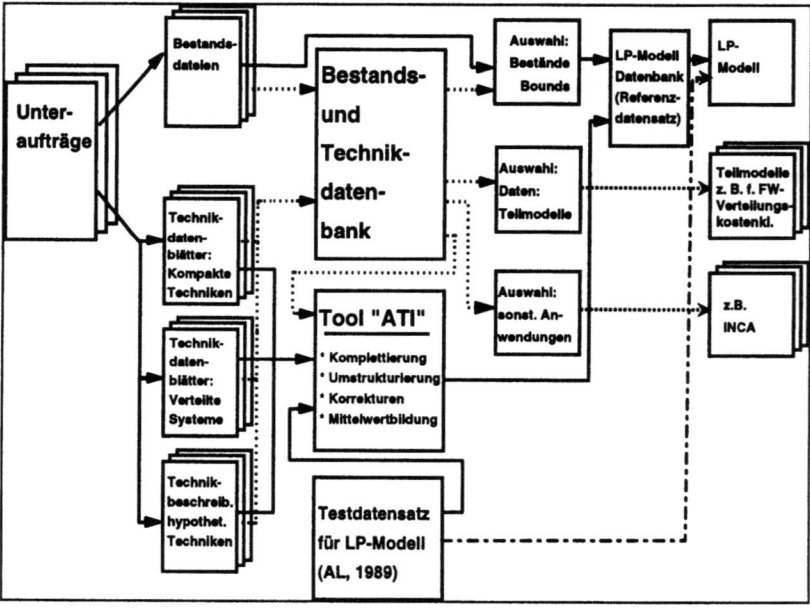

Abb. 3.1.2 Realisiertes Konzept der Datenbereitstellung im Teilprojekt 4

Im Falle der Datenblätter zur Beschreibung einzelner Techniken hat es sich als zweckmäßig herausgestellt, konsequent zwischen heutigen sowie absehbar realen und mehr hypothetischen Techniken zu unterscheiden. Damit verbinden sich insbesondere unterschiedliche Qualitätsansprüche. Im Falle einer hypothetischen Technik kann es u. U. bereits hilfreich sein, einige grundlegende Aussagen und Daten zu haben. Entsprechend kleiner ist natürlich auch die Belastbarkeit der damit möglichen Aussagen. Bei den heutigen Techniken ist des weiteren zwischen (kompakten) Einzeltechniken und den komplexen Systemen der leitungsgebundenen Energieverteilung zu unterscheiden. Für die Einzeltechniken ist mit ATI (Arbeitstabelle IKARUS) ein Tool entwickelt worden, um die beschriebene Aufbereitung von Daten für das IKARUS-LP-Modell vornehmen zu können. Die Ermittlung aggregierter Daten für eine modellgerechte Abbildung leitungsgebundener Verteilungssysteme wurde zunächst von Hand vorgenommen, wobei diese zahlenmäßig nur einen kleinen Teil der Techniken im Umwandlungssektor ausmachen.

3.1.3.1 Nutzung und Aktualisierung der Datenbasis

Im Rahmen des Anschlußvorhabens "IKARUS-Anwendung" stand zunächst ein inhaltliches Testen des Datensatzes zum Umwandlungssektor für das IKARUS-LP-Modell im Vordergrund. Hierzu wurden umfangreiche Testrechnungen seitens des Modellentwicklers durchgeführt und notwendige Verbesserungen am Modell und am Datensatz vorgenommen. Hierauf aufbauend konnten später Modelluntersuchungen durch das IER Stuttgart gestartet werden, in denen insbesondere die Möglichkeiten des Modells ausgelotet werden sollten, technische und strukturelle Veränderungen im Umwandlungssektor in Abhängigkeit von CO_2-Minderungszielen plausibel abzubilden. Im Rahmen einer notwendigen Aktualisierung der Datenbasis und der Umstellung des Basisjahres von 1989 auf 1995 wurden schließlich auch Anstrengungen unternommen, um aggregierte Modelldaten zu Systemen leitungsgebundener Energieverteilung EDV-gestützt zu ermitteln. Hier kann nur episodenhaft auf einige Aspekte eingegangen werden.

Beispiel: Synthesegas

Im Verlaufe der Modelltests war z. B. festgestellt worden, daß das IKARUS-LP-Modell im Falle von CO_2-Restriktionen verstärkt auf die Erzeugung und energetische Nutzung von Synthesegas ausweicht. Diese wenig plausible Reaktion konnte durch ein Abstimmungsproblem zwischen Modell und Daten des Umwandlungssektors erklärt werden. Im Modell wird vom gedanklichen Bild einer Sammelschiene für Synthesegas ausgegangen, über die alle Erzeuger und Abnehmer miteinander verbunden sind. Das setzt eine einheitliche Qualität des Synthesegases voraus, speziell ein bestimmtes CO/H_2-Verhältnis. Im Datensatz sind indes reale Techniken abgebildet, die mit sehr unterschiedlichen Gasqualitäten arbeiten. Indem einerseits CO-reiches Gas erzeugt wird, das in einem anderen Prozeß als CO-armes (H_2-reiches) Gas genutzt wird, entsteht für das Modell eine CO_2-Senke, von der im Minderungsfall Gebrauch gemacht wird. Von den verschiedenen Korrekturmöglichkeiten, die alle ihre Nachteile haben, wurde schließlich die einer bedingten Stillegung der Synthesegas-Sammelschiene im Modell gewählt. Sie entspricht am ehesten der heutigen und absehbar zukünftigen Realität, die eine breite energetische Nutzung von Synthesegas nicht erkennen läßt. Soweit es als reines Zwischenprodukt in Umwandlungs- bzw. Veredelungstechniken auftritt, muß es nicht gesondert bilanziert werden. Und schließlich können im Bedarfsfall entsprechende Techniken durch den Modellanwender freigegeben werden, wobei dieser für eine sachgerechte Bilanzierung der Gasqualität Sorge zu tragen hat.

Beispiel: Weitgehende CO_2-Emissionsminderung

Im Rahmen erweiterter Testrechnungen mit dem IKARUS-LP-Modell (Fahl et al. 1996) ist unter anderem der Fall untersucht worden, daß bis zum Modelljahr 2020 nicht nur eine Reduktion der CO_2-Emissionen um 50 % gegenüber 1990 erreicht werden sollte, wie verschiedentlich gefordert, sondern daß bereits der Weltdurchschnitt bei den Pro-Kopf-Emissionen zu erreichen sei. Wird vom gegenwärtigen Durchschnitt ausgegangen, ergibt sich für die Bundesrepublik Deutschland eine CO_2-Minderung gegenüber 1990 um etwa 68 % auf rund 320 Mt/a, unter Beachtung eines globalen Bevölkerungswachstums und der notwendigen absoluten Emissionsminderung bis zum Jahr 2020 sogar um 77 % auf unter 230 Mt/a. Zu Vergleichszwecken werden auch ein Referenzfall, ohne Minderungszwänge, sowie der Fall einer "lediglich" 50 %-igen Minderung untersucht. In allen Varianten wird ein technisch und politisch unbegrenzter weiterer Ausbau praktisch emissionsfreier Primärenergiequellen wie der Kernenergie oder der erneuerbaren Energien zugelassen.

Wie aus Abb. 3.1.3 zu erkennen ist, verändert sich der Primärenergieverbrauch mit zunehmenden Minderungszwängen sowohl im Umfang als auch in der Struktur. Alle Maßnahmen, die auf Einsparung und Wirkungsgradverbesserung hinauslaufen, führen tendenziell zu einer Verringerung des Verbrauchs. Hingegen ist die Substitution fossiler Brennstoffe durch nichtfossile Primärenergiequellen nicht selten mit wachsenden Umwandlungsverlusten verbunden, wenn z. B. an den Vergleich nuklearer gegenüber konventioneller Stromerzeugung, einen verstärkten Einsatz von Elektroenergie anstelle von Brennstoffen oder gar die elektrolytische Erzeugung von Wasserstoff als sekundärem Brennstoff gedacht wird. Im Beispiel überlagern sich die unterschiedlichen Tendenzen, wobei sehr tiefe Minderungen schließlich einen deutlich wachsenden Primärenergieverbrauch bedingen.

Die Substitution fossiler Brennstoffe erfolgt unter den hier getroffenen Annahmen fast ausschließlich zugunsten der Kernenergie. Die anteilig größten Rückgänge sind zunächst bei der Kohle zu verzeichnen, sobald eine CO_2-Begrenzung vorgegeben wird (Übergang CHXX ➔ CH50). Diese werden hauptsächlich durch den Ersatz von Stein- und Braunkohle in der Elektroenergieerzeugung erreicht. Im Unterschied zur Kohle erfährt Erdgas bei begrenzten Minderungszielen zunächst eine geringfügige Ausweitung seines Einsatzes, das heißt, es trägt mit zum Ersatz kohlenstoffreicher fossiler Brennstoffe bei. Im Falle weitgehender Minderungsanforderungen wird aber auch Erdgas mehr und mehr aus der Bilanz verdrängt. Die relativ geringsten Einschränkungen des Einsatzes mit wachsenden Minderungserfordernissen erfahren im Beispiel die Mineralöle, was vor allem durch deren schwierige Substituierbarkeit im Verkehrssektor bedingt ist.

Das hier knapp skizzierte Beispiel zeigt, daß sich mit dem vorhandenen Instrumentarium grundsätzlich auch Fälle sehr tiefer Minderung mit einem weitgehenden technischen und strukturellen Wandel des Umwandlungssektors abbilden lassen. Gleichzeitig wird aber auch eine Reihe von Problemen sichtbar. So sind die für eine künftige emissionsfreie Versorgung im Instrumentarium bislang punktuell vorgesehen technischen Lösungen noch nicht hinreichend aufeinander abgestimmt und nicht optimal in das Energiesystem eingebunden. Dadurch werden in der Tendenz zu hohe Kosten einer tiefen Emissionsminderung ausgewiesen. Des weiteren wird ein weitgehender Wandel der Primärenergieträgerstruktur entsprechende Veränderungen auch bei der Endenergieträgerstruktur und der Energieverwendung verlangen, die bislang nicht hinreichend vorgesehen sind. Schließlich kann im Falle der Entwicklung und Einführung neuer Lösungselemente mit Synergieeffekten sowohl zwischen den unterschiedlichen neuen Lösungen als auch in Wechselwirkung mit vorhandenen Lösungen und Systemelementen gerechnet werden, die es in Zukunft zu berücksichtigen gilt.

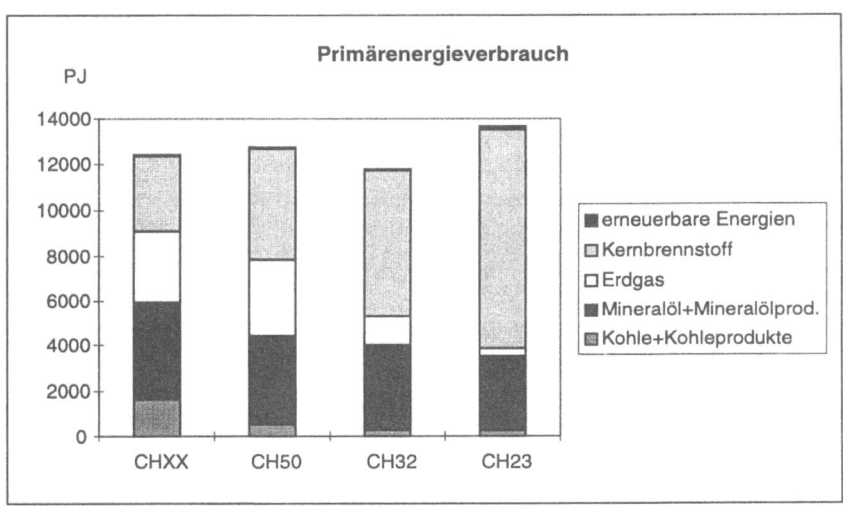

Legende:

CHXX: (Referenzfall, keine CO_2-Restriktionen, CO_2-Emissionen ➔ 760 Mt/a)
CH50: CO_2-Emissionen ➔ 500 Mt/a
CH32: CO_2-Emissionen ➔ 320 Mt/a
CH23: CO_2-Emissionen ➔ 230 Mt/a

Abb. 3.1.3 Primärenergieverbrauch nach Energieträgern bei weitgehenden CO_2-Minderungszwängen im Zeitraum ab 2020

Beispiel: Datenaggregation für Systeme leitungsgebundener Energieversorgung

Speziell bei der Bestimmung aggregierter Daten für die Erdgas- sowie Nah- und Fernwärmeverteilung mußte zunächst weitgehend auf ältere analoge Ansätze (Winkens, 1984), (Fasold, 1982) zurückgegriffen werden, die unter Einbeziehung neuerer Daten (Winkens, 1994) modifiziert und den Bedürfnissen des IKARUS-Instrumentariums angepaßt worden sind. Der grundsätzliche Nachteil dieses Herangehens bestand darin, daß konkurrierende Verteilungssysteme nicht auf einer einheitlichen bzw. miteinander vergleichbaren Basis bestimmt waren. Außerdem erwies sich das Verfahren als wenig flexibel, um neuere Entwicklungstendenzen hinsichtlich einer Senkung der Verlegekosten dank erfolgreicher F&E-Programme (Neuartige Wärmeverteilung (AGFW, 1998)) sowie der künftigen Minderung des spezifischen Wärmebedarfs, z. B. im Ergebnis der geplanten Energiesparverordnung, berücksichtigen zu können.

Unter Verfeinerung der von Roth et al. (1980) entwickelten Siedlungs- und Raumtypenmethode ist zunächst ein EDV-gestützter Ansatz für die Ermittlung entsprechender aggregierter Daten geschaffen worden. Zugleich wird mit weiteren Fortschritten geographischer Informationssysteme die Qualität solcher Daten in Zukunft schrittweise weiter verbessert werden können.

Beispiel: Fortschritte in der Kraftwerkstechnik

Die Notwendigkeit einer Aktualisierung der Informationen zur technisch-ökonomischen Charakterisierung einzelner Kraftwerke ergibt sich zum einen aufgrund der Umstellung des Basisjahres innerhalb des IKARUS-Projektes von 1989 auf 1995 sowie zum anderen aufgrund der Fortschritte, die in den letzten Jahren mit einer großen Dynamik im Kraftwerksmarkt erzielt werden konnten. Die Umstellung auf das neue Basisjahr 1995 würde zunächst eine nominale Erhöhung der Preise um 23 % gegenüber den Informationen aus der ersten Projektphase (vgl. Tabelle 3.1.3) mit sich bringen.

Tabelle 3.1.3 Technische und ökonomische Beschreibung von Kraftwerken, die im Jahr 2005 in Betrieb gehen sollen (nach dem Wissensstand 1993)

	Einheit	Steinkohle-Dampfkraftw.	Erdgas-GuD-Kraftwerk	Kernkraftwerk (EPR)
Nettoleistung	MW_{el}	600	778	1450
Wirkungsgrad	%	43,0	57,5	36,0
Lebensdauer	a	35	35	40
Investitionen	$DM89/kW_{el}$	1920	1075	3200
	$(DM95/kW_{el})$	(2362)	(1322)	(3936)
Bauzinsen	$DM89/kW_{el}$	97	54	252
Fixe Betriebskosten	$DM89/kW_{el}*a$	122	50	169
Var. Betriebskosten	Pf89/kWh	0,275	0,10	0,10
Endbeseitigung	$DM89/kW_{el}$	75	75	485

Ein Vergleich mit den Informationen, die in der zweiten Projektphase gewonnen werden konnten, zeigt, daß die Fortschritte in der Kraftwerkstechnik nicht nur die nominale Preiserhöhung ausgleichen konnten, sondern sogar zu einer weiteren Senkung der Investitionen um 6 % bis 30 % geführt haben (vgl. Tabelle 3.1.4). Hier sind bei allen Kraftwerkstypen die Erfahrungen, die in den letzten Jahren im internationalen und nationalen Kontext sowohl im wissenschaftlichen Bereich als auch in der Praxis erzielt werden konnten, in die Datenbereitstellung eingeflossen.

Somit veranschaulicht die Aktualisierung der Datenbasis im Umwandlungssektor die zuvor beschriebene Besonderheit, daß hier zwar die Anzahl der in Betracht zu ziehenden Techniken überschaubar ist. Andererseits ist aber kein pauschales Vorgehen möglich, sondern es sind jeweils die Entwicklungen in den einzelnen Bereichen zu verfolgen. Dies gilt insbesondere für den für die Treibhausgasminderung zentralen Bereich der Strom- und Fernwärmeversorgung.

Tabelle 3.1.4 Technische und ökonomische Beschreibung von Kraftwerken, die im Jahr 2005 in Betrieb gehen sollen (nach dem Wissenstand 1997)

	Einheit	Steinkohle-Dampfkraftw	Erdgas-GuD-Kraftwerk	Kernkraftwerk (EPR)
Nettoleistung	MW_{el}	750	750	1520
Wirkungsgrad	%	45,0	58,0	36,0
Lebensdauer	a	40	40	40
Investitionen	$DM95/kW_{el}$	1800	750	2800
Bauzinsen	$DM95/kW_{el}$	92	19	294
Fixe Betriebskosten	$DM95/kW_{el}*a$	50	29	73
Var. Betriebskosten	Pf95/kWh	0,25	0,10	0,10
Endbeseitigung	$DM95/kW_{el}$	70	30	500

Beispiel: INCA

Die Beurteilung der Rolle einer ganz bestimmten Umwandlungstechnik für eine gesamtwirtschaftlich kostenoptimale CO_2-Minderungsstrategie kann letztendlich nur auf der Grundlage einer integrierten Analyse exakter ermittelt werden. Häufig ist aber eine derart umfassende Antwort gar nicht gefragt, sondern ein einfacher Vergleich bezogener Kosten und Emissionen für zwei oder mehrere ausgewählte Techniken ist zunächst hinreichend aussagefähig. Hierzu ist es notwendig, aus den im Rahmen des IKARUS-Projektes zusammengestellten technisch-ökonomischen Daten unter gleichzeitiger Annahme bestimmter Brennstoffpreise und anderer volkswirtschaftlicher Parameter entsprechende Kosten- und Emissionskennziffern zu berechnen und diese miteinander zu vergleichen. Hierzu ist das Tool INCA (Investment Calculation) entwickelt und erprobt worden, das eben solche Aufgaben lösen kann. INCA ist sehr flexibel aufgebaut. Es ist grundsätzlich in der Lage, den Lebenszyklus einer Anlage beginnend von der Planungsphase, über die Errichtung, die Nutzungsdauer und die anschließende Anlagenbeseitigung detailliert in Jahresscheiben ökonomisch abzubilden.

INCA wurde genutzt, um für die zuvor beschriebenen Stromerzeugungsanlagen einen Kostenvergleich durchzuführen. Neben den in Tabelle 3.1.4 aufgeführten Informationen werden noch Annahmen zu den Brennstoffpreisen (Steinkohle - 97 DM95/t SKE, Erdgas - 7,37 DM95/GJ, Kernenergie - 0,85 $Pf95/kWh_{el}$) sowie zum anzusetzenden Zinssatz (4 % real) benötigt. INCA liefert dann in Ergebnisgraphiken und -tabellen z. B. die bezogenen Stromgestehungskosten in Abhängigkeit von den Vollastbenutzungsstunden (vgl. Abb. 3.1.4). Es zeigt sich, daß unter den gewählten Annahmen über 4500 Vollastbenutzungsstunden der EPR (NUCLPP1) die niedrigsten bezogenen Kosten aufweist. Unter 4500 h/a besitzt das Erdgas-GuD-Kraftwerk (GASSPP1) die günstigsten Kosten. Unter den Referenzannahmen eines Grundlastkraftwerkes (Vollaststunden 7000 h/a) liegen die Kosten des Steinkohle-Dampfkraftwerkes (HCOAPP1) um ca. 17 % und die Kosten des Erdgas-GuD-Kraftwerkes um rund 31 % höher als die für einen EPR projektierten Kosten.

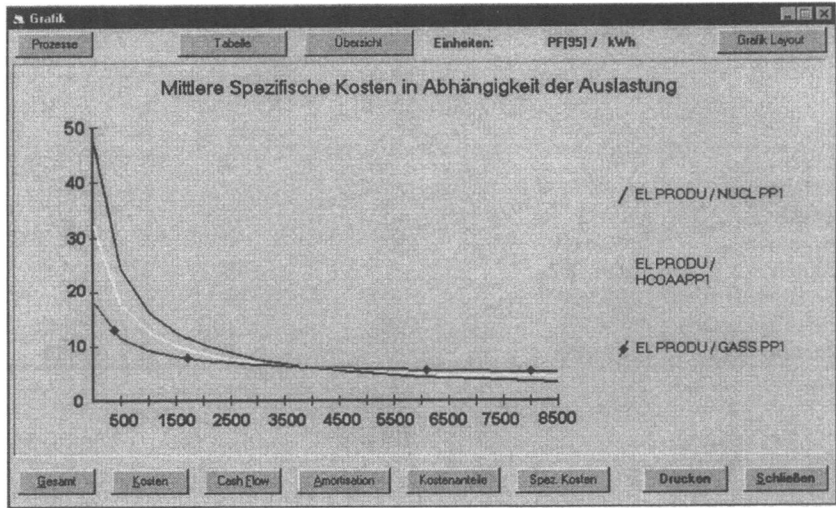

Abb. 3.1.4 Bezogene Stromerzeugungskosten unterschiedlicher Kraftwerkstypen in Abhängigkeit von den Vollastbenutzungsstunden

Eine Sensitivitätsanalyse des Zinssatzes zeigt deutliche Kostenvorteile der Kernenergie gegenüber dem Steinkohle- und dem Erdgaskraftwerk bis zu einem realen Zinssatz von 7 %. Bei einem realen Zinssatz von 8 % gleichen sich die Kosten aus. Ab einem realen Zinssatz von 9 % dreht sich die Reihenfolge der Kraftwerke bezüglich der bezogenen Stromerzeugungskosten um. Für eine Sensitivitätsanalyse der Brennstoffpreise (Steinkohle - 75 bis 150 DM95/t SKE, Erdgas - 5,12 bis 13,65 DM95/GJ, Kernenergie - 0,7 bis 1,5 Pf/kWh$_{el}$) zeigt sich, daß der EPR die geringste Sensitivität gegenüber Brennstoffkostenänderungen aufweist. Beim Erdgas-GuD-Kraftwerk ist die Sensitivität sehr hoch. So führen Erdgaspreise, wie sie Mitte der 80er Jahre vorlagen, zu einer Verdoppelung der bezogenen Stromerzeugungskosten.

3.1.4 Künftige Anforderungen an die Abbildung des Umwandlungssektors

Im Zusammenhang mit der Pflege und Weiterentwicklung des IKARUS-Instrumentariums stellt sich besonders für die Abbildung des Energieumwandlungssektors die Frage, ob künftige Anforderungen im wesentlichen noch durch das heutige Energiesystem, mit begrenzten quantitativen Veränderungen, erfüllt werden können, oder ob speziell bei der Energieumwandlung tiefgreifende technische und strukturelle Umbrüche erforderlich sein werden? Ausgehend von der Erfahrung eines seit zweieinhalb Jahrzehnten nur noch moderaten Wachstums des Energiebedarfs, erheblicher Potentiale zur Einsparung und rationellen Verwendung von Energie, aber auch wegen der tendenziell weiteren Zunahme der weltweit ausgewiesenen Erdgasreserven wird für die nächsten Jahrzehnte üblicherweise nicht mit großen technischen und strukturellen Veränderungen der Energieversorgung gerechnet. Diese Einschätzung hat ihren Niederschlag in der gesamten bisherigen Anlage des IKARUS-Instrumentariums gefunden und ist auch für die Zukunft eindeutig als Bezugsbasis anzusehen. Dennoch haben sich in den letzten Jahren auf unterschiedlichen Ebenen Veränderungen vollzogen, deren mögliche Überlagerung in ihrer Bedeutung für die Energieversorgung bislang wenig reflektiert worden ist:

1) Mit den Vereinbarungen im Kyoto-Protokoll zeichnet sich seit Ende vorigen Jahres eine qualitativ neue Situation ab. Durch international verbindliche Minderungsverpflichtungen für ausgewählte Industrieländer werden jene Freiheitsgrade für die Energieversorgung eingeschränkt, die bislang in Form eines stärkeren Rückgriffs auf fossile Brennstoffe, in Deutschland z. B. auf heimische Kohle, objektiv gegeben waren. Die Minderungsverpflichtungen werden ggf. auch dann uneingeschränkt zu erfüllen sein, wenn der nationale Energiebedarf konjunkturbedingt stärker wächst bzw. die Erdgas- und Erdölpreise steigen.

2) Auf Ebene der Energieversorgung sind in vielen Industrieländern Veränderungen gesetzlicher Rahmenbedingungen vorgenommen worden bzw. werden gerade eingeführt. Deren vorrangiges Ziel ist die Beseitigung bisheriger Monopolstellungen in der leitungsgebundenen Energieversorgung. Wachsender Wettbewerbsdruck soll die Energieversorgungsunternehmen zwingen, Kosten zu senken und hierfür erforderliche technische und strukturelle Verbesserungen schneller und wirksamer durchzusetzen.

3) Auf globaler Ebene können rasch voranschreitende Automatisierung der Produktion und Globalisierung des Wirtschaftslebens beobachtet werden. Moderne Technologie wird dabei schneller zum Allgemeingut, und deren Rolle verlagert sich mehr und mehr von der Herstellung besonders hochwertiger Produkte in Richtung einer fortschreitenden Rationalisierung und Ausweitung ganz alltäglicher Produktionsprozesse. Das ergibt für die Weltwirtschaft eine grundlegend andere Situation, als sie in den vergangenen zweieinhalb Jahrzehnten bestanden hat.

Ein stärkeres Wachstum des globalen Energiebedarfs ist nicht auszuschließen, wobei steigende Rohstoffpreise diese Tendenz über eine größere Energienachfrage der Entwicklungs- und Schwellenländer noch verstärken können. Bei stärkerem Konkurrenzdruck in der Erdgas- und Stromversorgung sowie bindenden Minderungsverpflichtungen sind Voraussetzungen dafür gegeben, daß sich Energieversorgungslösungen in den Industrieländern durchsetzen können, die gleichzeitig materialsparend und emissionsreduzierend sind, die Brennstoffimporte reduzieren und die von den Möglichkeiten der Automatisierung industrieller Fertigungsprozesse profitieren können. Das heißt, es rücken nicht zuletzt für den Umwandlungssektor weitreichende technische und strukturelle Veränderungen auf die Tagesordnung, wie sie in analoger Weise bei geringem Bedarfswachstum, aber sehr weitgehenden Minderungszwängen zu beobachten waren. Ein solcher Wechsel der Rahmenbedingungen wäre zusätzlich weitgehend unabhängig von der Reichweite der fossilen Energiereserven. Eine ungebrochene Fortsetzung moderaten Energiebedarfswachstums und die damit mögliche Beschränkung auf endliche quantitative Veränderungen im Energiesystem ist für die kommenden zwei bis drei Jahrzehnte keinesfalls so sicher, wie derzeit üblicherweise angenommen wird.

Für die Untersuchung von Minderungsstrategien energiebedingter Treibhausgasemissionen, und speziell für die Entwicklung des Energieumwandlungssektors lassen sich folgende vorläufige Aussagen formulieren:

- Es erscheint notwendig, sich in Zukunft, neben der Analyse und Fortschreibung laufender Entwicklungstendenzen bei den Techniken des Umwandlungssektors, verstärkt auch der Modellierung eines weitgehenden technischen und strukturellen Wandels der Energieversorgung zuzuwenden.
- Ein generell wichtiger Aspekt der Untersuchung eines solchen Wandels ist das Aufspüren von "Lücken" in den technologischen Umwandlungsketten bzw. in der Organisationsstruktur der Energieversorgung bei Implementierung neuer technischer Lösungen. Im Umwandlungssektor, der absehbar nur Strom und Fernwärme sowie perspektivisch auch Wasserstoff emissionsfrei bereitstellen kann, wird der größte Innovationsbedarf bei einer Weiterentwicklung entsprechender Verteilungssysteme gesehen.
- In methodischer Hinsicht ist eine größere Flexibilität der Abbildung der Techniken gefragt. In dem Maße, wie sich Fertigungskosten von Systemkomponenten verringern bzw. Materialkosten steigen, wird es notwendig, solche Veränderungen konsistent abzubilden. Darüber hinaus ist zu berücksichtigen, daß sich mit zunehmender Verbreitung einzelner Techniken Lerneffekte ergeben, die in die Technikcharakterisierung aufgenommen werden können.

Im Zusammenhang mit der weiteren Pflege der IKARUS-Technikdatenbank wird diesen Aspekten sich verändernder Rahmenbedingungen verstärkt Aufmerksamkeit geschenkt werden müssen.

3.1.5 Zusammenfassung und Schlußfolgerungen

Die Risiken, die dem globalen Klima aus der breiten Nutzung fossiler Brennstoffe erwachsen, waren als potentielles Problem bereits Ende der 70er Jahre, z. B. im Rahmen des Energieprojektes des IIASA, thematisiert, dann aber als noch zu unbestimmt bewertet worden (Häfele, 1981, S. 108). Mit dem 1986 beginnenden Preisverfall für Erdöl und andere fossile Energieträger war eine strategisch neue Situation entstanden. Die ausreichende und kostengünstige Bereitstellung fossiler Energieträger war nicht länger das zentrale Problem der Energieversorgung, zu welchem sie mit den Ölpreiskrisen von 1973 und 1979 geworden war. Energie zu sparen, war nicht mehr in gleicher Härte durch den Markt erzwungen. Und faktisch entfiel auch ein wichtiges Argument für den weiteren Ausbau der Kernenergie, die durch den schweren Reaktorunfall von Tschernobyl noch stärker unter Druck geraten war. In dieser Situation geboten vor allem die langfristigen Aspekte des Klimaschutzes, die progressiven Tendenzen der Bedarfssenkung und Effizienzsteigerung, eines wachsenden Erdgasanteils und der Entwicklung erneuerbarer Energiequellen fortzusetzen sowie die "Option Kernenergie" langfristig offen zu halten. Bestärkt durch die Beobachtung eines fortgesetzten Konzentrationsanstieges von Klimagasen in der Erdatmosphäre, hat sich die Untersuchung entsprechender Minderungsstrategien inzwischen zu einen wichtigen Gegenstand systemanalytischer Forschung auf dem Gebiet der Energieversorgung entwickelt. Das IKARUS-Instrumentarium ist dabei ein Ansatz, dessen potentieller Vorzug in einer vergleichsweise breiten und detaillierten Abbildung der technischen Systeme der Energieversorgung und -nutzung liegt. Hieran wird sich die weitere Entwicklung und Pflege des Instrumentariums ganz besonders zu orientieren haben.

Der Umwandlungssektor im IKARUS-Instrumentarium umfaßt insgesamt ein sehr breites Spektrum unterschiedlicher Techniken. Hierzu gehören die gängigen Verfahren der energetischen Umwandlung und der stofflichen Veredelung von Primärenergie sowie die Verteilung leitungsgebundener Energieträger. Es sind Techniken enthalten, die erst unter den Bedingungen einer stringenten Minderung von Treibhausgasemissionen größere Bedeutung erlangen können, und solche, wie Kohlevergasung und -verflüssigung, deren Bedeutung in der Vergangenheit oder bei extremen Versorgungssituationen liegt. Die Breite des Ansatzes widerspiegelt einerseits die Absicht, möglichst keine denkbare Technik auszulassen, die in der öffentlichen Diskussion eine Rolle spielt. Andererseits ist sie aber auch Ausdruck einer bestimmten Unsicherheit in bezug auf die künftigen Anforderungen an die Energieversorgung. Da die Aussichten des IKARUS-Instrumentariums immer mehr von dessen praktischer Nutzanwendung abhängen werden, muß es für die Beantwortung zukunftsweisender Fragen geeignet sein. Für die Abbildung des Umwandlungssektors heißt das, eine Konzentration auf jene Techniken vorzunehmen, die für zu erwartende Minderungserfordernisse besonders bedeutsam sind, und das Instrumentarium von nicht mehr aktuellem Ballast zu bereinigen.

Systeme der leitungsgebundenen Energieverteilung, die standortabhängig aus Kombinationen unterschiedlicher technischer Komponenten gebildet werden, stellen im Umwandlungssektor gegenüber den kompakten Einzeltechniken eher die Ausnahme dar. Andererseits sind diese Techniken als potentielle Bestandteile emissionsfreier Versorgungslösungen besonders mit zunehmender Minderungstiefe von großem Interesse. Zur Zeit können aber die für die Minderungsstrategien relevanten Auslegungsunterschiede dieser Verteilungssysteme im IKARUS-LP-Modell nur vergleichsweise grob, in Form von Verteilungs-Kostenklassen, abgebildet werden. Die hierfür erforderlichen aggregierten Daten werden über externe Rechenvorschriften unter Verwendung von Daten zu den einzelnen Elementen dieser Systeme sowie geographischen Informationen ermittelt. Die Qualität der Abbildung dieser Art Techniken des Umwandlungssektors hängt damit sowohl von der Sinnfälligkeit ihrer Darstellung im IKARUS-LP-Modell, von der Zweckmäßigkeit der Rechenvorschriften zur Datenaggregation und schließlich von der Exaktheit der Basisdaten ab. Den Schwerpunkt für eine verbesserte Beschreibung dieser Techniken bilden derzeit die Rechenvorschriften zur Aggregation der Daten. In der Perspektive wird aber auch die Darstellung im Modell zu verbessern sein, was wiederum Konsequenzen für die Datenbereitstellung hat.

Im Hinblick auf die Weiterentwicklung und Pflege des IKARUS-Instrumentariums, hierunter insbesondere der Abbildung des Umwandlungssektors, ist auch zu berücksichtigen, daß sich vor allem durch den wissenschaftlich-technischen Fortschritt und die weitere Globalisierung des Wirtschaftslebens die Rahmenbedingungen und die Anforderungen bezüglich der Minderung energiebedingter Treibhausgasemissionen zukünftig grundlegend verändern können. Für die Abbildung des Umwandlungssektors könnte es hieraus insbesondere wichtig werden, die Flexibilität der technisch-wirtschaftlichen Charakterisierung der Techniken zu erhöhen, sowie sich auf das Entstehen vielfältiger neuer technischer Lösungsansätze und das entsprechende Auslaufen bisheriger Lösungen einzustellen.

Ein generelles Problem liegt in der erheblichen technischen Heterogenität des Umwandlungssektors. Es ist schwierig, für die Beschreibung derart unterschiedlicher Techniken ausreichend Fachkompetenz zu bündeln. Für den Aufbau der IKARUS-Technikdatenbank wurde im Umwandlungssektor der Weg beschritten, durch zahlreiche Unteraufträge entsprechendes Spezialwissen verfügbar zu machen und in die jeweilige Modellphilosophie zu übertragen. Dieser Weg war grundsätzlich erfolgreich und zielführend, auch wenn er mit erheblichem Aufwand und spezifischen "Schnittstellenproblemen" verbunden ist. Chancen für die Weiterentwicklung bestehen insbesondere dann, wenn es gelingt, auf entscheidenden Gebieten die Kooperation mit kompetenten Partnern im beiderseitigen Interesse zu vertiefen. Die vorstehenden Ausführungen sollten hier ein kleiner Beitrag sein, eine gemeinsame Basis zu schaffen, und sie sollten dazu beitragen, das Interesse an den IKARUS-Arbeiten aufrechtzuerhalten.

Literatur

AGFW, Neuartige Techniken und Bauweisen für die Fernwärmeverteilung unter Ausnutzung statischer Grenzbereiche, neuer Werkstoffe und verbesserter Verlegetechniken - Neuartiger Wärmeverteilung, Schlußbericht, 1998

Fahl, U. et al., Energieumwandlungstechniken als Elemente von Minderungsstrategien energiebedingter Klimagasemissionen, IKARUS. Instrumente für Klimagas-Reduktionsstrategien, Abschlußbericht Teilprojekt 4 "Umwandlungssektor", Monographien des Forschungszentrums Jülich, Band 16, Jülich 1995

Fahl, U. et al., LP-Modell-Testrechnungen, Institut für Energiewirtschaft und Rationelle Energieanwendung, Universität Stuttgart, Arbeitspapier, Stuttgart 1996

Fasold, H.-G., Kapitel 3.2 des Bandes III der Studie "Ausbau des Sekundärenergiesystems der Bundesrepublik Deutschland" Studie im Auftrag des BMFT, Köln 1981

Häfele W., Energy in a finite world, Paths to sustainable Future, Ballinger, Cambridge 1981

Roth, U. et al., Wechselwirkungen zwischen der Siedlungsstruktur und Wärmeversorgungssystemen; Schriftreihe "Raumordnung" des Bundesministers für Raumordnung, Bauwesen und Städtebau 06.044, Bonn 1980

Winkens, H. P (Hrsg.), Untersuchung einer zum Heizöl alternativen Energiebedarfsdeckung (Versorgungskonzept) für den Rhein-Neckar-Raum, Forschungsbericht BMFT-ET 5286 A, Schlußbericht, Mannheim 1984

Winkens, H.P., Fernwärmespeicherung, -transport und -verteilung, IKARUS Teilprojekt 4, Jülich 1994

3.2 Die Rolle der erneuerbaren Energien

Jochen Diekmann, Georg C. Goy, Franz Wittke

3.2.1 Einleitung

Die Rolle erneuerbarer Energiequellen wird in Deutschland gegenwärtig vor allem im Zusammenhang mit klimapolitischen Fragen diskutiert, wobei die Notwendigkeit einer weltweiten Verminderung insbesondere der CO_2-Emissionen betont wird. Die energie- und umweltpolitische Gesamtproblematik wird damit aber nur zum Teil erfaßt. Dies zeigt sich schon an den Ereignissen, die in früheren Jahren immer wieder die Diskussion über erneuerbare Energien belebt hatten. Zumindest in der öffentlichen Diskussion standen hierbei auch Ölpreiskrisen, Waldschäden und Tschernobyl im Vordergrund. Insgesamt betrachtet sind die Möglichkeiten erneuerbarer Energien bisher vor allem im Zusammenhang mit folgenden Problemlagen thematisiert worden:

- Erschöpfbarkeit fossiler und nuklearer Energien,
- regionale Konzentration der weltweiten Ressourcen,
- Sicherheits- und Akzeptanzprobleme der Nutzung von Kernenergie,
- unzureichende Energieversorgung in Entwicklungsländern,
- zunehmende Anforderungen des Umweltschutzes und
- Strategien zur Verminderung von Treibhausgasen.

Hierbei sind neben energie- und umweltpolitischen Aspekten auch technologie- und industriepolitische Ziele von Bedeutung.

Klimaschutz ist somit nicht der einzige Grund, über die Rolle von erneuerbaren Energien nachzudenken. Klimaschutz allein ist aber eine hinreichende Begründung dafür, erneuerbare Energien künftig stärker zu nutzen: Wenn die Emissionen von Treibhausgasen längerfristig weltweit halbiert werden müssen, während der Energiebedarf in einigen Regionen noch stark steigt, dann reichen notwendige Maßnahmen zur Energieeinsparung und zur Erhöhung der Energieeffizienz nicht aus. Weitgehend unabhängig von der Bewertung der künftigen Bedeutung der Kernenergie muß der Beitrag erneuerbarer Energien zur Deckung des Weltenergiebedarfs deshalb zunehmen.

Die Aussichten für eine stärkere Nutzung erneuerbarer Energiequellen hängen davon ab, wie hoch deren technischen und wirtschaftlichen Potentiale sind und in welchem Maße diese Potentiale künftig ausgeschöpft werden können. Im IKARUS-Projekt stehen Aspekte im Vordergrund, die für eine vergleichende Technikbewertung relevant sind. Hierzu zählen vor allem Daten zu technischen und ökonomischen Parametern der unterschiedlichen Systeme und Angaben zu den jeweils erreichbaren Versorgungsbeiträgen.

In der folgenden Tabelle sind die Techniklinien zur Nutzung erneuerbarer Energien aufgeführt, die im IKARUS-Projekt berücksichtigt werden. Es werden vor allem solche Techniken behandelt, die bereits im größeren Umfang genutzt werden oder künftig für die Energieversorgung in der Bundesrepublik Deutschland von Bedeutung sein könnten.

Tabelle 3.2.1 Erneuerbare Energien im IKARUS-Projekt

Elektrische Energie	Wärme	Brennstoffe
Photovoltaik - netzverbundene Anlagen - kleine, mittlere, große Anlagen	**Geothermie** - Nahwärmeversorgung - mit/ohne Wärmepumpe	**Biogas** - Landwirtschaft, Industrie - Klär-, Deponiegas
Windkraft - Küsten, Binnenland - kleine, mittlere, große Anlagen	**Solare Nahwärme** - geringe, mittl., hohe Deckung - kleines, großes Netz	**feste Biomasse** - Restholz, -stroh - Getreide, Gräser, Hölzer
Wasserkraft - bis 1 MW - Neubau, Revitalisierung	**Dezentr. Solarkollektoren** (außerhalb von TP 3)	**Bioöle** - Rapsöl, RME - Pflanzenölimport
Solarstromimport - Solarthermik, Photovoltaik - Spanien, Nordafrika	**Solararchitektur** (außerhalb von TP 3)	**Bioethanol** - stärke- und zuckerh. Stoffe - Ethanolimport
Wasserkraft > 1 MW (außerhalb von TP 3)	**Wärmepumpen** (außerhalb von TP 3)	**Wasserstoffimport** - solarthermisch, photovoltaisch - Spanien, Nordafrika - flüssiger H2 aus Übersee
Differenziert nach Zeitzonen und Spannungsebenen	Differenziert nach Zeitzonen	Müll, Klärschlamm

Die betrachteten Nutzungssysteme lassen sich allgemein danach unterscheiden, ob mit ihnen elektrische Energie, Wärme oder Brennstoffe bereitgestellt werden. Diese Unterscheidung ist deshalb wichtig, weil hiervon in starkem Maße die Möglichkeiten der Speicherung und des Transportes abhängen. Je schlechter diese Möglichkeiten sind, desto mehr spielen Aspekte der zeitlichen und räumlichen Verteilung des natürlichen Energieangebotes eine Rolle.

Als stromerzeugende Systeme im Inland werden im Teilprojekt "Primärenergie" (TP3) Photovoltaik-, Windkraft- und kleine Wasserkraftanlagen behandelt; größere Wasserkraftwerke (mit einer Leistung ab 1 MW) werden im Rahmen von Teilprojekt 4 bearbeitet. Aufgrund der nahezu flächendeckenden Elektrizitätsversorgung in Deutschland werden im IKARUS-Modell explizit nur netzverbundene Anlagen abgebildet. Im Hinblick auf langfristige Perspektiven werden auch die Möglichkeiten eines Solarstromimportes aus südlichen Ländern wie Spanien und Nordafrika einbezogen.

Im Bereich der Wärmebereitstellung durch erneuerbare Energien werden in Teilprojekt 3 Daten zu geothermischen Heizwerken und zur solaren Nahwärmeversorgung bereitgestellt; außerhalb von Teilprojekt 3 werden dezentrale Solarkollektoren, Wärmepumpen und Maßnahmen zur passiven Sonnenenergienutzung berücksichtigt.

Besonders vielfältig sind Nutzungsmöglichkeiten der unterschiedlichen Formen von Biomasse. Neben der Verwendung von Reststoffen sind hierbei auch Energiefarmen und die Umwandlung von Pflanzen in flüssige Energieträger (Öle, Alkohole) einzubeziehen, wobei allerdings nicht nur eine Gewinnung im Inland, sondern auch Importe nachwachsender Rohstoffe zu betrachten sind.

Als weiterer Brennstoff wird Wasserstoff untersucht, soweit er elektrolytisch aus Solarstrom oder Wasserkraft gewonnen wird. Im Vordergrund stehen hierbei die Möglichkeiten eines Importes von Wasserstoff auf der Basis von Strom aus solarthermischen und photovoltaischen Kraftwerken in Spanien und Nordafrika.

Die Nutzung erneuerbarer Energien stellt eine Option dar, die Emissionen von Treibhausgasen unmittelbar zu vermindern. Systeme zur Nutzung erneuerbarer Energiequellen sind zwar - vor allem unter Berücksichtigung des für ihre Herstellung erforderlichen Verbrauches fossiler Energien - nicht völlig frei von Emissionen. Mit ihnen können aber dennoch spezifisch besonders hohe Emissionsminderungen erreicht werden. Ausgehend von dem bisher noch sehr geringen Beitrag dieser Energien könnten sie deshalb künftig mit zunehmender Verbreitung auch spürbar zur Emissionsentlastung beitragen. Entscheidend sind in diesem Zusammenhang die Kosten, die Effizienz und die Potentiale der einzelnen Nutzungssysteme, wobei neben den heutigen Verhältnissen insbesondere die Perspektiven in den kommenden Jahrzehnten zu betrachten sind.

Kosten- und Potentialangaben für die Nutzung erneuerbarer Energiequellen sind allerdings mit großen Unsicherheiten behaftet. Bei den neueren Techniken, die heute schon genutzt werden, liegen bisher zum Teil nur geringe Betriebserfahrungen vor, so daß z.B. Ausbeuten und Lebensdauern geschätzt werden müssen. Auch sind etwa Kostenangaben von Demonstrationsanlagen für verallgemeinernde Analysen nur bedingt aussagefähig. Insbesondere für die Analysejahre 2005 und 2020 müssen über Kosten und Leistungsfähigkeit der neuen Systeme häufig noch ungesicherte Annahmen gemacht werden. Hierbei sind grundsätzlich auch Kostendegressions- oder Lerneffekte einzubeziehen, die wiederum vom Ausmaß der künftigen Verbreitung der Systeme abhängen. Vor allem die verbleibenden Unsicherheiten über künftige Entwicklungen schränken die Belastbarkeit von Ergebnissen der Systemanalyse mehr oder minder ein. Andererseits wäre es grundsätzlich falsch, die künftige Nutzung erneuerbarer Energien allein auf der Basis der gegenwärtigen Verhältnisse beurteilen zu wollen.

3.2.2 Gegenwärtige Nutzung und Status-Quo-Prognose

Bisher tragen erneuerbare Energien in Deutschland nur in relativ geringerem Maße zur Energieversorgung bei. Gemessen am Primärenergieäquivalent - und bewertet nach der Substitutionsmethode - haben sie einen Anteil von gut 2 %, wobei es sich überwiegend um konventionelle Nutzungen von Wasserkraft, Holz und Müll handelt.

Tabelle 3.2.2 Stromerzeugung aus regenerativen Energien in der öffentlichen Stromversorgung in Deutschland von 1992 bis 1996

	EVU			Einspeiser			Gesamt			Anteil[1]
	Anlagen	MW	Mio. kWh	Anlagen	MW	Mill. kWh	Anlagen	MW	Mill. kWh	%
Wasserkraft[2]										
1992	660	4049,0	15154,0	4031	440,1	998,8	4691	4489,10	16152,8	3,6
1994	667	4076,0	16228,0	4330	452,8	1271,1	4997	4528,80	17499,1	3,9
1996	677	4071,0	14828,0	4622	491,7	1323,0	5299	4562,70	16151,0	3,5
Müll[3]										
1992	40	550,0	2060,0	?	?	200,0	40	550,00	2260,0	0,5
1994	31	498,8	2100,0	?	?	?	31	498,80	2100,0	0,5
1996	32	551,0	2097,0	?	?	?	32	551,00	2097,0	0,5
Biomasse										
1992	66	39,6	139,4	431	187,5	155,3	497	227,10	294,7	0,1
1994	101	52,2	242,3	461	223,3	327,6	562	275,50	569,9	0,1
1996	128	71,7	290,6	705	286,1	513,2	833	357,80	803,8	0,2
Windkraft										
1992	192	36,3	66,7	939	146,1	208,5	1131	182,40	275,2	0,1
1994	220	49,1	90,4	2246	582,6	818,8	2466	631,70	909,2	0,2
1996	224	59,1	86,7	3989	1486,7	1945,2	4213	1545,80	2031,9	0,4
Photovoltaik										
1992	115	2,1	1,0	1133	2,7	0,6	1248	4,75	1,6	0,0
1994	135	2,7	1,8	2948	7,9	2,5	3083	10,57	4,3	0,0
1996	183	3,1	1,7	4937	14,4	4,5	5120	17,46	6,2	0,0
Summe										
1992	1073	4677,0	17421,1	6534	776,4	1363,2	7607	5453,35	18984,3	4,3
1994	1154	4678,8	18662,5	9985	1266,6	2420,0	11139	5945,37	21082,5	4,7
1996	1244	4755,9	17304,0	14253	2278,9	3785,9	15497	7034,76	21089,9	4,5

1) Anteil am Stromverbrauch einschl. Netzverluste in der öffentlichen Elektrizitätsversorgung.
2) Wasserkraftanlagen einschl. Pumpspeicherwerke mit natürlichem Zufluß, Erzeugung ohne Pumpwasser.
3) Angaben für 1992 von VDEW geschätzt, für 1994 und 1996 nach Statistischem Bundesamt.
Quellen: Grawe, Wagner (1993, 1995, 1997), Berechnungen des DIW.

Der Beitrag erneuerbarer Energiequellen zur Stromversorgung lag 1996 in der Bundesrepublik Deutschland bei 4,5% (Tabelle 3.2.2). Die regenerative Stromerzeugung hat sich in den vergangenen Jahren insgesamt nur wenig erhöht. Hierbei ist allerdings zu berücksichtigen, daß die natürlichen Bedingungen im Jahre 1996 für die Wasser- und Windkraftnutzung ungünstig waren. Die Leistung der Wasserkraftanlagen hat sich vor allem bei privaten Betreibern etwas erhöht. Relativ hohe Zuwächse gab es bei der Nutzung von Windkraft, Biomasse und Photovoltaik:

- Die Leistung der Windkraftanlagen hat sich in vier Jahren sogar verzehnfacht; hierzu haben am meisten neue Anlagen privater Einspeiser beigetragen sowie eine kontinuierliche Erhöhung der durchschnittlichen Anlagenleistung.
- Bei der Nutzung von Biomasse steht nach wie vor die Verwendung von Biogasen im Vordergrund; insgesamt hat sich der Anteil der Biomasse an der Stromerzeugung immerhin mehr als verdoppelt.
- Ein relativ hoher Zuwachs konnte auch bei Photovoltaikanlagen verzeichnet werden, deren Stromerzeugung in vier Jahren auf fast das Vierfache gestiegen ist; der Beitrag der Photovoltaik zur Stromversorgung ist allerdings nach wie vor gering.

Bei den wärmeerzeugenden Systemen dominieren bisher noch deutlich feste Biomasse und Müll. Der Beitrag von Wärmepumpen und Solarkollektoren fällt dagegen bisher weit weniger ins Gewicht; allerdings steigt deren Nutzung kontinuierlich. So hat sich die installierte Kollektorfläche allein in den Jahren von 1992 bis 1996 mehr als verdoppelt (Bayer 1998).

Die bisherige Nutzung erneuerbarer Energien spiegelt weitgehend die wirtschaftlichen Einsatzmöglichkeiten in Deutschland wider. Während Wasserkraft, Restholz und Müll seit langem Niederschlag in den Energiebilanzen finden, werden neuere Systeme, die in aller Regel hohe Investitionen erfordern, noch wenig genutzt. Auch die künftigen Nutzungschancen hängen sehr stark davon ab, in welchem Maße erneuerbare Energien durch staatliche Maßnahmen gefördert werden.

Nach der vorliegenden Prognose der energiewirtschaftlichen Entwicklung (Prognos 1995) werden erneuerbare Energien künftig "einen deutlich wachsenden Beitrag zur Wärme- und Stromversorgung in Deutschland leisten". Im Vergleich zu den technischen Möglichkeiten und den ökologischen Vorteilen der Systeme wird unter Status-Quo-Bedingungen allerdings nur eine geringe Ausschöpfung der Potentiale erwartet, da viele Anwendungsfälle - ohne weitere Förderung - einzelwirtschaftlich nicht rentabel sind. Angesichts einer "moderaten" Entwicklung der Energiepreise ändert sich dieses Bild bei einer Reihe von Techniken auf mittlere Sicht nur wenig.

Die Prognose geht im Grundsatz von den heutigen energiepolitischen Rahmenbedingungen aus. Hierzu zählen vor allem die bereits umgesetzten bundespolitischen Maßnahmen zur Förderung erneuerbarer Energien wie das Stromeinspeisungsgesetz. Berücksichtigt werden auch Impulse, die von Demonstrationsprogrammen ausgelöst wurden. Daneben werden in der Regel nur erkennbare Initiativen auf regionaler und lokaler Ebene in Rechnung gestellt. Die Schätzung der künftigen Nutzung von Photovoltaik beruht auf Überlegungen zu einer begrenzten kostendeckenden Vergütung.

Nach den Ergebnissen der Prognose erhöht sich der Beitrag erneuerbarer Energien in Deutschland bis zum Jahr 2020 sowohl bei stromerzeugenden als auch bei wärmeerzeugenden Systemen kräftig, es wird allerdings insgesamt keine Verdopplung der Energiegewinnung erreicht. Der größte Zuwachs wird für den Bereich der Stromerzeugung vorhergesagt (vgl. Tabelle 3.2.3). Die regenerative Stromerzeugung erhöht sich von 24,3 TWh im Jahr 1992 auf 36,3 TWh im Jahr 2005 und 44,9 TWh im Jahr 2020. Bewirkt wird diese Entwicklung im wesentlichen durch eine stärkere Nutzung von Windkraft, Müll, Wasserkraft und Holz. Bei der Bereitstellung von Wärme gewinnen neben Holz und Müll vor allem (thermische) Solarkollektoren und Wärmepumpen mehr und mehr an Bedeutung.

Mit einer solchen Prognose wird eine Status-Quo-Entwicklung beschrieben. Für Analysen von Klimaschutzstrategien kann ein solches Bild als Referenzentwicklung dienen. Die hiernach erwarteten künftigen Nutzungsbeiträge erneuerbarer Energien bleiben aber beträchtlich unter den bestehenden technischen Potentialen. Die aus der Sicht der Systemanalyse künftig anzustrebenden Versorgungsbeiträge - also das gewünschte Ausmaß der Ausschöpfung von technischen Potentialen - hängt einerseits von den ökonomischen und ökologischen Vor- und Nachteilen regenerativer Systeme im Vergleich zu konventionellen Systemen ab, und andererseits von der klimaschutzpolitischen Vorgabe einer Obergrenze für die Emission von Treibhausgasen.

Tabelle 3.2.3 Prognose erneuerbarer Energiequellen in Deutschland nach Prognos (1995)

	Ist 1992	Prognose		Zuwachs gegenüber 1992			
		2005	2020	2005	2020	2005	2020
		PJ				%	
Wärmebereitstellung	70,3	93,3	124,8	23,0	54,5	33	78
Holz, Stroh, Energiegras	45,4	57,3	69,9	11,9	24,5	26	54
Müll, Klärschl., Deponiegas	19,2	24,7	29,9	5,5	10,7	29	56
Umgebungswärme	4,9	7,3	12,0	2,4	7,1	49	145
Solarthermische Energie	0,6	3,5	12,5	2,9	11,9	483	1983
Klär-, Biogas	0,2	0,5	0,5	0,3	0,3	150	150
Stromerzeugung	87,4	130,7	161,8	43,3	74,4	50	85
Wasserkraft	62,3	69,6	73,6	7,3	11,3	12	18
Müll, Kärschlamm	21,0	34,6	46,4	13,6	25,4	65	121
Holz	1,7	4,9	10,5	3,2	8,8	188	518
Windkraft	1,3	19,7	27,1	18,4	25,8	1415	1985
Deponiegas	0,9	1,0	0,9	0,1	0,0	11	0
Klär-, Biogas	0,1	0,4	0,6	0,3	0,5	300	500
Photovoltaik	0,0	0,4	1,1	0,4	1,1		
Stroh, Energiegras	0,0	0,1	1,6	0,1	1,6		
Gesamt	157,7	223,9	286,5	66,2	128,8	42	82

3.2.3 Techniken, Kosten, Potentiale

3.2.3.1 Vorbemerkung

Die in Tabelle 3.2.1 aufgeführten Techniklinien sind in der IKARUS-Datenbank nach technischen, wirtschaftlichen und ökologischen Kriterien beschrieben. Im Optimierungsmodell werden diese Daten verwendet, um für die Analysejahre jeweils den Technikmix zu ermitteln, der unter Berücksichtigung einer Obergrenze für die Emissionen zu den geringsten Gesamtkosten des Energiesystems führt. Bei Systemen zur Nutzung erneuerbarer Energiequellen sind hierbei die Kosten und Potentiale der einzelnen Techniken ausschlaggebend.

Die Kostenangaben beziehen sich (in der aktualisierten Version) allgemein auf den Geldwert im Jahr 1995. Für die Analysejahre 2005 und 2020 werden dementsprechend *reale* (inflationsbereinigte) Kostenänderungen geschätzt. Im Modell werden Investitionen und andere einmalige Ausgaben mit Hilfe der Annuitätenmethode in Kosten für den jährlichen Kapitaldienst in der gesamten Lebensdauer der jeweiligen Anlage umgerechnet; hierbei wird ein realer Zinssatz von 4 % verwendet. Hinzu kommen feste und variable Kosten für den Betrieb der Anlagen. Steuern und Subventionen werden generell nicht eingerechnet. Dadurch können sich entsprechende (gesamtwirtschaftlich orientierte) Kostenangaben grundsätzlich von Ergebnissen einzelwirtschaftlicher Rechnungen unterscheiden.

Der Quantifizierung der künftigen Nutzungsmöglichkeiten erneuerbarer Energiequellen können - je nach Fragestellung - verschiedene Potentialbegriffe zugrunde gelegt werden. Theoretische Potentiale beziehen sich auf das physikalische Dargebot von Energiequellen und definieren somit absolute Obergrenzen der Nutzung. Als technische Potential bezeichnet man den Teil des theoretischen Potentials, der zu einem bestimmten Zeitpunkt unter Berücksichtigung des Standes der Technik höchstens genutzt werden kann. Als Restriktionen sind Nutzungsgrade, Standortverfügbarkeit, Produktionsmöglichkeiten sowie strukturelle und ökologische Beschränkungen zu beachten. Wirtschaftliche Potentiale beschreiben die Einsatzmöglichkeiten, die wirtschaftlich im Vergleich zu anderen Optionen konkurrenzfähig sind; zur richtigen Interpretation müssen hierbei allerdings stets die Rahmenbedingungen der einzel- oder gesamtwirtschaftlichen Wirtschaftlichkeitsrechnung bekannt sein. Sogenannte Erwartungspotentiale beziehen sich dagegen auf (bedingte) Prognosen der künftigen Nutzung und sind aufgrund von unterschiedlichen Hemmnissen oftmals geringer als wirtschaftliche Potentiale.

Für Modellrechnungen im IKARUS-Projekt werden grundsätzlich keine wirtschaftlichen, sondern technische Potentiale geschätzt. Die wirtschaftlichen Potentiale werden auf dieser Basis in Abhängigkeit von den Rahmenbedingungen modellendogen ermittelt. Es ist zu betonen, daß bei der Vorgabe technischer Potentiale nicht allein rein technische Restriktionen berücksichtigt werden, sondern auch andere Faktoren, die eine vollständige Ausschöpfung der technischen Möglichkeiten im betrachteten Zeitraum als nicht realistisch erscheinen lassen.

3.2.3.2 Wasserkraft

Wasserkraft ist in der Bundesrepublik Deutschland bisher die bedeutendste erneuerbare Energiequelle. Nach Angaben der VDEW haben die Energieversorgungsunternehmen im Jahr 1996 insgesamt 677 Anlagen mit einer Leistung von 4071 MW betrieben und hiermit 14,8 TWh erzeugt (einschließlich Pumpspeicherkraftwerke mit natürlichem Zufluß, vgl. Tabelle 3.2.2). Hinzu kommen 4622 Anlagen von Privaten, die 1,3 TWh in das Netz der öffentlichen Versorgung eingespeist haben. Zusammen haben diese Anlagen mit 16,2 TWh einen Anteil am Stromverbrauch von 3,5 %.

Die Nutzung der Wasserkraft hat sich in Deutschland in den vergangenen Jahren insgesamt betrachtet nur wenig verändert. Abweichungen der jährlichen Stromerzeugung beruhen in starkem Maße auf witterungsbedingten Schwankungen des Wasserdargebotes. Der Koeffizient der Erzeugungsmöglichkeiten aus Wasserkraft KEW (Quotient aus Erzeugung und Regelarbeitsvermögen) zeigt in den vergangenen Jahren die folgende Entwicklung (Wagner 1997a):
1990 92 %
1992 99 %
1994 105 %
1996 97 %

Unter Berücksichtigung des KEW zeigt sich zum Beispiel, daß der Rückgang der Stromerzeugung 1996 gegenüber 1994 im wesentlichen auf Witterungseinflüsse zurückzuführen ist.

Während die Stromerzeugung aus Wasserkraftanlagen im Bereich der öffentlichen Versorgung hauptsächlich in größeren Anlagen erfolgt, handelt es sich bei den Anlagen der privaten Einspeiser überwiegend um Kleinanlagen mit Leistungen von unter 1 MW. Die Zahl der kleinen Wasserkraftanlagen war in den vergangen Jahrzehnten bis Ende der siebziger Jahre stark reduziert worden. Danach hat die Zahl der Kleinanlagen zum Teil durch Revitalisierung alter Anlagen wieder zugenommen.

Tabelle 3.2.4 Kennziffern der Wasserkraftanlagen mit einer Leistung unter 1 MW in der öffentlichen Versorgung

	Einheit	1990			1996		
		EVU	Nicht-EVU	Gesamt	EVU	Nicht-EVU	Gesamt
Anzahl	-	345	3671	4016	366	4570	4936
Leistung	MW	93	243	336	99	325	424
Erzeugung 1)	GWh	366	715	1081	453	1055	1508
Leistung je Anlage	kW	270	66	84	270	71	86
Ausnutzungsdauer	h/a	3929	2940	3214	4576	3242	3553

1) Erzeugung bzw. Einspeisung.
Quelle: Wagner (1997a).

Tabelle 3.2.4 zeigt Kennziffern von Wasserkraftanlagen mit einer Leistung unter 1 MW in der öffentlichen Versorgung im Jahr 1990 und 1996 (einschließlich der in Gruppe D erfaßten Fremdanlagen, für die keine Vergütung nach dem Stromeinspeisungsgesetz gezahlt wird). Danach hat in den vergangenen Jahren vor allem die Zahl der Fremdanlagen (Nicht-EVU) deutlich zugenommen. Insgesamt werden 4936 Anlagen mit einer Leistung von 424 MW erfaßt. Die Erzeugung bzw. Einspeisung dieser Anlagen belief sich 1996 auf 1,5 TWh.

Unter Einbeziehung statistisch nicht erfaßter Anlagen wird die Leistung von Wasserkraftanlagen unter 1 MW in Deutschland im Jahr 1996 auf 458 MW geschätzt; die korrigierte (auf ein Normaljahr bezogene) Erzeugung dürfte bei rund 1,8 TWh liegen.

Das Potential der Wasserkraftanlagen unter 1 MW in Deutschland könnte 720 MW bzw. 2,7 TWh betragen (Horn 1994, Diekmann u.a. 1995). Dieses Potential ist bisher zu rund zwei Dritteln ausgeschöpft. Eine zunehmend kritische Beurteilung der negativen ökologischen Auswirkungen auch kleiner Wasserkraftanlagen und entsprechende Genehmigungsbedingungen erschweren allerdings den Ausbau entsprechender Kapazitäten, so daß zumindest bis zum Jahr 2005 nicht mit einer annähernd vollständigen Potentialausschöpfung zu rechnen ist.

Das gesamte "für möglich gehaltene technische" Potential der Wasserkraftnutzung in Deutschland wird von der VDEW auf 27 TWh geschätzt (bezogen auf ein Normaljahr); unter Berücksichtigung von Ausbauhemmnissen erscheint aus Sicht der VDEW bis zum Jahr 2005 allerdings nur ein Zuwachs von 0,5 TWh möglich.

Die Stromerzeugungskosten werden auch bei kleinen Wasserkraftanlagen (kleiner 1 MW) maßgeblich von den Kapitalkosten bestimmt. Werden bei im Betrieb befindlichen Wasserkraftanlagen lediglich die geringen Betriebskosten betrachtet, so ergeben sich Stromerzeugungskosten von wenigen Pfennigen je kWh. Unter Berücksichtigung von notwendigen Ersatzinvestitionen, Instandhaltungs- und Personalkosten liegen die Stromerzeugungskosten von bestehenden Kleinanlagen bei 4 bis 13 Pf/kWh. Bei neu zu bauenden Anlagen mit einer Leistung von einigen 100 kW betragen die Stromerzeugungskosten zwischen 14 und 28 Pf/kWh. Am teuersten wäre Strom aus neuen Kleinstanlagen; da das Potential in diesem Bereich aber hauptsächlich aus Revitalisierungen besteht, bei denen ein Teil der sonst erforderlichen Investitionen entfällt, ergeben sich für diese Anlagen Kosten von 17 bis 25 Pf/kWh.

3.2.3.3 Windkraft

Die Nutzung von Windkraft hat in Deutschland in den vergangenen Jahren rapide zugenommen. Nachdem Mitte der achtziger Jahre noch Prototypen und Demonstrationsanlagen vorherrschten, hat sich mittlerweile ein großer Markt für Windkraftanlagen herausgebildet, die in größeren Serien hergestellt werden. Angestoßen und unterstützt wurde diese Entwicklung durch das Förderprogramm "250 MW Wind", durch zusätzliche Förderung der Bundesländer und vor allem durch erhöhte Einspeisungsvergütungen.

Der Markt für Windkraftanlagen hat sich im vergangenen Jahrzehnt völlig gewandelt. Herrschten in den achtziger Jahren noch Energieversorgungsunternehmer als Betreiber und große Industrieunternehmen als Anbieter vor, so sind es in den neunziger Jahren auf der Nachfrageseite vor allem private Betreiber und auf der Angebotsseite mittelständische Unternehmen.

Anfang der neunziger Jahre hat sich der Anlagenbestand gemessen an der Leistung von Jahr zu Jahr sogar in etwa verdoppelt, wobei neben dem Zuwachs an Anlagen auch die zunehmende durchschnittliche Leistung je Anlage beigetragen hat. Nachdem im Jahr 1995 ein Leistungszuwachs von rund 500 MW erreicht war, verzeichneten die Anlagenhersteller 1996 einen Absatzrückgang. Im Jahr 1997 wurden 849 Windkraftanlagen mit einer Leistung von 534 MW installiert. Damit hat sich die Gesamtzahl der in Deutschland installierten Windkraftanlagen Ende 1997 auf 5193 erhöht, und die gesamte Leistung ist auf 2082 MW gestiegen (Rehfeldt 1998).

Die Rolle der erneuerbaren Energien

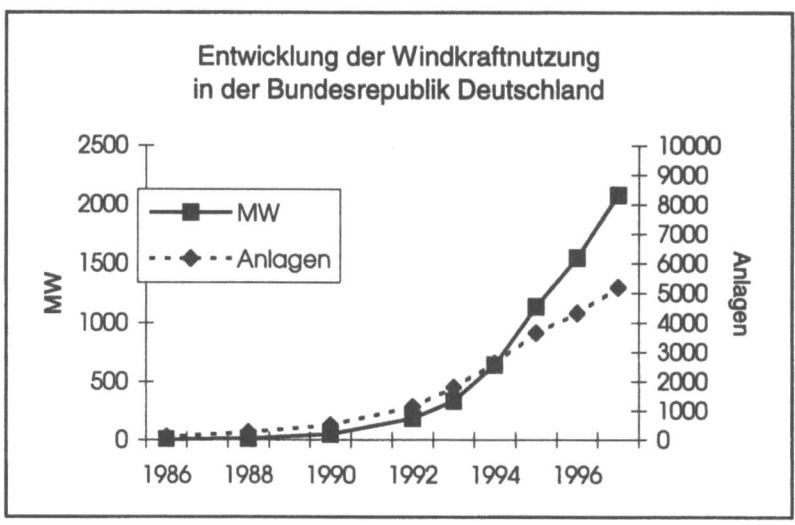

Abb. 3.2.1 Entwicklung von Leistung und Zahl der Windkraftanlagen in Deutschland von 1986 bis 1997 (nach Angaben von VDEW und DEWI)

Die durchschnittliche Leistung der bestehenden Windkraftanlagen lag Ende 1997 bei 401 kW je Anlage. Die durchschnittliche Anlagenleistung der im Jahr 1997 neu hinzu gekommenen Anlagen von 629 kW zeigt, daß sich der kontinuierliche Trend zu leistungsstärkeren Anlagen fortsetzt. Die größte Bedeutung für die Stromerzeugung haben gegenwärtig Anlagen mit Leistungen zwischen 400 und 750 kW. Zu dieser Leistungsgruppe gehören 55 % des Anlagenbestandes; an der geschätzten Jahreserzeugung haben diese Anlagen sogar einen Anteil von 75 %.

Der potentielle Jahresertrag der bis Ende 1997 in Deutschland installierten Anlagen wird vom Deutschen Windenergie-Institut (DEWI) - bezogen auf ein Normaljahr - auf 4 TWh geschätzt. Der Anteil der Stromerzeugung aus Windkraftanlagen am Stromverbrauch liegt derzeit in Deutschland insgesamt noch unter einem Prozent. Vor allem in den Küstenländern sind die Anteile der Windkraft allerdings wesentlich höher. So erreicht der potentielle Jahresertrag der Anlagen in Schleswig-Holstein 11,5 % des dortigen Nettostromverbrauchs (Rehfeldt 1998). Auch vor diesem Hintergrund verlagert sich der Ausbau der Windkraftnutzung mehr und mehr von der Küste in windschwächere Gebiete im Binnenland.

Den Modellrechnungen für die Analysejahre 1995, 2005 und 2020 werden kleine, mittlere und große Windkraftanlagen an Standorten mit einer mittleren Windgeschwindigkeit (in 10 m Höhe) von 6,5 bis 3,5 m/s (Windklassen 1 bis 4) zugrunde gelegt. Wichtige Kennziffern dieser Anlagen, die in der IKARUS-Datenbank ausführlich beschrieben sind, sind in Tabelle 3.2.5 dargestellt.

Tabelle 3.2.5 Ertrag und Stromerzeugungskosten von Windkraftanlagen

		Kleine WKA			Mittelgroße WKA			Große WKA		
		1995	2005	2020	1995	2005	2020	1995	2005	2020
Leistung	kW	100	100	100	600	600	600	1000	1500	3000
Rotordurchmesser	m	20	20	20	43	43	43	54	65	80
Nabenhöhe	m	30	40	40	60	65	70	60	80	100
Investition	DM/kW	3350	3100	2950	2310	2160	2060	2360	2460	2500
WKA	DM/kW	2700	2450	2300	1750	1600	1500	1800	1900	2000
Sonstige	DM/kW	650	650	650	560	560	560	560	560	500
Ausnutzungsdauer										
6,5 m/s (10 m)	h/a	2972	3170	3170	3102	3151	3196	3100	3150	3200
5,5 m/s (10 m)	h/a	2200	2383	2383	2339	2392	2441	2350	2400	2450
4,5 m/s (10 m)	h/a	1405	1553	1553	1474	1518	1560	1500	1550	1600
3,5 m/s (10 m)	h/a	685	781	781	700	727	753	730	750	770
Stromerzeugungskosten										
6,5 m/s (10 m)	Pf/kWh	11,7	10,1	9,6	7,6	7,0	6,5	7,8	8,0	8,0
5,5 m/s (10 m)	Pf/kWh	15,8	13,5	12,8	10,1	9,2	8,6	10,3	10,5	10,5
4,5 m/s (10 m)	Pf/kWh	24,7	20,6	19,6	16,0	14,4	13,4	16,1	16,3	16,0
3,5 m/s (10 m)	Pf/kWh	50,7	41,1	38,9	33,7	30,2	27,7	33,0	33,6	33,3

Allgemeine Annahmen zur Ertrags- und Kostenrechnung:
Zeitverfügbarkeit 97 %, Feldwirkungsgrad 95 % (außer Kleinanlagen),
Versicherung 1 %, Wartung 2 % (jeweils bezogen auf Investition ohne Netzanbindung),
Revision nach 10 Jahren in Höhe von 8 % der WKA-Investition,
Zinssatz 4 % (real), Lebensdauer 20 Jahre.
Quelle: DIW.

Unter Kostenaspekten sind mittelgroße Windkraftanlagen gegenwärtig am günstigsten. Die betrachteten Modellanlagen dieser Klasse haben eine Leistung von 600 kW und einen Rotordurchmesser von 43 m. Die Nabenhöhe liegt zwischen 60 und 70 m. Die Preise solcher Anlagen sind in den vergangenen Jahren real gesunken. Ausgehend von spezifischen Anlagenkosten von 1750 DM je kW im Jahr 1995 wird erwartet, daß sich dieser Betrag bis zum Jahr 2020 weiter auf 1500 DM je kW vermindern dürfte. Hinzu kommen weitere Investitionsausgaben, insbesondere für Fundamente und Netzanbindung, die als real konstant angenommen werden. Die gesamten Systemkosten betragen im Basisjahr 2310 DM je kW und vermindern sich bis zum Ende des Betrachtungszeitraumes auf 2060 DM je kW.

Die Investitionsausgaben werden mit einem Zinssatz von real 4 % annuitätisch auf die Lebensdauer der Anlagen umgerechnet. Zusätzlich wird eine Revision nach 10 Jahren in Höhe von 8 % des Anlagenpreises berücksichtigt. Die laufenden Ausgaben für Versicherung und Wartung betragen zusammen jährlich 3 % der Investitionsausgabe (ohne Ausgaben für Netzanbindung).

Für die Berechnung der jährlichen Energieerträge werden Kennlinien konkreter Anlagen, eine Zeitverfügbarkeit der Anlagen von 97 % und ein Feldwirkungsgrad von 95 % zugrunde gelegt. Der jährliche Energieertrag hängt entscheidend von den jeweiligen Windverhältnissen ab. An sehr guten Standorten mit einer mittleren Windgeschwindigkeit von 6,5 m/s kann eine Ausnutzungsdauer (Jahreserzeugung bezogen auf die Leistung) von über 3000 h/a erreicht werden. Bei guten Windbedingungen mit 5,5 m/s, die für deutsche Küstengebiete typisch sind, läßt sich immerhin noch eine Ausnutzungsdauer von rund 2340 h/a erreichen. Bei einer Windgeschwindigkeit von 4,5 m/s reduziert sich dieser Wert auf rund 1470 h/a. Aufgrund der starken Abnahme der Stromerzeugung werden Gebiete mit Windgeschwindigkeiten unter 4 m/s im allgemeinen nicht für die Aufstellung von Windkraftanlagen genutzt.

Läßt man die ungünstige Windklasse 4 außer Betracht, dann liegen die durchschnittlichen Stromerzeugungskosten im Basisjahr - unter den oben genannten Voraussetzungen - zwischen 7,6 und 16 Pf je kWh. Bis zum Ende des Betrachtungszeitraumes vermindern sich diese Kosten für Strom aus mittelgroßen Windkraftanlagen auf 6,5 bis 13,4 Pf je kWh.

Große Windkraftanlagen mit einer Leistung von 1000 kW führen im Basisjahr in etwa zu gleich hohen Stromerzeugungskosten wie mittelgroße Anlagen. Ihr Vorteil besteht insbesondere in einer besseren Ausnutzung verfügbarer Aufstellflächen. In den vergangenen Jahren sind bereits noch größere Anlagen mit Leistungen von deutlich über einem 1 MW im Markt eingeführt worden. Die spezifischen Kosten solcher Großanlagen sind allerdings bisher noch deutlich höher (vgl. z.B. Rehfeldt, Schwenk 1997). Es ist bisher noch ungewiß, ob mit einem weiteren Upscaling in Zukunft Kostenvorteile erreicht werden können. Nach den in der Tabelle dargestellten Annahmen könnte sich die Anlagenleistung künftig bei in etwa real konstanten Stromerzeugungskosten weiter erhöhen.

Das Potential der Windenergienutzung in Deutschland hängt vor allem von den hierfür verfügbaren Flächen, der Größe der Windkraftanlagen, der Aufstelldichte und von den Möglichkeiten der elektrizitätswirtschaftlichen Einbindung ab. Hierbei sind auch die Möglichkeiten der Produktion von Windkraftanlagen und Restriktionen des Natur- und Landschaftsschutzes zu beachten.

Im Rahmen des IKARUS-Projektes ist - insbesondere auf der Basis von Potentialflächen - ein technisches Potential der Windkraftnutzung von 39 bis 62 GW oder 63 bis 79 TWh/a ermittelt worden, wobei Standorte mit Windgeschwindigkeiten unter 4 m/s und Off-Shore-Standorte nicht berücksichtigt sind (Diekmann 1995, Diekmann u.a. 1995). Kaltschmitt und Wiese (1997) schätzen das technische Potential sogar auf eine Gesamtleistung von 58 bis 88 GW, was eine Stromerzeugung von über 100 TWh/a ermöglichen würde. Ein solcher Ausbau würde allerdings auf elektrizitätswirtschaftliche Restriktionen stoßen (z.B. Speichernotwendigkeit). Im Betrachtungszeitraum wäre außerdem eine Ausschöpfung solcher Potentiale angesichts der erforderlichen Produktionskapazitäten, aber auch angesichts der in den vergangenen Jahren deutlich gewordenen (gesellschaftlichen und institutionellen) Hemmnisse nicht realisierbar.

Im Sinne von ausschöpfbaren technischen Potentialen wird die Windkraftnutzung in Deutschland für Modellrechnungen auf 6 GW im Jahr 2005 und 21 GW im Jahr 2020 begrenzt; dem entspricht - unter Berücksichtigung eines zunehmenden Anteils der Windkraftnutzung im Binnenland - eine Stromerzeugung von maximal 11 TWh im Jahr 2005 und 35 TWh im Jahr 2020.

Selbst diese reduzierten Potentiale könnten nur unter günstigen Rahmenbedingungen realisiert werden. Auf der anderen Seite sind auch unter sehr ungünstigen Voraussetzungen zunehmende Beiträge der Windkraft zu erwarten. Als Untergrenzen der künftigen Windkraftnutzung werden Leistungen von 2,7 GW (2005) bzw. 4,2 GW (2020) berücksichtigt.

3.2.3.4 Sonnenenergie

Für die (direkte) Nutzung von Sonnenenergie in Deutschland eignen sich zum einen Solarkollektoren für die Bereitstellung von Wärme und zum anderen Photovoltaikanlagen für die Erzeugung von elektrischer Energie. Längerfristig ist darüber hinaus ein Import von solar erzeugten Energieträgern (Strom oder Wasserstoff) denkbar.

Solarkollektoren
Solarkollektoren zur thermischen Nutzung von Sonnenenergie werden gegenwärtig - abgesehen von einfachen Absorbern für Schwimmbäder - vor allem zur Brauchwassererwärmung eingesetzt. Der Absatz solcher Kollektoren ist in den vergangenen Jahren kontinuierlich gestiegen. Nach Angaben des Deutschen Fachverbandes Solarenergie (DFS) wurden allein im Jahr 1997 in Deutschland insgesamt 340 000 m^2 Flachkollektoren und 40 000 m^2 Vakuumröhrenkollektoren installiert (ohne Schwimmbadabsorber). Gegenüber 1996 wurde damit ein Wachstum des inländischen Absatzes um 41 % erreicht (Sonnenenergie und Wärmetechnik news 4/98). Insgesamt dürften derzeit in Deutschland insgesamt 2,2 Mio. m^2 Kollektoren installiert sein, die eine Wärmeerzeugung von 2,8 PJ ermöglichen.
   Wegen des geringen Anteils der Brauchwassererwärmung am gesamten Wärmebedarf sind dem Einsatz entsprechender Solaranlagen enge Grenzen gesetzt. Eine ins Gewicht fallende Deckung auch des Bedarfes zur Raumheizung wäre bei der Versorgung vor allem von kleinen Wohngebäuden durch Solaranlagen mit Speichern sehr aufwendig. Als günstiger könnten sich solare Nahwärmesysteme erweisen, die aus größeren Kollektoren und thermischen Langzeitspeichern bestehen. Die solaren Wärmekosten sind in Abhängigkeit vom solaren Deckungsgrad (15 bis 80 %) auf 15 bis 33 Pf je kWh geschätzt worden (Preisbasis 1995, vgl. Nast 1994, Diekmann u.a. 1995). Für die künftige Nutzung wird in etwa eine Halbierung dieser Kosten für möglich gehalten.
   Solare Nahwärmesysteme befinden sich gegenwärtig in der Phase der Erprobung, wobei zahlreiche Projekte im Rahmen des BMBF-Förderprogrammes "Solarthermie 2000" gefördert werden (Fisch 1997).
   Das technische Potential solar gestützter Nahwärmesysteme ist beträchtlich. Es wird geschätzt, daß rund ein Viertel des Wärmebedarfs für Raumwärme und Warmwasser hierfür in Frage kommt, wovon wiederum etwa ein Viertel (116 PJ/a) bis zum Jahr 2020 als ausschöpfbar betrachtet wird.

Photovoltaik
Bei der Photovoltaik wird Licht mit Hilfe von Solarzellen direkt in elektrische Energie umgewandelt. Solarzellen eignen sich für eine sehr breite Palette von Anwendungen für einzelne Geräte, für autarke Versorgungen und für Einspeisungen in Elektrizitätsnetze. Bei Kleinstanwendungen steht häufig weniger die Nutzung von Sonnenenergie im Vordergrund als vielmehr die leichtere Handhabung der Geräte. Autarke Anlagen, die in der Regel einen Batteriespeicher erfordern,

sind vor allem dann vorteilhaft, wenn ein Netzanschluß nicht möglich oder zu teuer wäre und der Strombedarf relativ gering ist. Netzverbundene Anlagen, die in Konkurrenz zur Stromversorgung aus unterschiedlichen Kraftwerken künftig eine größere energiewirtschaftliche Bedeutung erlangen könnten, sind hingegen noch weit von der Wirtschaftlichkeitsschwelle entfernt.

Nach der Erhebung der VDEW waren Ende 1996 in Deutschland 5110 Photovoltaikanlagen mit einer Leistung von 17,4 MW in Betrieb; nicht einbezogen sind hierbei Kleinstanlagen und mobile Anwendungen, die eine Gesamtleistung von 2 bis 3 MW erreicht haben dürften (Wagner 1997b). Allein in den Jahren 1995 und 1996 sind 2035 netzverbundene Anlagen mit einer Leistung von etwa 7 MW errichtet worden. Die Marktentwicklung bei solchen Anlagen beruht gegenwärtig noch stark auf unterschiedlichen Fördermaßnahmen von Bund, Ländern, Gemeinden und Versorgungsunternehmen. So sind etwa 2100 Anlagen im Rahmen des sogenannten 1000-Dächer-Programmes gefördert worden.

Im Jahr 1996 sind insgesamt 6,1 GWh in das allgemeine Netz gespeist worden. Hiervon kommen etwa 4,5 GWh aus Nicht-EVU-Anlagen, deren Erzeugung zu 57 % dem Eigenverbrauch der privaten Betreiber dienen. Die Erzeugung der bis Ende 1996 in Deutschland installierten Photovoltaikanlagen wird von der VDEW auf insgesamt 12 GWh oder 0,003 % des Stromverbrauches geschätzt.

Die Stromerzeugungskosten von Photovoltaikanlagen sind gegenwärtig mit rund 2 DM/kWh noch zehnmal höher als die gesetzliche Mindestvergütung. Konkurrenzfähigkeit in der allgemeinen Versorgung setzt noch erheblichen technischen Fortschritt und Fertigung in großen Serien voraus. Vor diesem Hintergrund sind Angaben zu den künftigen Kosten derzeit noch recht unsicher. In Tabelle 3.2.6 sind die Stromerzeugungskosten für zwei Szenarien dargestellt. Nach Szenario I würden die Kosten bei den betrachteten Anlagen im Jahr 2005 noch über 1 DM je kWh liegen. Im günstigeren Szenario II könnten im Jahr 2020 Stromerzeugungskosten ab 35 Pf je kWh erreicht werden.

Tabelle 3.2.6 Modulkosten, Wirkungsgrade und Stromerzeugungskosten von Photovoltaikanlagen in Deutschland (Preisbasis 1995)

		2005		2020	
		Szen. I	Szen. II	Szen. I	Szen. II
Modulkosten 1)	DM/kW	6000	3000	4200	1800
Wirkungsgrad	%	13,5	15,2	14,4	19,0
Stromerzeugungskosten					
2 kW	Pf/kWh	140	58	101	44
5 kW	Pf/kWh	118	48	83	35
100 kW	Pf/kWh	133	92	115	82
500 kW	Pf/kWh	104	68	88	59
1) Für Kleinanlagen 7200 DM/kW in 2005 Szenario I.					
Quelle: Diekmann u.a. (1995).					

Das technische Potential der Photovoltaik in Deutschland beträgt allein auf Dächern (in Abhängigkeit von der Entwicklung der Wirkungsgrade) etwa 90 bis 150 GW; darüber hinaus könnten rund 400 bis 700 GW auf Freiflächen installiert werden (Diekmann u.a. 1995). Unter der Annahme, daß bis 2020 von den Potentialen auf Freiflächen 1 % und von denen auf Dächern 5 % genutzt werden könnten, ergibt sich ein bis dahin ausschöpfbares Potential von rund 20 TWh. Für das Jahr 2005 wird diese Obergrenze für Photovoltaikanlagen in Deutschland auf rund 0,5 TWh geschätzt.

Solarimport

Längerfristig kommt angesichts der relativ geringen Sonneneinstrahlung und der beschränkten Verfügbarkeit von Landflächen in Mitteleuropa auch ein Import von Sonnenenergie aus südlichen Regionen in Betracht. Technisch wären solche Projekte schon in wenigen Jahren realisierbar; die Kosten wären gegenwärtig allerdings noch sehr hoch. Im IKARUS-Projekt werden insbesondere die Möglichkeiten eines Importes von elektrischer Energie und von Wasserstoff aus Südspanien und Nordafrika betrachtet, wobei als solare Stromerzeugungssysteme sowohl Photovoltaikanlagen in Frage kommen als auch Solarturm- und Solarrinnen-Kraftwerke, in denen (direkte) Sonneneinstrahlung mit Konzentratoren zur Erzeugung von Hochtemperaturwärme genutzt wird (vgl. Langniß 1994).

Das für den Stromtransport aus Südeuropa zugrundegelegte Referenzsystem einer Hochspannungs-Gleichstrom-Übertragung (HGÜ) besteht aus zwei Kopfstationen und Freileitungen mit Leistungen von je 1 GW. Für die Fernübertragung aus Nordafrika besteht das Referenzsystem (2 GW) aus 1 200 km Freileitung von den Erzeugungszentren zur Küste, einem 200 km langen Seekabel und einer weiteren Freileitung von 1 900 km Länge. Die Transportverluste belaufen sich auf 12 % bei einem Import aus Spanien und auf 16 % bei einem Import aus Nordafrika.

Die gesamten Stromimportkosten setzen sich zusammen aus Erzeugungs- und Transportkosten. Die Erzeugungskosten sind bei der Photovoltaik (selbst im günstigen Szenario II) höher als bei solarthermischen Anlagen. Hinzu kommt, daß Strom aus solarthermischen Anlagen aufgrund des Einsatzes von Speichern mit einer höheren Ausnutzungsdauer und entsprechend niedrigeren spezifischen Kosten transportiert werden kann. Mit rund 20 Pf/kWh ist der Bezug aus solarthermischen Anlagen deshalb deutlich billiger als der aus Photovoltaikanlagen. Die Erzeugungskosten sind in Nordafrika aufgrund der höheren Einstrahlung geringer als in Spanien; dieser Vorteil wird aber durch die höheren Transportkosten kompensiert (Tabelle 3.2.7).

Gegenüber dem Import von Strom liegt der prinzipielle Vorteil von Wasserstoff als Energieträger in der Möglichkeit der Speicherung, so daß das fluktuierende Energieangebot aus regenerativen Quellen besser den energiewirtschaftlichen Anforderungen angepaßt werden kann. Nachteilig sind bei solarem Wasserstoff jedoch die im Vergleich zur direkten Verwendung solaren Stroms zusätzlichen Umwandlungsverluste und -kosten. Wasserstoff könnte als Energieträger langfristig vor allem dann von Bedeutung werden, wenn die Aufnahmefähigkeit der Netze für fluktuierende Einspeisung erschöpft ist oder für mobile Anwendungen Brennstoffsubstitute erforderlich sind.

Tabelle 3.2.7 Kosten des Solarimportes in Deutschland auf Basis von Rinnenkollektoren (Preisbasis 1995) in DM/kWh

	Südspanien			Nordafrika		
	1995	2005	2020	1995	2005	2020
Stromimport						
Stromerzeugung	0,44	0,22	0,17	0,35	0,18	0,14
Transport (HGÜ)	0,11	0,05	0,05	0,13	0,07	0,06
Gesamt	0,54	0,26	0,20	0,47	0,25	0,20
Wasserstoffimport						
Stromerzeugung	0,44	0,22	0,17	0,35	0,18	0,14
Elektrolyse	0,46	0,17	0,10	0,37	0,14	0,08
Speicherung	0,02	0,01	0,01	0,02	0,01	0,01
Transport	0,07	0,04	0,02	0,10	0,05	0,04
Gesamt	1,00	0,43	0,29	0,84	0,38	0,28

Quelle: Langniß (1994), Berechnungen des DIW.

Als Alternative oder Ergänzung eines Solarimportes aus südlichen Ländern könnten künftig auch Wasserkraftpotentiale für einen Import von regenerativen Strom (aus Skandinavien) oder von (flüssigem) Wasserstoff (aus Kanada) genutzt werden.

3.2.3.5 Biomasse

Die energetische Verwertung von Biomasse in fester, gasförmiger und flüssiger Form ist durch eine große Vielfalt verwertbarer Stoffe gekennzeichnet, die für praktisch alle Energiedienstleistungen nutzbar gemacht werden können. Die Primärenergiegewinnung aus Biomasse (ohne Abfälle) belief sich im Jahre 1996 auf 154 PJ oder rund 1 % des Primärenergieverbrauches (Tabelle 3.2.8). Die Stromerzeugung aus diesen Stoffen betrug 1,3 TWh oder 0,2 % der gesamten Stromerzeugung. Der Primärenergieeinsatz bei der Verfeuerung von Holz in privaten Haushalten wird mit 92 PJ veranschlagt. Mit dem energetischen Holzeinsatz in der Industrie von 32 PJ wurden 596 GWh Strom und 6,1 PJ Wärme erzeugt. Bei dem Aufkommen gasförmiger Biomasse von rund 20 PJ handelt es sich überwiegend um Klär- und Deponiegas, während Biogas in der Landwirtschaft bisher noch keine große Bedeutung hat (vgl. Bayer 1998). Die Erzeugung von Kraft- und Brennstoffen aus Raps hat sich in den letzten Jahren kräftig erhöht und dürfte 1996 etwa 10 PJ betragen haben, wovon rund ein Drittel auf den Dieselkraftstoffersatz Rapsölmethylester (RME) entfielen (vgl. Goy 1998).

Feste Biomasse

Innerhalb der Biomassenutzung stellt aus heutiger Sicht die Verbrennung von Festbrennstoffen zur Wärme- und Strombereitstellung die vielversprechendste Option dar. Feste Bioenergieträger ermöglichen eine weitgehend klimaverträgliche Energiebereitstellung (geschlossener Kohlendioxid-Kreislauf). Einer breiteren Nutzung ihres Potentials stehen weniger technische Probleme als eine zum Teil mangelnde Wirtschaftlichkeit gegenüber fossilen Energieträgern entgegen.

Bei Brennstoffkosten in Höhe von rund 3 DM/GJ ist die Nutzung unbelasteten Industrierestholzes bereits heute wirtschaftlich attraktiv. In bestimmten Bereichen gilt dies auch für die Nutzung von Waldrestholz. Die energetische Nutzung von Ganzpflanzen wie Miscanthus und von Holzplantagen befindet sich noch im Versuchsstadium und dürfte selbst längerfristig mit wesentlich höheren Kosten verbunden sein. Allgemein gilt, daß die Kosten innerhalb einzelner Prozeßschritte erheblich variieren können und die Bereitstellungskosten für die gesamte Prozeßlinie einzelner Festbrennstoffe vom jeweiligen Einzelfall geprägt sind.

Unter den biogenen Energieträgern wird den Festbrennstoffen mit 340 PJ im Jahre 2020 das größte Potential zugewiesen, wobei allein auf Waldrestholz und Reststroh gut zwei Drittel dieses Potentials entfallen (Tabelle 3.2.8).

Tabelle 3.2.8 Potentiale der Nutzung von Biomasse in Deutschland in PJ

	1996 (Ist)	2005	2020
Gasförmige Biomasse			
Deponiegas	6,0	20,0	5,0
Biogas (Kleinanlagen)	0,2	10,0	40,0
Biogas (Großanlagen)	0,2	10,0	40,0
Klärgas	13,5	20,0	30,0
Summe	19,9	60,0	115,0
Feste Biomasse			
Reststroh, Waldrestholz	92,0	150,0	240,0
Industrierestholz	32,0	50,0	70,0
Miscanthus (Chinaschilf)	0,0	7,5	15,0
Holzplantagen	0,0	7,5	15,0
Summe	124,0	215,0	340,0
Flüssige Biomasse			
Rapsöl	10,0	21,0	37,0
Bioethanol aus Getreide	0,0	4,5	9,0
Bioethanol aus Zuckerrüben	0,0	7,5	15,0
Summe	10,0	33,0	61,0
Insgesamt	153,9	308,0	516,0

Biogase

Biogas kann überall dort erzeugt werden, wo nasse oder feuchte Biomasse bzw. organische Abfallstoffe anfallen. Verwertbar sind tierische Exkremente und andere Abfallstoffe in der Landwirtschaft, der organische Anteil des Hausmülls, Abfälle in der Nahrungsmittelindustrie, Wasserhyazinthen, Algen und speziell angebaute Pflanzen. Der der Biogasgewinnung zugrundeliegende, vierphasige Prozeß des anaeroben Abbaus organischer Substanzen zu Methan und Kohlendioxid (Hydrolyse, Fermentation, Acetogenese, Methanogenese) setzt in der Regel eine Denitrifikation und Desulfurikation der Eingabestoffe in den ersten beiden Prozeßphasen voraus.

Deponiegas stellt ein Stoffwechselprodukt aus dem chemischen und bakteriologischen Abbau organischer Substanzen im Hausmüll dar, das auf Deponien zwangsläufig anfällt und für energetische Zwecke genutzt werden kann. Der

Methanbildungsprozeß in Deponien, in denen bis zu etwa 30 Jahre Gas gebildet werden kann, verläuft in verschiedenen Phasen: Während der Befüllungsphase einer neu angelegten oder aufgestockten Deponie steigt die Gasbildung zunächst langsam. Sie erreicht ihr Maximum im Normalfall mit der Beendigung der Müllbeaufschlagung und der Oberflächenabdichtung. Nach einer relativ kurzen Phase der stabilen Gasproduktion verläuft die Gasbildung degressiv. Für die Gasnutzung kommen je nach (langfristig erwarteter) Gasmenge Gasmotoren oder Gasturbinen zur Stromerzeugung in Frage. Die Brennstoffkosten variieren in Abhängigkeit von der Deponieform (Grube, Mulde, Hügel) und der Mächtigkeit des Deponiekörpers; sie betragen im Durchschnitt rund 2,40 DM/GJ. Dabei sind nur die zusätzlichen Kosten für die energetische Nutzung berücksichtigt, nicht aber solche Kosten, die ohnehin anfallen. Für die Potentialschätzung wird davon ausgegangen, daß bis zum Jahre 2005 noch ein erheblicher Nachholbedarf in der Entgasung bereits vorhandener Deponien besteht, und es trotz der Vorschriften der TA Siedlungsabfall - wenn auch in vermindertem Umfang - immer noch zu weiteren Ablagerungen von Müll mit organischen Inhaltsstoffen kommt. Das Potential dürfte dann im Jahre 2005 mit 20 PJ ein Maximum erreichen und danach bis auf 5 PJ im Jahre 2020 abnehmen.

Klärgas fällt bei der Abwasseraufbereitung im Fermenter und bei der anaeroben Schlammstabilisierung (Ausfaulung) an. In größeren Kläranlagen wird das gewonnene Klärgas im Wege der Kraft-Wärme-Kopplung überwiegend zur Eigenversorgung, und zwar sowohl zum Antrieb von Belüftungsaggregaten als auch zur thermischen Stützung des Gärprozesses und zur Beheizung der Betriebsgebäude genutzt. Geht man davon aus, daß die Klärgasausbeute noch deutlich verbessert wird und der Anschlußgrad der Haushalte an öffentliche Abwasserbehandlungsanlagen noch ausgedehnt wird, könnte das Klärgaspotential in Deutschland bis zum Jahr 2020 auf 30 PJ steigen. Die zurechenbaren Brennstoffkosten betragen nur rund 2,10 DM/GJ.

Biogas im engeren Sinne beruht auf der anaeroben Vergärung von landwirtschaftlichen Abfallstoffen und stellt ein großes Potential dar. Aufgrund der Intensivierung der Tierhaltung und der organisatorisch weitgehenden Trennung von pflanzlicher und tierischer Erzeugung fallen große Mengen flüssiger Exkremente in Form von Gülle an, deren Ausbringung im bisher gewohnten Umfang aus Gründen des Umweltschutzes (Gülleverordnung von 1994) nicht mehr erlaubt ist. Um die Gefährdung von Grundwasser und Atmosphäre zu verringern, gewinnen die Vorteile der anaeroben Fermentation der Gülle, Verbesserung des Düngewerts der Gülle, Verminderung der Geruchsbelästigung und Verbesserung der Pflanzenverfügbarkeit des in der Gülle enthaltenen Stickstoffs an Bedeutung. Die Vielfalt der technischen Möglichkeiten zur Erzeugung von Biogas läßt jedoch kaum allgemeingültige Aussagen über die Gasgestehungskosten zu. Das Fehlen von Bauserien und das Vorherrschen des Individualdesigns können als eine der Ursachen der hohen Bereitstellungskosten von Biogas angesehen werden. Diese dürften gegenwärtig etwa 20 bis 30 DM/GJ betragen. Würde es gelingen, organische Substanz aus dem kommunalen Bereich in Co-Fermentation in landwirtschaftlichen Biogasanlagen mitzuverarbeiten, könnten sich die Bereitstellungskosten je nach den lokalen Bedingungen beträchtlich vermindern, da gegenüber der alleinigen Gülleverarbeitung mit einer höheren spezifischen Gasausbeute zu rechnen ist und Entsorgungskosten gespart werden. Unter Berücksichtigung der erwarteten Viehbestände wird das Potential für das Jahr 2020 auf insgesamt 80 PJ geschätzt.

Flüssige biogene Energieträger

Die Nutzung von Biomasse in Form von flüssigen Brenn- und Treibstoffen konzentriert sich derzeit auf die Verwendung von Rapsöl und Rapsölmethylester (RME), während die Diskussion um die energetische Nutzung von Bioethanol, das aus Getreide oder Zuckerrüben gewonnen werden kann, in den Hintergund getreten ist. Dies ist nicht zuletzt mit den agrarpolitischen Entscheidungen zu Beginn der 90er Jahre auf EU-Ebene zu erklären, die zur Expansion des Anbaus von Non-Food-Raps auf ausgewiesenen, subventionierten Stillegungsflächen geführt haben, um innerhalb der EU die Produktion von Getreideüberschüssen einzudämmen.

Das aus der Rapspflanze gewonnene *Rapsöl* kann als gereinigtes Pflanzenöl, als Zumischung zum herkömmlichen Dieselkraftstoff - wie vor allem in Frankreich üblich - oder nach einem Umesterungsprozeß als RME (Handelsname "Biodiesel") energetisch genutzt werden. Während sich Rapsöl in reiner Form als Treibstoff in speziell angepaßten Pflanzenölmotoren beim Einsatz in Schleppern, Traktoren, Lastkraftwagen, aber auch in Stromerzeugungsaggregaten und BHKW eignet, entspricht Biodiesel hinsichtlich Betriebseigenschaften und geforderter Qualität weitgehend dem konventionellen Dieselkraftstoff. Neben dem Rapsöl selbst kann in Zukunft auch die energetische Verwertung der Koppelprodukte bei der Rapsölgewinnung, nämlich Rapsölkuchen, Rapsölschrot und Glycerin und - sobald eine ausgereifte Erntetechnik zur Verfügung steht - auch Rapsstroh in Betracht kommen.

Bei Kosten von 34 DM/GJ kann bisher eine Wirtschaftlichkeit von Rapsöl im Vergleich zu den fossilen Treib- und Brennstoffen nicht erreicht werden. Unter der Voraussetzung einer Befreiung von der Mineralölsteuer kann auch für die Zukunft ein wachsendes Erzeugungs- und Absatzpotential für Rapsöl und seine Derivate unterstellt werden, was sich in der angenommenen Ausweitung der Anbaufläche für Energieraps auf 630 000 ha im Jahre 2020 niederschlägt. Somit könnten im Jahr 2020 knapp 37 PJ des Dieselkraftstoff- bzw. Heizölbedarfs in Deutschland durch Rapsöl und Rapsölmethylester gedeckt werden (vgl. Goy 1998).

Für die Herstellung von *Bioethanol*, das prinzipiell aus der Verarbeitung zuckerhaltiger oder stärkehaltiger sowie aus zellulosehaltigen Pflanzen gewonnen werden kann, kommt unter mitteleuropäischen Klima- und Anbaubedingungen gegenwärtig nur Zuckerrüben und Weizen in Betracht. Anbau und technologische Anwendung exotischer Pflanzen wie Zuckerhirse befinden sich noch im Erprobungsstadium. Der bei der Bioethanolgewinnung erforderliche mehrstufige Konversionsprozeß führt zu sehr hohen Bereitstellungskosten und zu einer - gegenüber anderen Energiequellen aus pflanzlichen Rohstoffen - nur geringen Nettoausbeute an Energie. Von einigen Pilotprojekten abgesehen ist dieser Entwicklungspfad in Deutschland durch große Zurückhaltung in Forschung, Entwicklung und Anwendung gekennzeichnet, was nicht zuletzt auf den damit verbundenen hohen Subventionsaufwand zurückzuführen ist. Die Kosten für Bioethanol aus Getreide oder Zuckerrüben liegen gegenwärtig über 50 DM/GJ. Die hier für die Ethanolerzeugung aus landwirtschaftlichen Rohstoffen unterstellte potentielle Anbaufläche von insgesamt 200 000 ha im Jahre 2020 dürfte nur unter sehr günstigen Randbedingungen realisierbar sein. Der Energieversorgungsbeitrag der biogenen Ethanolgewinnung beliefe sich dann im Jahre 2020 auf maximal 24 PJ.

Das bis zum Jahr 2020 ausschöpfbare Potential der Nutzung von Biomasse (ohne Müll) wird *insgesamt* auf 516 PJ beziffert. Das wären immerhin knapp 4 % des Primärenergieverbrauchs. Hierbei sind denkbare Importe biogener Energieträger noch nicht berücksichtigt.

3.2.3.6 Geothermie

Die Möglichkeiten geothermische Vorkommen auszubeuten, sind aufgrund der geologischen Gegebenheiten in der Bundesrepublik Deutschland unter den gegenwärtigen technischen und wirtschaftlichen Bedingungen nur gering. Zwar wird für Deutschland der gesamte zugängliche Vorrat an geothermischer Energie (ARB, Accessible Resource Base) auf 120 000 EJ geschätzt; hiervon kann allerdings nur ein kleiner Teil genutzt werden. Das technische Potential dürfte immerhin 38,5 EJ betragen. Derzeit genutzt werden in Deutschland maximal rund 400 TJ pro Jahr (einschließlich Bäderbetriebe). Sieht man von der Nutzung in Thermalbädern ab, so wird Erdwärme zur Zeit auf zwei Wegen energetisch genutzt, nämlich hydrothermal und oberflächennah (vgl. Tabelle 3.2.9).

Auf der Grundlage von *hydrothermalen* Vorkommen tragen Fernheizzentralen zur Versorgung mit Raumwärme bei, in dem die Wärme des Reservoirwassers über Wärmetauscher, durch den Einsatz von Wärmepumpen oder in einer Kombination von beiden in ein Fernwärmenetz eingespeist wird. Die in der Tabelle gemachten Angaben zur Leistung schließen eine Kesselanlage zur Deckung des Spitzenlastbedarfs ein. Im einfachsten Fall einer geothermischen Heizzentrale wird ein hydrothermales Vorkommen erschlossen, das hierzulande in 1000 bis 4000 m Teufe liegen kann. Das heiße Wasser wird mit einer elektrisch betriebenen Unterwasserpumpe über eine Förderbohrung der Lagerstätte entnommen. Ein Teil der Wärme des geförderten Wassers wird über Wärmetauscher an den Heizwasserkreislauf abgeben und das abgekühlte Wasser wird wieder über eine Schluckbohrung in den Aquifer zurückgeleitet. Unter günstigen Bedingungen können bei einer Anlage diesen Typs (d.h. ohne Einsatz einer Wärmepumpe) die Wärmegewinnungskosten bei 37 DM/GJ liegen.

Bei der *oberflächennahen* Geothermie wird dem Erdreich durch Kollektoren, Sonden, Pfähle oder Brunnen, die je nach den örtlichen Gegebenheiten 20 bis 500 m tief sein können, Wärme entzogen. Diese Wärme wird mittels Wärmepumpen vor allem zur Beheizung von Bürokomplexen, einzelnen Mehrfamilienhäusern oder mehreren Einfamilienhäusern (Wärmenetze) eingesetzt. Im günstigsten Fall betragen die Wärmegewinnungskosten hierbei rund 28 DM/GJ. Moderne Wärmepumpen-Anlagen werden verstärkt so konzipiert, daß sie sich auch zur Klimatisierung der betreffenden Gebäude eignen. Dabei wird während der warmen Jahreszeit die Wärme in den Untergrund abgeleitet, um in den Wintermonaten zusätzlich zur Erdwärme für die Raumheizung eingesetzt zu werden.

Tabelle 3.2.9 Ausgewählte geothermische Anlagen in Deutschland

Ort	Installierte Leistung MW	Anmerkungen
Hydrothermale Nutzung		
Neustadt-Glewe	10,70	Dublette, keine Wärmepumpe
Neubrandenburg	10,00	Dublette, keine Wärmepumpe
Waren (Müritz)	5,20	Dublette, keine Wärmepumpe
Birnbach	1,40	Zwei Bohrungen, Wärmepumpe
Prenzlau	0,50	2800 m tiefe Erdwärmesonde
Oberflächennahe Nutzung		
Frankfurt-Hoechst	0,45	32 Erdwärmesonden, jeweils 50 m tief
Gladbeck	0,28	32 Erdwärmesonden, jeweils 60 m tief und ein horizontaler Wärmekollektor
Kochel am See	0,21	21 Erdwärmesonden, jeweils 98 m tief
Düsseldorf	0,12	73 Erdwärmesonden, jeweils 35 m tief
Quelle: Clauser (1998).		

Systeme zur Nutzung hochtemperierter Wärmeanomalien im Untergrund über künstlich erzeugte Kluft- und Rißsysteme zur Elektrizitäts- und Prozeßwärmeerzeugung - *Hot-Dry-Rock-Techniken* (HDR) - befinden sich noch im Forschungs- und Entwicklungsstadium; zur Zeit wird über die Festlegung des Standortes der ersten Prototypanlage diskutiert. Zu den Stromgestehungskosten für HDR-Anlagen liegen nur Angaben für das Forschungsprojekt Soultz mit 21 Pf/kWh und für den Standort Altenheim mit 25 Pf/kWh vor. Verglichen mit den heutigen Stromerzeugungskosten bei konventionellen Anlagen vergleichbarer Größe (etwa 50 MW) sind diese Kosten noch deutlich zu hoch.

Die zur Zeit noch mangelnde Wirtschaftlichkeit geothermischer Anlagen liegt in den relativ hohen leistungsbezogenen Investitionskosten. Diese werden im wesentlichen durch die hohen Kosten für die Bohrungen bestimmt, deren Anteil etwa 78 % an den gesamten Investitionskosten beträgt. Wenn das gewonnene Wasser für andere Zwecke (Heilbäder, Trinkwasser) genutzt wird, kann dies die Wirtschaftlichkeit schon deshalb entscheidend verbessern, weil dann keine zweite Bohrung für die Rückführung des Wassers notwendig ist. Angesichts der hohen Bohrungskosten stellt vor allem das Risiko von Fehlbohrungen ein erhebliches Investitionshindernis dar.

3.2.4 Schlußfolgerungen

Längerfristig müssen erneuerbare Energien aus unterschiedlichen Gründen weltweit und auch in Deutschland wesentlich höhere Beiträge zur Energieversorgung leisten als gegenwärtig. Dies gilt insbesondere dann, wenn ehrgeizige Ziele zum Schutz des Klimas verfolgt werden.

Für eine stärkere Nutzung erneuerbarer Energiequellen in Deutschland stehen vielfältige technische Möglichkeiten offen. Diese technischen Optionen beziehen sich auf unterschiedliche Anwendungsbereiche und weisen - im Hinblick auf ihre mögliche energiewirtschaftliche Bedeutung - unterschiedliche Reifegrade auf. Bisher stehen Energiequellen wie Wasserkraft und Restholz im Vordergrund, die unter den gegenwärtigen Rahmenbedingungen auf Energiemärkten konkurrenzfähig sind. Dagegen befinden sich viele andere Nutzungssysteme noch in der Phase der Markteinführung oder der Forschung und Entwicklung. Angesichts der spezifischen Vor- und Nachteile wäre es problematisch, bestimmte Techniklinien allein aufgrund kurzfristiger Bewertungen zu vernachlässigen. Auf Dauer wird vielmehr eine geeignete Mischung regenerativer Systeme erforderlich sein.

Die technischen Potentiale erneuerbarer Energien sind insgesamt auch in Deutschland beträchtlich. Das Hauptproblem ihrer Nutzung besteht aber - insbesondere bei den neueren Systemen - in einer mangelnden einzelwirtschaftlichen Rentabilität. Wesentliche Kostenreduktionen können künftig bei einer Reihe von Techniken erreicht werden, wenn der technische Fortschritt vorangetrieben wird und die Systeme in großen Stückzahlen produziert werden. Unter Berücksichtigung ihres Beitrages zur Umweltentlastung und zum Klimaschutz wird künftig ein immer größerer Teil der technischen Potentiale zum gesamtwirtschaftlich kosteneffizienten Energiemix gehören.

Dieser Zusammenhang wird in den Rechnungen mit dem IKARUS-Modell vor allem am Beispiel der Windenergie deutlich: Je mehr die zulässigen CO_2-Emissionen begrenzt werden, desto höhere Versorgungsbeiträge werden von Windkraftanlagen gefordert. Die Modellergebnisse geben insbesondere auch Hinweise darauf, wie regenerative Systeme untereinander vergleichend zu bewerten sind. Bei solchen Modellrechnungen kann allerdings der Stellenwert erneuerbarer Energien allein dadurch systematisch unterschätzt werden, daß andere Umweltentlastungen hierbei unberücksichtigt bleiben und sich die Analysen auf einen relativ kurzen Betrachtungshorizont beschränken. Unter technologiepolitischen Aspekten sind außerdem auch die Exportpotentiale zu beachten.

Analysen mit Hilfe des im IKARUS-Projekt entwickelten Instrumentariums dienen in erster Linie einer vergleichenden Technikbewertung. Zielorientierte Strategien zur Verminderung der Emission von Treibhausgasen erfordern darüber hinaus politische Anstrengungen zu ihrer Umsetzung. Hierbei ist nicht zu verkennen, daß die gegenwärtige Entwicklung auf den Energiemärkten mit niedrigen Preisen kaum Einspar- und Substitutionssignale zeigt, die klimapolitisch erforderlich wären. Vor diesem Hintergrund werden vor allem Energie- bzw. Emissionsabgaben gefordert, die den Anreiz zu einem klimaverträglicherem Umgang mit Energie verstärken sollen.

Darüber hinaus sind für eine forcierte Nutzung erneuerbarer Energien zusätzliche politische Maßnahmenbündel erforderlich. Neben der Förderung von marktorientierter Forschung, Entwicklung und Demonstration gehören hierzu insbesondere politische Maßnahmen zur Verbesserung der Wettbewerbsfähigkeit erneuerbarer Energien (durch Zuschüsse, Steuererleichterungen, zinsgünstige Kredite, erhöhte Einspeisungsvergütungen). Gleichzeitig gilt es, unterschiedliche Hemmnisse der Nutzung von erneuerbaren Energien aus dem Weg zu räumen bzw. zu vermeiden (durch Verbesserung der rechtlichen und administrativen Rahmenbedingungen, der Information sowie der Aus- und Fortbildung). Wichtig ist hierbei, daß solche Maßnahmen kontinuierlich erfolgen, damit die weitere Entwicklung erneuerbarer Energien nachhaltig gestützt wird.

Literatur

Bayer, W. (1998): Erneuerbare Energieträger 1991 bis 1996. In: Wirtschaft und Statistik 5/1998. S. 438-443.

BMWi (1994): Energieeinsparung und erneuerbare Energien. Berichte aus den energiepolitischen Gesprächszirkeln beim Bundesministerium für Wirtschaft. BMWi-Dokumentation. Bonn 1994.

Clauser, Ch. (1998): Erdwärmenutzung in Deutschland. In: Geothermische Energie, Nr. 21, Mai 1998. S. 1-6.

Deutsche Geophysikalische Gesellschaft e.V., DGG (1998): Angewandte Geothermie, DGG-Kolloquium. In: Mitteilungen der Deutschen Geophysikalischen Gesellschaft. Sonderband I/1998. Hannover, April 1998.

Diekmann, J., Horn, M., Hrubesch, P., Praetorius, B., Wittke, F., Ziesing, H.-J.(1995): Fossile Energieträger und erneuerbare Energiequellen. Monographien des Forschungszentrums Jülich. Band 15. Jülich 1995.

Diekmann, J. (1995): Kosten und Potentiale der Nutzung von Windenergie in der Bundesrepublik Deutschland. IKARUS-Studie 3-07. Deutsches Institut für Wirtschaftsforschung, Berlin, Februar 1995.

Diekmann, J., Eichelbrönner, M., Langniß, O. (1997): Aktionsprogramm Abbau von Hemmnissen bei der Realisierung von Anlagen erneuerbarer Energien. Herausgegeben vom Forum für Zukunftsenergien. Bonn 1997.

Fisch, M.N. (1997): Solarunterstützte Nahwärmesysteme für Wohnsiedlungen in Deutschland. Stuttgart, Dezember 1997.

Goy, G.C. (1998): Energie aus Raps: Eine ausichtsreiche Option? In: DIW-Wochenbericht 28/1998.

Grawe, J., Wagner, E. (1997): Nutzung erneuerbarer Energien durch die Elektrizitätswirtschaft, Stand 1996. In: Elektrizitätswirtschaft 24/1997. S. 1407-1413.

Günther, B. (1993): Kleine Photovoltaikanlagen. IKARUS-Studie 3-02. Forschungsstelle für Energiewirtschaft (FfE), München, September 1993.

Horn, M. (1994): Kleine Wasserkraftanlagen in Deutschland: Kosten, gegenwärtige Nutzung und Potentiale. IKARUS-Studie 3-06. Deutsches Institut für Wirtschaftsforschung, Berlin, Oktober 1994.

ISE (1997): 1000-Dächer Meß-und Auswerteprogramm. Jahresjournal 1996. Fraunhofer-Institut für Solare Energiesysteme. Freiburg, Juni 1997.

Kaltschmitt, M., A. Wiese (Hrsg.) (1997): Erneuerbare Energien. Systemtechnik, Wirtschaftlichkeit, Umweltaspekte. 2. Auflage. Berlin u.a. 1997.

Langniß, O. (1994): Solarimport. IKARUS-Studie 3-04. Deutsche Forschungsanstalt für Luft- und Raumfahrt, Stuttgart, März 1994.

Nast, M. (1994): Solare Nahwärme. IKARUS-Studie 3-03. Deutsche Forschungsanstalt für Luft- und Raumfahrt, Stuttgart, Februar 1994.

Prognos (1995): Die Energiemärkte Deutschlands im zusammenwachsenden Europa - Perspektiven bis zum Jahr 2020. Gutachten im Auftrag des BMWi bearb. von K. Eckerle u.a. Basel, Oktober 1995.

Rehfeldt, K. (1998): Windenergienutzung in der Bundesrepublik Deutschland. Stand 31.12.1997. In: DEWI-Magazin, Februar 1998. S. 6-24.

Rehfeldt, K., Schwenk, B. (1997): Wo bleibt die Kostenreduktion durch die Megawattklasse? In: DEWI-Magazin, Februar 1997. S. 63-70.

Wagner, E. (1997a): Nutzung der Wasserkraft durch die allgemeine Elektrizitätsversorgung in Deutschland, Stand 1996. In: Elektrizitätswirtschaft 24/1997. S. 1414-1417.

Wagner, E. (1997b): Nutzung der Photovoltaik durch die allgemeine Elektrizitätsversorgung in Deutschland, Stand 1996. In: Elektrizitätswirtschaft 24/1997. S. 1418-1420.

Ziesing, H.-J. u.a. (1997): Szenarien und Maßnahmen zur Minderung von CO_2-Emissionen in Deutschland bis zum Jahr 2005. Politikszenarien für den Klimaschutz. Bearbeitet von DIW, STE, FhG-ISI und Öko-Institut. Untersuchungen im Auftrag des Umweltbundesamtes herausgegeben von G. Stein und B. Strobel. Band 1. Schriften des Forschungszentrums Jülich. Reihe Umwelt. Band 5. Jülich 1997.

3.3 Energieverbrauchsstrukturen und -tendenzen im Sektor Kleinverbraucher

Werner Megele, Harald Bradke

3.3.1 Besonderheiten und Abgrenzung des Sektors Kleinverbraucher

Der Sektor Kleinverbraucher ist in verschiedener Hinsicht als sehr heterogen zu bezeichnen. Zum einen sind Firmen unterschiedlichster Größenklasse vertreten, vom allein arbeitenden, selbständigen Versicherungsvertreter bis zur mehrere tausend Angestellte umfassende Bank. Zum anderen sind in dem Sektor alle Branchen zusammengefaßt, die nicht im industriellen Bereich liegen und die nicht der Energiewirtschaft zuzurechnen sind.

Sowohl in der Wirtschaftsstatistik als auch insbesondere in der Energiestatistik ist der Sektor Kleinverbraucher nur wenig bzw. gar nicht in Subsektoren aufgeteilt, obwohl auf ihn zwei Drittel der Erwerbstätigen und etwa 16 % des gesamten Endenergiebedarfs entfallen. Energierelevante Bestandsdaten wie Nutzflächen, technische Ausstattung von Gebäuden, Hotels, Kaufhäusern, Handwerksbetrieben o. ä. waren fast nicht vorhanden und wurden im Rahmen des IKARUS-Projektes ermittelt. Weitere Angaben stammen aus einer Detaillierungsstudie, die im Auftrag der Deutschen Bundesstiftung Umwelt durchgeführt wurde (Gruber/Geiger u.a. 1998).

Obwohl in dem Sektor die verschiedensten Prozesse zusammengefaßt sind, entfällt der größte Anteil des Endenergiebedarfs auf die raumwärmeintensiven Branchen (öffentliche u. private Dienstleistungsbetriebe). Hier liegt der Raumwärmeanteil bei etwa 60 %, während er bei den prozeßenergieintensiven Subsektoren eher unter 50 % liegt (mit einem sehr geringen Anteil in der Landwirtschaft). Andererseits haben die Subsektoren des Sektors Kleinverbraucher unterschiedliche Energieintensitäten aufgrund z. B. der benötigten Prozeßenergie sowie unterschiedliche rentable Energieeinsparpotentiale.

Die deshalb notwendige Disaggregation des Sektors Kleinverbraucher wurde nach folgenden Auswahlkriterien vorgenommen:

- der Anteil der Verbrauchergruppe an dem gesamten Energiebedarf,
- die Höhe des spezifischen Energieverbrauchs,
- die Homogenität der verwendeten Techniken innerhalb der Verbrauchsgruppe,
- das Vorliegen disaggregierter Wirtschaftsdaten zur Hochrechnung der ermittelten Daten.

Hieraus ergab sich für den vom FhG-ISI, Karlsruhe, bearbeiteten Teil der **prozeßenergieintensiven** Subsektoren folgende Unterteilung: Land- und Forstwirtschaft sowie Gartenbau, Handwerk und Kleinindustrie, Baugewerbe sowie sonstige prozeßenergieintensive Verbrauchergruppen. Für den von der FfE, München, bearbeiteten Teil wurden die **raumwärmeintensiven** Subsektoren mit folgender Aufteilung zusammengefaßt: Öffentliche Dienstleistungen mit z. B. dem

Staat und den Einrichtungen ohne Erwerbscharakter, Private Dienstleistungen mit dem Handel und Banken sowie Militär (vgl. Abb. 3.3.1).

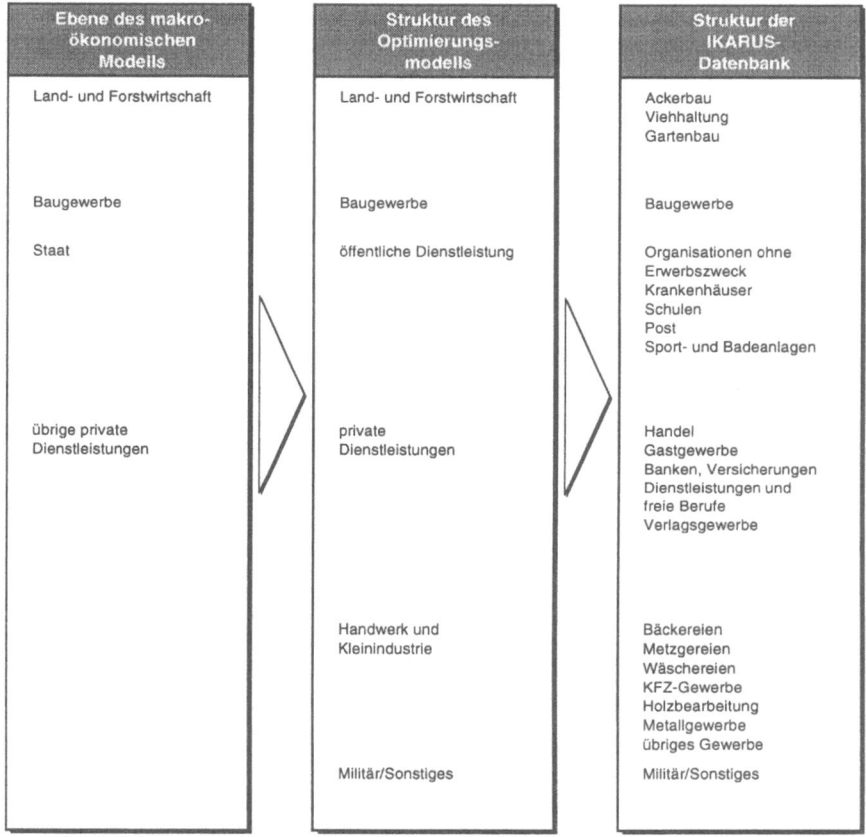

Abb. 3.3.1 Disaggregation des Sektors Kleinverbraucher in den beiden Modellen MIS und Optimierungsmodell sowie in der Datenbank von IKARUS

3.3.2 Methodisches Vorgehen, Datenerhebung und –verarbeitung

Zur Beschreibung des Sektors Kleinverbraucher gibt es jeweils ein Aggregationsniveau für das makroökonomische Modell (MIS), das Optimierungsmodell und die IKARUS-Datenbank. Die Subsektoren der IKARUS-Datenbank wurden weiter in sog. Verbrauchergruppen unterteilt, die nicht in der Abbildung dargestellt sind. Für die Bereiche öffentliche und private Dienstleistungsbetriebe wurden z. B. 35 Verbrauchergruppen gebildet. Der Subsektor Handel setzt sich so z. B. aus den Verbrauchergruppen Großhandel, Supermarkt, Kaufhaus, Einzelhandel non-food, Tankstellen und einem Rest zusammen.

Jeder der Subsektoren wird nach folgenden Anwendungsarten differenziert, um vorliegende Informationen von Querschnittstechniken zu nutzen (insbesondere von Teilvorhaben 8, vgl. Kapitel 3.7) und um die jeweiligen Anwendungsarten auf Verbesserungsmöglichkeiten prüfen zu können:

- Raumwärme, Warmwasser: Hierbei wird der Nutzenergiebedarf ermittelt, der von einer Umwandlungstechnik, z. B. Heizkessel oder Fernwärme-Übergabestation, bereitzustellen ist, soweit er nicht durch die Sonneneinstrahlung oder die Abwärme von Geräten gedeckt wird.

- Umwandlungstechniken, d. h. Techniken, die einen Energieträger, z. B. Gas, Heizöl in einen anderen Energieträger wie z. B. Dampf, Druckluft oder Warmwasser umwandeln. Diese sind Querschnittstechniken wie z. B. Heizkessel, Dampferzeuger, Kraft-Wärme-Kopplung usw.

- Stromnutzung: Der Nutzenergiebedarf von stromspezifischen Anwendungen, d.h. Anwendungen, die i.a. nur durch Strom realisiert werden; dies sind z. B. Beleuchtung, EDV, Kälte usw.

- Prozeßwärme: Hier werden meist die eigentlichen branchenspezifischen Energieverbräuche detailliert analysiert. Bei den Bäckereien sind dies z. B. Bäckereiöfen in ihren verschiedenen technischen Hauptvarianten.

Ausgangspunkt ist bei allen Anwendungsarten die Betrachtung der Einzeltechniken. Für jede Verbrauchergruppe und Anwendungsart wird eine Anlagenausstattung bestimmt und diese auf repräsentative Einzeltechniken abgebildet. Mittels gerätespezifischen Nutzungsdauern, Nutzergewohnheiten u.ä. sowie branchenspezifischen Angaben wie Flächen oder Erwerbstätigenzahlen werden die Ergebnisse von unten nach oben aggregiert. Neben den Endergebnissen in Form von Kennwerten werden die Zwischenergebnisse sowohl für die Aggregation der Branchen als auch der Anwendungsarten in der Datenbank abgelegt.

Die Bestimmung der spezifischen Kennwerte und der Anlagenausstattung wurde mittels einer Vielzahl von Studien, Reihenuntersuchungen, Einzelbetriebsuntersuchungen, eigenen Berechnungen und Schätzwerten durchgeführt. Diese aufwendige Prozedur zur Bestimmung des Energieverbrauchs wurde aus zwei Gründen gewählt:

- Nur auf diese Weise ist es möglich, Potentiale und Kosten für Energieeinsparmaßnahmen zu bestimmen. Nach der Festlegung des Ist-Zustandes können durch einen Austausch alter Geräte mit einem hohen Energieverbrauch durch modernere Varianten mögliche Einsparpotentiale und die dazugehörigen Investitionen bestimmt werden.
- Alle spezifischen Kennwerte und Annahmen sind in der Datenbank abgelegt. Die Berechnung der Ergebnisse ist also für jeden Nutzer der Datenbank in allen Punkten nachzuvollziehen.

Nachfolgend werden die einzelnen Anwendungsarten genauer vorgestellt.

3.3.3 Raumwärme, Warmwasser, Umwandlungstechniken, Stromnutzung und Prozeßwärme

Raumwärme

Der größte Anteil des Endenergieeinsatzes im Sektor Kleinverbraucher wird mit 50% zur Deckung des Raumwärmebedarfs benötigt. Ähnlich dem Wohnungsbau sind am Gebäudebestand durch Verbesserung der bauphysikalischen Daten (Wärmedämmung) deutliche Senkungen im Energieverbrauch möglich.

Dies ist besonders bei den sogenannten raumwärmeintensiven Teilbereichen, den öffentlichen und den privaten Dienstleistungsbetrieben, relevant. Zur Minderung des Energiebedarfs stehen prinzipiell folgende Möglichkeiten zur Verfügung:

- Vermeiden unnötigen Bedarfs (Raumtemperatur, Luftwechsel)
- Verminderung des spezifischen Nutzenergiebedarfs (Wärmedämmung)
- Verbesserung der Nutzungsgrade (Wärmeerzeuger, Verteilung)

Wegen der Bedeutung dieser Anwendungsart wurde hier eine besonders detaillierte Vorgehensweise gewählt. Wichtigste Eingangsgröße sind rd. 800 Gebäude-Dateien, welche eine detaillierte Beschreibung von 28 verwendeten Typgebäuden in Abhängigkeit von vier Baualtersklassen und sieben bauphysikalischen Zuständen beinhalten. Die Typgebäude repräsentieren den Gebäudebestand im Nichtwohnbau in den alten und neuen Bundesländern. Die Baualtersklassen orientieren sich an verschiedenen gesetzlichen Verordnungen zum Wärmeschutz im Hochbau.

Für die Typgebäude liegen detaillierte bauphysikalische Daten vor. Mit einem Rechenprogramm nach der CEN-Norm 832 wird u. a. der Jahresheizwärmebedarf, der Normwärmebedarf und der mittlere k-Wert der Gebäude bestimmt. Diese Berechnung wurde für sieben Veränderungen an der Gebäudehülle wiederholt, die zu einer Reduzierung des Nutzenergiebedarfs führen. Für diese Maßnahmen liegen die Aufwendungen für die Durchführung getrennt nach Zusatz- und Gesamtinvestitionen vor. Während als Gesamtinvestition die Kosten bezeichnet werden, die auftreten, wenn die Maßnahmen sofort ergriffen werden sollen, umfassen die Zusatzinvestitionen nur den Aufwand für die Verbesserung während einer sowieso anstehenden Renovierung.

Entscheidend für das Ergebnis sind die Verknüpfungen der Typgebäude mit den Branchen. Für jede Verbrauchergruppe wird eine Aufteilung der Beschäftigten mit der zugehörigen Fläche pro Beschäftigtem für die Typgebäude festgelegt. Die Gesamtfläche resultiert aus diesen spezifischen Flächen und der Beschäftigtenzahl. Durch die Zuordnung der Gebäude zu den Beschäftigten in den Branchen können die energetischen und die ökonomischen Auswirkungen der Maßnahmen sowohl für einzelne Branchen als auch für den ganzen Sektor bestimmt werden.

Als wichtigste Ergebnisse werden in der Datenbank u.a. der Monats- und Jahresheizwärmebedarf, Normwärme- bzw. Auslegungswärmebedarf, k-Werte des Daches, der Außenwände, Fenster, Kellerdecke und mittlerer k-Wert der Gebäudehülle sowie Gesamt- und Zusatzinvestitionen abgelegt. Desweiteren sind Baualtersverteilungen für die Typgebäude und Gebäudeflächen für die einzelnen Branchen in der Datenbank enthalten.

In Abb. 3.3.2 ist der Raumwärmebedarf des Sektors Kleinverbraucher für Deutschland im Jahr 1995 ohne den Bereich Landwirtschaft dargestellt. Ausgehend vom wärmetechnischen Zustand 0 (WT 0), dem Istzustand, ist die Reduzierung des Heizwärmebedarfs für die Zustände 1 bis 7 mit den zugehörigen Investitionen dargestellt. Es zeigt sich, daß bei Ergreifung von Maßnahmen, die zu dem wärmetechnischen Zustand 4 (WT 4) führen, ein um 35 % niedrigerer Jahresheizwärmebedarf erreichbar ist. Zu diesen Maßnahmen gehören Fenster mit einem mittleren k-Wert von 1,4 W/m²K (Wärmeschutzverglasung), Dach- und Kellerdecken- bzw. Wanddämmung sowie eine Außenwanddämmung (8 cm, außen) in Gebäuden der alten Bundesländer; die Maßnahmen für die neuen Bundesländer wurden dazu vergleichbar gewählt. Bei Investitionen von 6,7 DM pro eingesparter kWh eines Jahres ergibt sich keine Amortisation. Würden die Maßnahmen dagegen im Renovierungszyklus ergriffen werden, läge die Wirtschaftlichkeit mit 1,7 DM/kWh·a wesentlich besser.

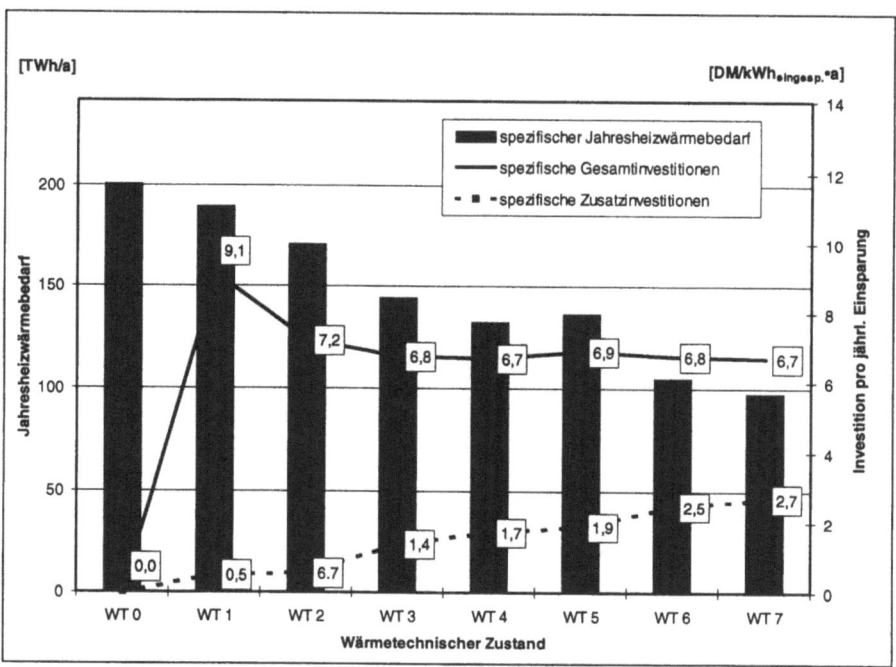

Abb. 3.3.2 Einsparungspotential am Gebäudebestand im Sektor Kleinverbraucher 1995 (alte Bundesländer, ohne Landwirtschaft)

Warmwasser

Warmwasser wird in der hier verwendeten Definition nur für hygienische Zwecke eingesetzt. Der Warmwasserbedarf wird in der Regel aus spezifischen Verbrauchsangaben z. B. für die Bezugsgrößen Erwerbstätige, Schüler oder Betten ermittelt. In der weiteren Berechnung wurden alle Verbrauchswerte auf die Bezugsgröße Erwerbstätige umgerechnet, die weiter auf Einzeltechniken aufgeteilt wurden (z. B. Duschen, Waschbecken, Waschmaschinen etc.).

Der Anteil am Endenergieverbrauch liegt im Jahr 1995 bei ca. 8 %. Bezogen auf 1995 verringert sich der Energiebedarf für Warmwasser bis zum Jahr 2020 um ca. 15 %. Neben einer technologischen Verbesserung der Geräteausstattung ist die Hauptursache ein Verbrauchsrückgang in den neuen Bundesländern.

Durch zusätzliche Investitionen von ca. 0,22 DM pro jährlich eingesparter kWh Energie läßt sich im Jahr 2005 gegenüber dem Referenzfall etwa 9 % Endenergie in der Anwendungsart Warmwasser in den alten Bundesländern einsparen. Dabei kommen Techniken zum Einsatz, die die Durchflußmenge (z. B. Durchflußbegrenzer) reduzieren, bedarfsgerecht regeln (z. B. berührungslose Wasserhähne) oder die Temperatur genauer und schneller einstellen (z. B. thermostatgeregelte Mischbatterien).

Umwandlungs- und Verteilungssysteme

Um den Endenergieverbrauch für Heizung und Warmwasser bestimmen zu können, müssen neben dem Heizwärme- und Warmwasserbedarf die Umwandlungs- und Verteilungsverluste berücksichtigt werden. Die zugehörigen Techniken sind separat in der Datenbank ausgewiesen, um dem Nutzer z. B. eine Kombination verschiedener Sparversionen aus den einzelnen Bereichen zu ermöglichen.

Die Verteilungsverluste werden getrennt nach Heizungs- und Warmwasserverteilung bestimmt. Die Verluste werden mit Hilfe der geometrischen Daten der Typgebäude berechnet. Dazu wird die Rohrverlegung in Abhängigkeit des Ortes der Heizzentrale und der Heizkörper bzw. Zapfstellen für Warmwasser in den jeweiligen Grundrissen festgelegt. Dadurch können die für die Verluste und Kosten relevanten Rohrlängen bestimmt werden.

Die Wärmeerzeuger gliedern sich in Heiz- und Warmwasserwärmeerzeuger. Neben konventionellen Wärmeerzeugern sind auch die Sonnenkollektoren, Wärmepumpen, Blockheizkraftwerke und Fernwärmeübergangsstationen enthalten. Weiter sind in dieser Gruppe die in der Regel dezentralen Stromwärmeerzeuger für Raumwärme und Warmwasser mit dem dazugehörigen Endenergieverbrauch enthalten. Die technischen Daten der beispielhaft genannten Querschnittstechniken werden von Teilvorhaben 8 erfaßt (vgl. Kapitel 3.7). Innerhalb des Teilprojektes 5 werden die für einzelne Verbrauchergruppen typischen Bestände, Auslastungsgrade, Betriebsweisen usw. ermittelt.

Es zeigte sich, daß CO_2-Emissionsminderungen im Bereich Umwandlungssysteme vor allem durch eine Energieträgersubstitution zum Erdgas hin erreicht werden. Eine weitere Reduktionsmöglichkeit besteht durch Effizienzverbesserungen, d. h. beispielsweise im Austausch von Heizkesseln durch moderne Wärmeerzeuger. Wärmepumpen werden im Referenzfall bis zum Jahr 2020 nicht in einer nennenswerten Größenordnung eingesetzt, sind aber je nach Vorgabe der Höhe der CO_2-Reduzierung eine energiewirtschaftlich interessante Alternative.

Stromnutzung für stromspezifische Anwendungen

Die angegebenen Werte für den Strombedarf umfassen den Energieverbrauch für Licht, Kommunikation, Prozeßkälte und Kraft. In Abb. 3.3.3 ist die Aufteilung des Strombedarfs auf Anwendungsbereiche für 1995 zu sehen. Während Beleuchtung und Kommunikation in jedem Subsektor mit unterschiedlicher Höhe anfällt, wird Prozeßkälte vor allem im Lebensmittelbereich wie Handel, Kantinen etc. benötigt. Die Anwendungsart Kraft beinhaltet den Energieverbrauch von Ventilatoren, Drucklufterzeugung, Klimaanlagen, Aufzüge etc. Der Bereich Rest setzt sich vor allem aus Kleingeräten zusammen, die nicht weiter erfaßt wurden.

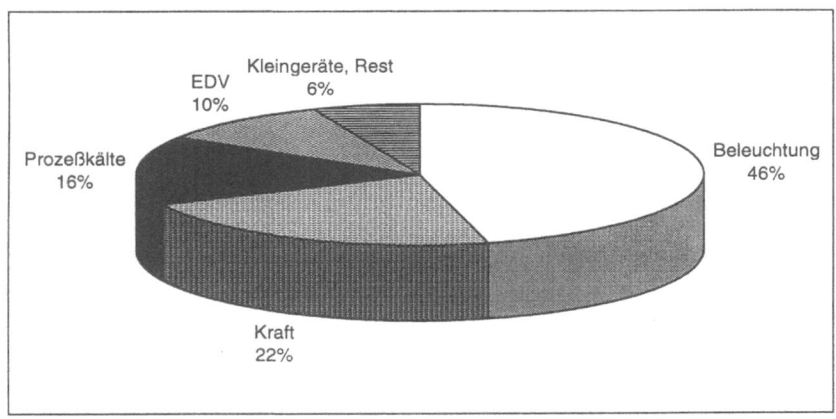

Abb. 3.3.3 Aufteilung des Strombedarfs auf stromspezifische Anwendungsbereiche im Kleinverbrauch 1995 (Deutschland, ohne Landwirtschaft)

Grundlage für die Ermittlung des Strombedarfs sind insgesamt ca. 70 Querschnittstechniken mit ihren energetischen und ökonomischen Kennwerten. Für jede Branche wurde die Geräteausstattung anhand der installierten Leistung für jedes Gerät festgelegt sowie eine mittlere Betriebszeit. Die vorhandenen Daten werden zusammengefaßt und nach den Bereichen Licht, Kommunikation etc. aggregiert.

Sparpotentiale bei der Beleuchtung werden beeinflußt durch die tätigkeitsabhängig erforderliche Beleuchtungsstärke, durch die Raumgeometrie etc., sowie durch die Lichtausbeute der Beleuchtungssystem. So ist z. B. die Niederdruck-Leuchtstofflampe Standard. Die Dreibandenlampe ist 12 % effizienter, und elektronische Vorschaltgeräte verbessern die Ausbeute um 23 %. Weiterhin können durch dimmbare elektronische Vorschaltgeräte zusätzliche Sparpotentiale erschlossen werden. Im Bürobereich ergeben sich Sparpotentiale durch neue Technologien wie z. B. LCD-Flachbildschirme.

Hinsichtlich der Energieeinsparung bestehen gegenläufige Tendenzen: einerseits werden technische und betriebliche Verbesserungen realisiert, andererseits entstehen höhere Ansprüche an Anwendungshäufigkeit und Komfort. Die "stromintensiven" privaten Dienstleistungsbetriebe zeigen dabei ein hohes Wachstum. Bis 2020 ist eine weitgehende Sättigung mit stromspezifischen Techniken der Büroautomation zu erwarten. Bis dahin wird trotz eines niedrigeren spezifischen Stromverbrauchs einzelner Geräte insgesamt ein Anstieg des Stromverbrauchs erwartet.

Prozeßenergie

Prozeßenergie wird im Sektor Kleinverbrauch im wesentlichen benötigt

- in Küchen und Kantinen zum Kochen, Backen, Fritieren, Warmhalten und Spülen
- in der Lebensmittelherstellung zum Backen, Brühen und Trocknen
- in der Textilreinigung zum Waschen, Trocknen, Bügeln, Dämpfen, Mangeln
- in Handwerk und Kleinindustrie zum Lacktrocknen, Schmieden, Glühen, Drucklufterzeugung usw.
- im Baugewerbe zur Bautrocknung, Bitumenerwärmung/-warmhaltung
- in der Landwirtschaft für Trocknung, Viehzucht und Milchkühlung
- sowie zur Schwimmbeckenerwärmung, Sterilisation in Krankenhäusern usw.

Zu den prozeßwärmeintensivsten Branchen im Bereich der Kleinverbraucher zählen die Bäckereien. Hier entfallen rund 60-70 % des Gesamtenergiebedarfs auf die Backöfen. Der spezifische Energieverbrauch hängt von dem verwendeten Energieträger, dem Ofentyp sowie der Backflächenbelegung ab. Etagenbacköfen, bei denen mehrere Backräume (Herde) in Etagen angeordnet sind, haben einen Verbreitungsanteil von knapp 70 %, Stikkenöfen (Backschränke, bei denen der Backgutträger ein Wagen, ein sogenannter Stikken ist) werden zu rund 25 % verwendet, während der Ladenbackofen für den Verkaufsraum einen Anteil von rund 5 % an der Gesamtproduktion hat.

Einen ebenfalls hohen Prozeßwärmeanteil haben die Fleischereien, wobei hier der Prozeß- und Warmwasserverbrauch häufig nicht eindeutig zuordenbar ist, da z. B. manche Betriebe Warmwasser für Koch- und Brühprozesse zentral im Kessel erzeugen, andere jedoch dezentral im Kochkessel selber. Rund 35 % des Energieverbrauchs der Produktion (knapp 21 % des Gesamtenergieverbrauchs) werden für Koch- und Brühprozesse benötigt, Räuchern und Reifen spielen in den kleineren Betrieben eine untergeordnete Rolle. Die Kühlung mit 19 % des Strombedarfs ist dagegen nicht zu vernachlässigen.

Wesentliche Produktionsanlagen zum Kochen und Garen sind Kochkessel und Kombinationskochschrank (Kombikammer). Im Kochkessel werden Fleisch und Wurstwaren im Wasserbad bei 70 bis 90 °C und Behandlungszeiten je nach Ware und Größe von 30 bis 200 Minuten gegart. Für Produkte, die mehrere thermische Arbeitsschritte hintereinander durchlaufen, bietet sich die Kombikammer an. Transport und Umhängen der Produkte zwischen den einzelnen Arbeitsschritten entfallen, der Betrieb erfolgt nach vorprogrammierten Vorgaben mit Hilfe von Überwachungs- und Regeleinrichtungen, wodurch verkürzte Gar- und Räucherzeiten erreicht werden können.

Im Metallgewerbe des Kleinverbrauchssektors (z. B. Schlossereien, Schweißereien, Schmieden, Kessel- und Behälterbau u. a. m.) werden rund 30 % des Endenergiebedarfs für Prozeßwärme benötigt. Hiervon wiederum werden rund 84 % für das Ändern von Stoffeigenschaften, 12 % für Umformen, 3 % für Urformen und 1 % für Fügen benötigt. Für das Ändern der Stoffeigenschaften werden je nach Werkstoff und Behandlungsverfahren Temperaturen von 500 bis über 1000 °C bei Glühzeiten von wenigen Minuten bis zu 20 und mehr Stunden benötigt.

Ebenso zahlreich wie die verschiedenen Anwendungsfälle von Prozeßenergie im Sektor Kleinverbrauch sind die Möglichkeiten zur Reduzierung des hierfür benötigten Energiebedarfs:

- Reduzierung der Oberflächenverluste bei Hochtemperaturprozessen, z. B. bei Öfen, durch verbesserte Isolierung und Aufstellung an zugfreien Orten.

- Reduzierung der Verluste infolge der Erwärmung von Fluid-Stoffströmen, z. B. durch dichtere Öfen bzw. Regelung des Ofendrucks zur Verhinderung von Falschluft, Rauchgasklappen bei intermietierenden Brennern, Nutzung der Abgase zur Vorwärmung der Verbrennungsluft oder des Gutes.

- Reduzierung der Verluste infolge Erwärmung von Stoffmassen wie Anlagenbauteile, Gefäße, Stützmaterialien usw., z. B. durch leichtere und wenig speichernde Baumaterialien für Anlagen und Chargenträger, kontinuierliche Betriebsweise, Nutzung der Abwärme des Gutes.

- Reduzierung der Verluste infolge übermäßiger Energiezufuhr wie z. B. durch erhöhte Temperatur sowie zu lange Erwärmungs- bzw. Haltezeiten, z. B. durch verbesserte Prozeßführung mittels automatischer Steuer- und Regeleinrichtungen, z. B. mit Hilfe der Kerntemperaturregelung.

- Substitution energieintensiver Prozesse durch weniger energieintensive Prozesse, z. B. thermische durch mechanische Trennverfahren, Schweissen und Löten durch Kleben, konventionelle Trockenverfahren durch Infrarot-, Mikrowellen- oder Kontakt-Trocknung.

- Vielfältige kleine Maßnahmen, wie z. B. Einstellung des Hochdruckreinigerstrahls auf möglichst geringen Drucksatz, Mehrfachnutzung von Wässern (z. B. durch geeignete Produktfolge, gering belastete Koch-/Brühwässer als Reinigungswasser), Schließen der Deckel beim Kochen und Brühen.

Detaillierte Informationen zu Öfen, Brenner und Trockner sind in den IKARUS-Berichten Nr. 8-10 bis 8-12 /Ilmberger/Pfitzner, Bände 8-10; 8-11; 8-12, Jülich 1994/ enthalten, weitergehende Beschreibungen der einzelnen Branchen und Anwendungen in dem Endbericht zum Kleinverbrauch /Kolmetz u. a., 1995/.

Gegenüber 1995 wird für das Jahr 2005 erwartet, daß der spezifische Prozeßenergiebedarf pro Erwerbstätigen in etwa konstant bleiben wird. Dieses Ergebnis wird durch unterschiedliche Entwicklungen in den einzelnen Subsektoren ausgelöst: So wird z. B. davon ausgegangen, daß in Baugewerbe und Landwirtschaft der spezifische Prozeßenergiebedarf pro Erwerbstätigen um 11 %

ansteigen wird, bedingt durch eine etwa 20 %ige Erhöhung der Arbeitsproduktivität und eine rund 9 %ige Verbesserung der Energieproduktivität. Demgegenüber wird im Handwerk eine geringere Erhöhung der Arbeitsproduktivität relativ zur Verbesserung der Energieproduktivität erwartet, so daß der spezifische Energieeinsatz pro Erwerbstätigen rückläufig ist.

Stark beeinflußt wird das Gesamtergebnis durch die annähernde Stagnation der Produktion in der relativ prozeßenergieintensiven Landwirtschaft sowie der überproportionalen Zunahme der Bruttowertschöpfung in relativ wenig prozeßenergieintensiven Bereichen. In Verbindung mit dem Wachstum des gesamten Kleinverbrauchs bei nur marginalen Verbesserungen des Nutzungsgrades ergibt sich eine Zunahme des Endenergiebedarfs für Prozeßwärme 2005 gegenüber 1995 von 5 %. Bei zusätzlichen Investitionen in Höhe von 0,8 DM pro eingesparter kWh eines Jahres (d. h. bei einer z. B. 10jährigen Nutzungsdauer für 8 Pf pro kWh) ließen sich rund 10 % Prozeßenergiebedarf gegenüber der Referenzentwicklung einsparen.

Im Jahr 2020 dürfte der Energiebedarf für Prozeßenergie pro Erwerbstätigen über alle Subsektoren des Kleinverbrauchs hinweg um etwa 10 %-Punkte gegenüber 1995 sinken. Absolut wird der Nutzenergiebedarf für Prozeßenergie im Jahr 2020 um etwa 3 % über und der Endenergiebedarf für Prozeßenergie um 4 % unter dem Wert für 1995 liegen, weil die Umwandlungswirkungsgrade sich verbessern und sich der Stromanteil erhöhen dürfte. Für Zusatzinvestitionen in Höhe von 0,5 bis 0,6 DM eingesparter kWh eines Jahres dürften sich zusätzlich etwa 10 % Energie einsparen lassen.

3.3.4 Hemmnisse rationeller Energienutzung und Ausblick des Energiebedarfs und der CO_2-Emissionen bis 2005

Empirische Erhebungen haben gezeigt, daß die rentablen Potentiale der rationellen Energienutzung bei weitem noch nicht ausgeschöpft sind (Gruber/Brand 1990, Fleißner/Thöne 1993, Gruber/Geiger, 1998): die am Markt verfügbaren Technologien und die organisatorischen Maßnahmen zur Energieeinsparung werden nur zu einem geringen Teil eingesetzt bzw. ergriffen; je kleiner die Betriebe und je geringer die Energiekostenanteile sind, desto größer sind die Hemmnisse. Ursachen hierfür sind vor allem mangelnde energietechnische Kenntnisse, fehlender Marktüberblick, hohe Transaktionskosten, Investor-Nutzer-Dilemma, mangelndes Eigenkapital, für zu lang gehaltene Amortisationszeiten, andere Investitionsprioritäten etc. Mit der neuen Studie zur Detaillierung des Energiebedarfs im Sektor Kleinverbraucher (Gruber/Geiger, 1998) liegen nun erstmalig flächendeckend qualitative Informationen zu den Hemmnissen in den einzelnen Sektoren des Kleinverbrauchs vor. So schätzen 46 % ihren energietechnischen Kenntnisstand nur "ausreichend" ein und 14 % fühlen sich nicht genug informiert. Hierbei zeigen sich keine Unterschiede in der Betriebsgröße und nur geringe Unterschiede in den Branchen. 40 % wünschen sich mehr oder bessere Informationen. Energieverbrauchskontrollen werden eher in den großen Betrieben mit 20 und mehr Beschäftigten durchgeführt (ca. 80 %), wobei nur 33 % diese monatlich durchführen; bei den kleinen Betrieben mit bis zu 4 Beschäftigten erfolgt dies bei nur 9 % monatlich. Nur bei knapp 20 % der Betriebe wurde in den letzten Jahren eine energetische Schwachstellenanalyse durchgeführt; in rund der Hälfte der Fälle wurde dabei der Energieverbrauch insgesamt untersucht, bei jeweils rund 15 % das Gebäude bzw. die Heizanlage sowie bei 20 % Maschinen und Anlagen. Ebenfalls nur 20 % der Betriebe haben eine Energieberatung in Anspruch genommen. 29 % der Betriebe haben Maßnahmen zur Brennstoffeinsparung durchgeführt und 26 % zur Stromeinsparung; dabei wurden die Verbräuche am häufigsten zwischen 10 und 20 % reduziert. Etwa die Hälfte der Befragten glaubt, noch nicht alle Möglichkeiten der Energieeinsparung durchgeführt zu haben; das noch auszuschöpfende Potential wird dabei meist auf etwa 10 % geschätzt. Dabei glauben die kleinen Betriebe häufiger als die großen, daß sie ihr Potential bereits ausgeschöpft haben (Gruber/Geiger, 1998), ein weiterer Hinweis zur Unkenntnis der kleineren Betriebe über ihre nicht realisierten Kosteneinsparpotentiale bei der Energieanwendung.

Diese Untersuchungsergebnisse gilt es bei der Generierung von Szenarien und der Analyse der Modellergebnisse zu berücksichtigen: Nur ein kleiner Teil der rentablen Energieeinsparmöglichkeiten wird im Sektor Kleinverbraucher ausgeschöpft, solange diese nicht direkt in die Geräte und Anlagen integriert, durch Verordnungen vorgeschrieben oder in jüngerer Zeit von Contractoren für erste Technikbereiche durchgeführt werden.

Je nachdem, ob bzw. wie weit diese Hemmnisse in die Prognosen einbezogen werden, schwanken die Einschätzungen zum Energiebedarf bzw. den CO_2–Emissionen verschiedener Studien ebenso wie durch die unterschiedlichen Veränderungsraten bei den energiebedarfsbestimmenden Größen (wie z. B. Anzahl der Beschäftigten in den einzelnen Sektoren). So nehmen die gesamten CO_2–Emissionen sowohl bei Prognos (1995) wie auch bei RWI/Ifo (1996) zwischen 1990 und 2005 von 148,4 auf 139,7 bzw. 135,4 Mill. t CO_2 ab. Durch die Substitution von Braunkohle und Heizöl durch Erdgas, Effizienzverbesserungen durch Kessel- und Brenner-Ersatzinvestitionen sowie entsprechende Maßnahmen in der Stromerzeugung sind die CO_2–Emissionen der Kleinverbraucher zwischen 1990 und 1995 bereits auf 120,6 Mill. t CO_2 gesunken. Prognos und RWI/Ifo gehen davon aus, daß sich dieser Trend der letzten fünf Jahre nicht fortsetzt, sondern die wachstumsbedingten Einflußfaktoren gegenüber weiteren Effizienzverbesserungen dominieren, so daß es gegenüber 1995 bis zum Jahr 2005 zu einem Wiederanstieg der insgesamt verursachten CO_2–Emissionen um 12-16 % kommen wird. Demgegenüber geht IKARUS im Referenzszenario von einer weiteren Reduktion um 5 % aus, wobei allerdings dieser Modelltyp bei allen einzeltechnologisch abgebildeten Effizienzmöglichkeiten lediglich nach den Kosten entscheidet und keine Hemmnisse oder Transaktionskosten berücksichtigt. Insofern kann der Unterschied der Ergebnisse als die Größenordnung der gehemmten Effizienzpotentiale von etwa 20 % interpretiert werden. Hierauf weisen auch die o. g. Befragungsergebnisse hin.

Den Einfluß von energiepolitischen Maßnahmen bzw. von deren Umsetzung auf die CO_2–Emissionen im Sektor Kleinverbraucher verdeutlichen die Ergebnisse einer weiteren Studie /DIW/ISI/STE/Ökoinstitut, 1997/, die u. a. mit Hilfe des IKARUS-Instrumentariums durchgeführt wurde: In einer etwas anderen Abgrenzung werden dort für den Sektor der Kleinverbraucher brennstoffbedingte CO_2-Emissionen in Höhe von 75,7 Mill. t für 1990 und 51,9 Mill. t für 1995 genannt. Wären keine politischen Maßnahmen seit 1990 beschlossen worden (wie z. B. die Wärmeschutzverordnung, Heizanlagen- und Kleinfeuerungsverordnung oder die Steuerbegünstigung für heizölbetriebene Kraft-Wärme-Kopplung), so würden die CO_2-Emissionen im Sektor Kleinverbraucher auf 73,0 Mill. t CO_2 im Jahr 2005 ansteigen. Mit diesen bisher beschlossen Maßnahmen werden es voraussichtlich nur 56,5 Mill. t CO_2 werden, also auch ein 10 %iger Anstieg gegenüber 1995. Durch eine Reihe weiterer Maßnahmen ließe sich dieser Wert auf 47,3 Mill. t CO_2 reduzieren, was durch Überwindung der Hemmnisse auch im Erwartungshorizont des IKARUS-Modells liegt (-9 %).

3.3.5 Möglichkeiten

Durch das IKARUS-Instrumentarium steht ein Hilfsmittel zur Verfügung, verschiedene Strategien zur Begrenzung und Vermeidung von CO_2-Emissionen auf ihre energiewirtschaftlichen Auswirkungen hin zu testen. Der Ist-Zustand im Jahr 1995 bzw. die erwartete Entwicklung in den Jahren 2005 und 2020 ist für alle Subsektoren in der Datenbank abgelegt. Einsparpotentiale und deren Kosten können detailliert nach Branchen und Anwendungsarten ausgewiesen werden, indem z. B. die Geräteausstattung des Ist-Zustandes variiert wird. Durch die Kombination von bereits vorberechneten Sparmaßnahmen kann eine schnelle Abschätzung getroffen werden. Weiterhin können z. B. die Folgen von Veränderungen der Wirtschaftsentwicklung einzelner Branchen des Kleinverbrauchs analysiert werden.

Auswirkungen von gesetzlichen Verordnungen, z. B. einer neuen Energiesparverordnung, könnten mit Hilfe der vorliegenden Daten untersucht werden. Es wäre z. B. folgende Fragestellung möglich: *Wie entwickelt sich der Raumwärmebedarf unter der Prämisse einer Mindest-Wärmeschutzanforderung für zu renovierende Gebäude bis zum Jahr 2005 bzw. 2020?* Aus den vorhandenen sieben wärmetechnischen Maßnahmen an den Gebäuden wird die den Vorgaben entsprechende Variante ausgewählt. Für jedes Typgebäude wird in Abhängigkeit von Renovierungsquoten und der Baualtersklasse der neue Wärmebedarf bestimmt. Neben dem Raumwärmebedarf werden auch die nötigen Zusatzinvestitionen ausgewiesen.

Durch eine Neuverteilung der Geräteausstattung kann für alle Anwendungsarten und Branchen eine energetische und wirtschaftliche Optimierung durchgeführt werden. Daneben könnten die vorhandenen Daten als Hilfsmittel zur Abschätzung der energetischen Effizienz von Betrieben verwendet werden. Da sich in der Datenbank Durchschnittswerte des spezifischen Energieverbrauchs von Gebäuden und Betrieben befinden, könnten diese mit dem Ist-Zustand verglichen werden und so Hinweise auf energetische Schwachpunkte des betrachteten Unternehmens geben.

In der jetzigen Form bietet die IKARUS-Datenbank eine bisher unbekannte Detaillierung energietechnischer und Kosten-Daten, die nicht nur für energie- und klimapolitische Fragestellungen auf Bundesebene genutzt werden können, sondern auch für viele Anwendungen wie beispielsweise spezielle Marktanalysen für Energiedienstleistungsunternehmen, Technologieproduzenten und Energieberater.

Literatur

Gruber, E.; B. Geiger u. a.: Energieverbrauch und Energieeinsparung in Handel, Gewerbe und Dienstleistung. Schlußbericht zum Vorhaben "Strukturierung des Energieverbrauchs im Sektor Kleinverbraucher als Grundlage für die Aktivierung von Energieeinsparpotentialen" für die Deutsche Bundesstiftung Umwelt. Karlsruhe 1998.

Gruber, E.; Brand, M.: Rationelle Energienutzung in der mittelständischen Wirtschaft. Köln: TÜV Rheinland 1990.

Fleißner, E.; E. Thöne: Rationelle Energieanwendung im Kleinverbrauchssektor. Energiewirtschaftliche Tagesfragen 44 (1994) 10.

Ilmberger, F.; G. Pfitzner: Prozeßwärme: Brenner. Forschungsstelle für Energiewirtschaft, München, 1994. IKARUS- Monographien des Forschungszentrums Jülich, Band 8-10.

Ilmberger, F.; G. Pfitzner: Prozeßwärme: Öfen. Forschungsstelle für Energiewirtschaft, München, 1994. IKARUS- Monographien des Forschungszentrums Jülich, Band 8-11.

Ilmberger, F.; G. Pfitzner: Prozeßwärme: Trockner. Forschungsstelle für Energiewirtschaft, München, 1994. IKARUS- Monographien des Forschungszentrums Jülich, Band 8-12.

Kolmetz u. a.. Energieverbrauchsstrukturen im Sektor Kleinverbraucher. Abschlußbericht Teilprojekt 5 "Haushalte und Kleinverbraucher", Sektor "Kleinverbraucher. IKARUS- Monographien des Forschungszentrums Jülich, 1995. ISBN 3-89336-161-8.

Prognos: Energiemärkte Deutschland im zusammenwachsenden Europa. Perspektiven bis zum Jahr 2020. Basel 1995

RWI/Ifo: Gesamtwirtschaftliche Beurteilung von CO_2-Minderungsstrategien. Essen/München 1996

DIW/ISI/STE/Öko-Institut: Politikszenarien für den Klimaschutz. Untersuchungen im Auftrag des Umweltbundesamtes. Band 1: Szenarien und Maßnahmen zur Minderung von CO_2-Emissionen in Deutschland bis zum Jahr 2005. Hrsg.: G. Stein und B. Strobel. Forschungszentrum Jülich 1997.

3.4 Klimaschutzpotentiale im Bereich Raumwärme

Lothar Rouvel, Martin Elsberger, Rainer Heckler[15]

3.4.1 Abgrenzung des Sektors

Aufgabe des Projektpartners Technische Universität München im Rahmen des IKARUS-Projektes ist die Bereitstellung einer Datenbasis für die Simulation und energetische, kosten- und emissionsmäßige Beurteilung von Klimagasreduktionsstrategien für den Bereich **private Haushalte** und den **Raumwärmebereich des Kleinverbrauchs**.

Aktualisiertes Basisjahr der Betrachtungen ist das Jahr 1995. In diesem Jahr betrug der Anteil des Sektors Haushalte am Endenergiebedarf der Bundesrepublik Deutschland ca. 28 %. Ca. 9 % entfielen auf den Raumwärmebereich des Sektors Kleinverbrauch (jeweils ohne Klimabereinigung). Innerhalb des Sektors Haushalte dominiert die Anwendungsart Raumwärme mit einem Anteil von ca. 77 %, im Sektor Kleinverbraucher beträgt der Anteil ca. 52 % (VDI, 1997).

Der Endenergiebedarf für die Raumwärme wird zum einen durch den Heizwärmebedarf (Nutzenergiebedarf) der Gebäude, zum anderen durch die Effizienz des Heizsystems bestimmt. Außerdem hat das Nutzerverhalten einen erheblichen Einfluß auf den Energieverbrauch. Um die energetische Relevanz von wärmetechnischen Sanierungsmaßnahmen an der Gebäudehülle, von Veränderungen des Nutzerverhaltens und Energieeinsparmaßnahmen am Heizsystem kosten- und emissionsmäßig beurteilen und vergleichen zu können, werden Gebäudehülle einschließlich Nutzerverhalten und Heizsystem zunächst getrennt betrachtet. In einem zweiten Schritt werden die Teilsysteme zu einem Gesamtsystem *Gebäude* mittels eines **Gebäudetools**, das direkt in die IKARUS-Datenbank eingebunden ist verknüpft. Hieraus lassen sich Aussagen für die beiden Bereiche **private Haushalte und Kleinverbraucher** ableiten.

In Kapitel 3.4.4 wird zudem ein **Raumwärmemodell** beschrieben, das eine von der IKARUS-Datenbank isolierte Betrachtung des **Wohnbereichs** ermöglicht.

3.4.2 Methodik der Datenerhebung

Zur Hochrechnung des Raumwärmebedarfs auf volkswirtschaftlicher Ebene muß der Gebäudebestand nach Gebäudegröße, Baualter, wärmetechnischem Standard und Nutzung typisiert werden (Abb. 3.4.1). Durch eine Typisierung wird der Gebäudebestand mittels einiger weniger Einzeltypen, die energetisch beschrieben werden können, abgebildet. Für diese Einzeltypen werden spezifische Kennwerte (z.B. Heizwärmebedarf pro Quadratmeter Wohnfläche) bestimmt, die mit Bestandsdaten (z.B. Gesamtwohnfläche für die Einzeltypen) hochgerechnet werden

---

[15] Von R. Heckler wurde der Beitrag zum Raumwärmemodell verfaßt.

können. Insbesondere ökonomische Kennwerte für Energieeinsparmaßnahmen können anhand von Typgebäuden detailliert ermittelt werden, da sich die dabei anfallenden Kosten als sehr gebäudespezifisch erweisen.

Abb. 3.4.1 Übersicht der erfaßten Typgebäude mit ausgewählten Beispielen

Das zur Bereitstellung der Heizwärme benötigte Heizungssystem wird ebenfalls - getrennt nach Heizwärme- und Warmwasserverteilung sowie Wärmeerzeuger - typisiert, d.h. für die verschiedenen Systeme werden energie-, kosten- und emissionsrelevante Kennwerte bzw. Kennlinien angegeben. Das Gebäude (Typ und Wärmedämmstandard), die Heizwärme- und Warmwasserverteilung sowie der Wärmeerzeuger können vom Nutzer der IKARUS-Datenbank nahezu beliebig zu einem Gesamtsystem kombiniert werden. Hierzu sowie zur Ermittlung des Endenergiebedarfs, der Emissionen und der Investitionen eines solchen Gesamtsystems dient ein am Lehrstuhl für Energiewirtschaft und Kraftwerkstechnik entwickeltes Berechnungsprogramm, das in die IKARUS-Datenbank als "Gebäudetool" integriert ist. Anhand der Beheizungstruktur kann der Endenergiebedarf und die Vor-Ort-Emissionen hochgerechnet werden. Die Bewertung der vorgelagerten Emissionen wird in den Teilprojekten 3 (Primärenergie) und 4 (Umwandlung) des IKARUS-Projekts behandelt.

3.4.2.1 Wohngebäude

Für den Gebäudebestand (Wohngebäude) in den alten Bundesländern ist vom Institut für Wohnen und Umwelt (IWU), Darmstadt, eine Typologie erstellt worden (IWU, 1991). Die Bestandsdaten (alte Bundesländer) und die Beheizungsstruktur für die alten Bundesländer wurden vom Statistischen Bundesamt (StBA) aus der 1 %-Wohnungs- und Gebäudestichprobe 1993 sowie den Fachserien 5 "Bautätigkeit und Wohnungen" der Jahre 1993-95 aufbereitet. Die Zuordnung der 30 vom IWU beschriebenen Typgebäude zu den vom Statistischen Bundesamt bei der 1 %-Gebäude- und Wohnungsstichprobe 1993 erhobenen Bestandszahlen ist nicht eindeutig, da vom StBA außer Baualter und Gebäudegröße (Anzahl der Wohneinheiten) keine weiteren Gebäudemerkmale erhoben wurden, die eine eindeutige Zuordnung zulassen.

Vom StBA werden 5 Gebäudegrößen unterschieden: 1, 2, 3–6, 7–12 und >12 Wohneinheiten. Von Teilvorhaben 5 (Haushalte und Kleinverbraucher) des IKARUS-Projekts sind daher die Typgebäude mit der Bezeichnung "Einfamilienhaus" den StBA-Gebäuden mit zwei Wohneinheiten, die Typgebäude "Reihenhaus/Doppelhaushälften" den Gebäuden mit einer Wohneinheit zugewiesen, obwohl beide Typen mit 1 oder 2 Wohneinheiten verwirklicht sein können (Einliegerwohnungen). Die übrigen Typgebäude stimmen mit der Klassifizierung des StBA überein.

Die Baualtersklassen der Gebäude sind beim StBA detaillierter als bei IWU angegeben. Sie können aber zu Baualtersklassen so zusammengefaßt werden, daß Deckung mit der IWU-Gliederung erreicht wird. Lediglich die Baualtersklasse -1918 tritt beim IWU bei den Einfamilienhäusern und den kleinen Mehrfamilienhäusern doppelt auf, zum einen als Fachwerkhaus und zum anderen als Massivhaus. Das Fachwerkhaus wurde von Teilvorhaben 5 jeweils in die Baualtersklasse -1900, das Massivhaus in die Baualtersklasse 1901–1918 entsprechend der StBA-Gliederung eingereiht.

Für Gebäude mit 7–12 Wohneinheiten der Baualtersklasse zwischen 1979 und 1987 (nach Gebäude- und Wohnungszählung) existiert bei IWU kein Pendant. Für diese beiden Häuser müssen für die Hochrechnung Schätzdaten angesetzt werden. Gebäude mit >12 Wohneinheiten der Baualtersklassen vor 1958 und nach 1978 haben in der IWU-Typologie ebenfalls kein Gegenstück. Die Bestandszahlen dieser Gebäude werden den großen Mehrfamilienhäusern zugerechnet.

Wie aus Tabelle 3.4.1 hergeleitet werden kann, befinden sich ca. 60 % der Wohnflächen des Wohngebäudebestandes in Ein- und Zweifamilienhäusern. Ca. 30 % der Gesamtfläche aller Gebäude wurde vor 1948 gebaut, lediglich ca. 20 % nach 1978, d.h. nach Inkrafttreten der I. Wärmeschutzverordnung. Hieraus wird deutlich, daß bei zukünftigen Maßnahmen zur Energieeinsparung zum einen der private Hausbesitzer angesprochen werden muß und zum anderen der Altbestand eine große Rolle spielen wird.

Analog zur IWU-Typologie für den Gebäudebestand der alten Bundesländer ist vom Institut für Heizung, Lüftung und Grundlagen der Bautechnik (IHLGB), Berlin für den Wohngebäudebestand der neuen Bundesländer eine Typologie erarbeitet worden (IHLGB, 1991). Für die neuen Bundesländer wird bezüglich der Wohnflächenbestandsdaten und der Beheizungsstruktur auf die Gebäude- und Wohnungszählung 1995 des Statistischen Bundesamtes zurückgegriffen.

Auf dieser Basis sind 14 repräsentative Gebäude ausgewählt und detailliert beschrieben worden (IHLGB, 1991). Die Struktur der Typologie ist nicht mit der IWU-Typologie für die alten Bundesländer vergleichbar. Die nach 1946 gebauten Mehrfamilienhäuser sind im wesentlichen industriell errichtet. Sie unterscheiden sich durch Montageart und wärmetechnischen Standard.

Im Gegensatz zu den alten Bundesländern beträgt der Flächenanteil der Ein- und Zweifamilienhäuser in den neuen Bundesländern nur ca. 40 % des Bestandes. Davon sind ca. 64 % vor 1946 gebaut. Von den Mehrfamilienhäusern wurden ca. 40 % vor 1946 erstellt. Die Gebäude- und Altersstruktur in den neuen Bundesländern unterscheidet sich damit wesentlich von der in den alten Bundesländern.

In Tabelle 3.4.1 ist die Wohnflächenaufteilung dieser Typgebäude für den Gebäudebestand der alten und neuen Bundesländer des Jahres 1995 dargestellt.

Für den gesamten Neubaubereich hat das Fraunhofer-Institut für Bauphysik (IBP), Stuttgart eine Typologie erstellt (IBP, 1992). Zur Beschreibung dieser Typgebäude sind zunächst aus der Gebäudestatistik des Statistischen Bundesamtes die mittleren Wohnflächen für heutige Neubauten ermittelt worden (StBA, 1990). Weitere Gebäudekenndaten sind aus abgeschlossenen und laufenden Forschungsvorhaben des IBP sowie aus Daten, die von Wohnungsbaugesellschaften zur Verfügung gestellt wurden, errechnet. Diese Typgebäude sind somit keine realen Objekte, sondern stellen den statistischen Mittelwert der untersuchten Gebäudekenngrößen dar.

Tabelle 3.4.1 Wohnflächenaufteilung nach Typgebäuden für das Jahr 1995

GEBÄUDETYP	BAUALTERSKLASSE	WOHNFLÄCHENBESTAND [1000 m²]	SPEZ. HEIZWÄRMEBEDARF [kWh/(m² a)]
	Alte Bundesländer		
Einfamilienhaus	bis 1900	46.600	261,4
	1901-18	31.700	202,0
	1919-48	65.000	201,1
	1949-57	67.300	255,2
	1958-68	82.300	169,8
	1969-78	79.200	135,7
	1979-83	33.500	120,1
	1984-95	52.900	112,2
Reihenhaus/ Doppelhaushälfte	bis 1918	143.200	202,8
	1919-48	120.800	173,4
	1949-57	121.500	160,9
	1958-68	148.500	158,6
	1969-78	202.600	138,3
	1979-83	93.500	127,5
	1984-95	155.100	102,4
Kleines Mehrfamilienhaus (3-6 Wohneinh.)	bis 1900	41.800	178,5
	1901-18	43.100	196,7
	1919-48	61.100	155,2
	1949-57	71.900	183,1
	1958-68	87.800	186,4
	1969-78	72.900	130,0
	1979-83	21.500	99,5
	1984-95	50.000	67,8
Großes Mehrfamilienhaus (7-12 Wohneinheiten)	bis 1918	61.400	126,4
	1919-48	37.500	180,9
	1949-57	80.300	145,4
	1958-68	67.100	165,1
	1969-78	52.900	138,2
	1979-83	28.300	99,5
	1984-95	64.800	67,9
"Hochhaus" (>13 Wohneinheiten)	1958-68	31.100	97,3
	1969-78	67.900	89,5
Summe		2.385.100	
	Neue Bundesländer		
Einfamilienhaus	bis 1918	76.500	224,1
	1919-45	49.500	245,4
	1946-70	25.600	260,4
	1971-85	22.000	190,9
	1986-95	24.900	135,9
Kleines Mehrfamilienhaus	bis 1918A	5.500	206,5
	bis 1918B	36.500	170,2
	bis 1918C	26.200	145,9
	1919-45	28.700	158,1
	1946-60	27.800	138,1
	1961-95	58.200	134,1
Gr. Mehrfamilienhaus	1970-85	44.000	96,0
"Hochhaus" (>13 Wohneinheiten)	1970-85A	19.200	92,8
	1970-85B	5.200	93,0
Summe		449.800	
Summe Deutschland gesamt		2.834.900	

3.4.2.2 Nichtwohngebäude

Für den Nichtwohnbereich der alten Bundesländer hat ebenfalls das Fraunhofer-Institut für Bauphysik (IBP) eine Klassifizierung von 21 Typgebäuden und drei Baualtersklassen vorgenommen. Für die neuen Bundesländer ist eine Gebäudetypisierung von der Gesellschaft für wirtschaftliche Energienutzung Leipzig erarbeitet worden. Die aktualisierten Bestandsdaten für das Jahr 1995 basieren auf einer umfangreichen Studie zum Kleinverbrauchsbereich, die vom Lehrstuhl für Energiewirtschaft und Kraftwerkstechnik der Technischen Un3ersität München, der Forschungsstelle für Energiewirtschaft (FfE) München und dem Fraunhofer-Institut für Systemtechnik und Innovationsforschung (ISI) Karlsruhe für die Deutsche Bundesstiftung Umwelt ausgeführt wurde (DBU, 1998). Näheres zum Nichtwohnbereich ist dem Kapitel "Energieverbrauchsstrukturen im Sektor Kleinverbraucher" zu entnehmen.

Das Datengerüst für die betrachteten Techniken zur Bereitstellung von Raumwärme und Warmwasser ist von der Forschungsstelle für Energiewirtschaft (FfE) im Rahmen von Teilprojekt 8 "Querschnittstechnologien" erarbeitet worden. (FfE, 1992–1994).

Eine entsprechende Vorgehensweise ist auch für den Teilbereich Haushaltsgeräte gewählt worden. Es werden energierelevante Kennwerte durchschnittlicher Geräte in Abhängigkeit von Alter, Herstellungsjahr und Nutzung bestimmt und mit Hilfe des Ausstattungsgrades der Haushalte mit diesen Geräten Hochrechnungen durchgeführt.

3.4.2.3 Berechnungsgrundlagen

Im folgenden werden die Grundlagen für die energetische Bewertung der Typgebäude beschrieben. Zunächst wird das Bewertungsverfahren, dann die Randbedingungen der klimatischen, bauphysikalischen und nutzerbedingten Einflüsse erläutert. Diese Standardbedingungen gelten für alle erfaßten Wohngebäude. Weitere Details finden sich in Bericht TP 5-11 (Gülec et al., 1993), der im Rahmen der IKARUS-Berichtsreihe erschienen ist.

Berechnungverfahren für den Heizwärmebedarf: Da die Gebäudetypologien für Wohngebäude, Nichtwohngebäude und Neubau sowohl für die alten als auch für die neuen Bundesländer von verschiedenen Instituten erarbeitet wurden, muß eine einheitliche Berechnungsgrundlage zur energetischen Bewertung (Heizwärmebedarf) sichergestellt werden. So wurde z.B. von Instituten der neuen Bundesländer z.T. die Gebrauchsenergie statt der Nutzenergie verwendet. Gebrauchsenergie für Raumwärme ist die vom Wärmeerzeuger ins Gebäude eingespeiste Wärme und enthält somit auch die Regelungs- und Verteilungsverluste für das Heizsystem. Außerdem werden unterschiedliche Standardbedingungen und Berechnungsverfahren verwendet.

Zur energetischen Bewertung der Gebäude wurde nach Prüfung und Diskussion verschiedener Berechnungsverfahren das Verfahren nach der europäischen CEN-Norm 832 "Wärmetechnisches Verhalten von Gebäuden - Berechnung des Heizenergiebedarfs" als geeignet ausgewählt. Dieses Berechnungsverfahren beruht auf der monatsweisen Bilanzierung der Wärmeverluste und der verfügbaren

Wärmegewinne. Der Ausnutzungsgrad der Wärmegewinne wird aus dem Verhältnis der Wärmegewinne zu den Wärmeverlusten und der relativen Wärmespeicherkapazität (Auskühlzeitkonstante) des Gebäudes bestimmt. Aus den Monatswerten werden die Jahreswerte aufaddiert. Nach diesem Verfahren wurde vom IBP Holzkirchen das Softwarepaket "EUROWSV" (bezüglich des Berechnungsalgorithmus identisch mit dem marktgängigen Gebäudesimulationsprogramm "HELENA") entwickelt und an die Erfordernisse des IKARUS-Teilvorhabens 5 angepaßt.

Klimadaten: Als klimatische Voraussetzungen werden der Außentemperaturverlauf und die solaren Einstrahlungsparameter des Testreferenzjahres *Würzburg* gewählt. Der Referenzort Würzburg spiegelt nach VDI 3807 (Energieverbrauchskennwerte für Gebäude) die mittleren klimatischen Verhältnisse in der Bundesrepublik Deutschland unter Berücksichtigung der Bevölkerungsdichte wider.

Einfluß des Wärmedämmstandards: Die Wärmeverluste eines Gebäudes setzen sich aus Transmissions- und Lüftungswärmeverlusten zusammen. Die Transmissionswärmeverluste der opaken Außenflächen werden vom Wärmedurchgangskoeffizienten k und der Temperaturdifferenz zwischen Außen- und Raumluft bestimmt. Die k-Werte für die Typgebäude sind von den bearbeitenden Instituten ermittelt oder abgeschätzt worden und werden von Teilvorhaben 5 für den Ursprungszustand der Typgebäude übernommen. Der 1 % -Wohnungs- und Gebäudestichprobe 1993 des Statistischen Bundesamtes sind Daten zu nachträglich durchgeführten Dämmaßnahmen entnommen und auf die Typgebäude übertragen worden, die somit den tatsächlichen, derzeitigen mittleren Bauzustand der Gebäudetypen repräsentieren. Neben dem Istzustand der Gebäude sind jeweils bis zu 21 Gebäudevarianten zu jedem Typgebäude in der IKARUS-Datenbank enthalten, die verschiedene Wärmedämmniveaus der Gebäude widerspiegeln. Hierzu sind aus einer Vielzahl von Einzelmaßnahmen 23 sinnvolle Maßnahmenpakete zusammengestellt und auf die Typgebäude angewendet worden. Neben der energetischen Auswirkung der Maßnahmen können auch die zugehörigen spezifischen Investitionen der Datenbank entnommen werden.

Für das zugrundegelegte wärmetechnische Dämmniveau des Neubaubereichs wird vom heutigen Verordnungsstandard (WärmeschutzV 1995) ausgegangen. Da es sich beim Neubau jedoch um eine zukünftige Technik handelt und die weitere Entwicklung sicher nicht auf dem heutigen Stand verharren wird, sind die gleichen Gebäude auch mit verbesserten wärmetechnischen Eigenschaften in die IKARUS-Datenbank eingespielt. Diese Verbesserungen umfassen zwei Varianten, die einen gegenüber den Anforderungen der Wärmeschutzverordnung 1995 um ca. 15 % bzw. ca. 30 % verbesserten Dämmstandard aufweisen.

Bei der Bilanzierung des Heizwärmebedarfs ist auch die Wärmespeicherkapazität des Gebäudes von Bedeutung. Hierzu tragen vor allem die Innenbauteile bei. Da über deren Anteil keine bzw. nur sporadische Angaben vorhanden sind, sind diese Flächen abgeschätzt worden.

Nutzerbedingte Einflüsse: Der Nutzer eines Gebäudes kann den Heizwärmeverbrauch durch die gewünschte Raumsolltemperatur, das Lüftungsverhalten und die Heizungsregelung in einem weiten Bereich beeinflussen. Die Hausgeräteausstattung wirkt als innere Wärmequelle und nimmt somit indirekt Einfluß auf den Wärmeverbrauch. Die Quantifizierung des Nutzerverhaltens gestaltet sich aufgrund der großen Variationsbreite äußerst schwierig. Anhand von eigenen und fremden Untersuchungen (Literaturwerte), durch Abgleich der hochgerechneten Ergebnisse mit der Energiebilanz und mit Hilfe langjähriger Erfahrung werden von Teilvorhaben 5 plausible Parameter hergeleitet. Diese Parameter können im konkreten Einzelfall deutlich von den hier gewählten abweichen.

Die Raumsolltemperatur muß sowohl räumlich - über das gesamte Gebäude (soweit dieses als ein Gebäude mit nur einer Temperaturzone betrachtet wird) -, als auch zeitlich - über die gesamte Hauptnutzungszeit während der Heizperiode - gemittelt werden.

Nach Auswertung von Literaturstellen (siehe Bericht TP 5-11) resultiert abhängig vom Gebäudetyp (Einfamilienhaus - Mehrfamilienhaus) und Wärmedämmstandard (Altbau - Niedrigenergiehaus) ein Mittelwert der effektiven Rauminnentemperatur in der Heizperiode zwischen ca. 18,5°C und 20,5°C bezogen auf die beheizten Räume. *Für die Hochrechnung wird standardmäßig mit 18,5°C mittlerer Raumsolltemperatur bei Einfamilienhäusern und 19,5°C bei Mehrfamilienhäusern gerechnet.* Dabei ist die Minderheizung in Schlafräumen, Treppenhäusern, Fluren, Gästezimmern etc. berücksichtigt. Insbesondere von älteren Menschen bewohnte Wohnungen sind oft nur zu einem geringen Teil beheizt. Bei Wohnungen mit Einzelofenheizung wird in der Regel ebenfalls nur ein Teil der Wohnräume beheizt, wodurch sich die mittlere Rauminnentemperatur verringert. *Der Minderbedarf solcher Wohnungen wird durch die Reduktion des Beheizungsumfanges auf 80 % des Heizwärmebedarfs bei Ein- und Zweifamilienhäuser und 85 % bei Mehrfamilienhäusern berücksichtigt.* Die mittlere Dauer der Nachtabsenkung (Nachtabschaltung) wird mit 8 h (von 22 Uhr bis 6 Uhr) angesetzt. Die minimale Rauminnentemperatur während der Nachtabsenkung wird auf 14°C begrenzt, da dieser Wert üblicherweise auch bei Nachtabschaltung nicht unterschritten wird. Von Mitte April bis Mitte September wird von einer Heizungsabschaltung ausgegangen. Die zur Berechnung der Lüftungswärmeverluste notwendigen Parameter sind das beheizte Nettovolumen des Gebäudes und der mittlere Luftwechsel. Hierbei ist zu unterscheiden zwischen den direkt belüfteten Räumen und den indirekt belüfteten (Flur, innenliegende Naßräume, Treppenhaus etc.), da sich bei den ersteren ein höherer Luftwechsel als bei den letzteren einstellt. Unter Berücksichtigung der mittleren Aufenthaltsdauer in den einzelnen Räumen durch die Nutzer von ca. 16 h/d, einem Luftwechsel von 1 1/h während Anwesenheit und von 0,3 1/h während Abwesenheit ergibt sich bezogen auf die direkt belüfteten Räume ein mittlerer Luftwechsel von ca. 0,75 1/h. Bezogen auf das Gesamtgebäude liegt dieser Wert dann bei 0,6 1/h (das Verhältnis direkt belüftete Wohnfläche zu Nettogrundfläche beträgt ca. 0,8). *Daher wird für die Hochrechnung standardmäßig ein mittlerer Luftwechsel von 0,6 1/h bezogen auf den gesamten Nettorauminhalt der Typgebäude angesetzt.* Beim Vergleich der Hochrechnung des Heizwärmebedarfs mit anderen Studien sowie der Energiebilanz zeigte sich, daß die oben abgeleiteten Werte für Raumsolltemperatur und Luftwechsel realistische Ergebnisse liefern und keiner weiteren Korrektur bedürfen.

Durch die Wärmeabgabe des Menschen, der Beleuchtung, der Haushaltsgeräte und der Warmwasserversorgung findet ein Wärmeeintrag ins Gebäude statt, der zu einer Verringerung des Heizwärmebedarfs führt. Die Wärmeabgabe des Menschen beträgt bei einer Wärmeleistung (ohne Latentwärme) von ca. 80-90 W pro Person und einer mittleren Aufenthaltsdauer von 16 h pro Tag ungefähr 1,4 kWh/d pro

Person. Der Wärmeeintrag durch Geräte und Maschinen ergibt sich unter der Voraussetzung eines durchschnittlichen 2,7-Personen-Haushaltes zu 5,4 kWh/d pro Haushalt (Rouvel, 1984). Hierbei sind nur die nutzbaren Wärmegewinne einbezogen, d.h. Wärme, die beispielsweise über das Abwasser das Haus sofort wieder verläßt, ist nicht berücksichtigt.

Die Wärmegewinne durch die Nutzung von Warmwasser werden mit ca. 3 kWh/d bewertet. Die Wärmegewinne durch die Warmwasserverteilung vom Wärmeerzeuger zur Zapfstelle sind hier nicht eingerechnet, sondern werden bei der Bewertung des Heizsystems betrachtet. *Somit lassen sich die inneren Wärmequellen standardmäßig zu ca. 5 W/m²$_{Wohnfläche}$ ansetzen* (Rouvel, 1984).

3.4.2.4 Kombinationsmöglichkeiten mittels eines Gebäudetools für den Anwender der Datenbank

Für die Ermittlung des Endenergiebedarfs, der Emissionen und der Investitionskosten für die Wärmeerzeugung müssen die Typgebäude mit Heizungssystemen verknüpft werden (Abb. 3.4.2). Die Kennwerte verschiedenster Heizungssysteme sind von der Forschungsstelle für Energiewirtschaft (FfE) München ermittelt worden und in den Berichten TP 5-16, TP 5-19, TP. 5-25, TP 5-26, TP 5-27 und TP 5-30 des IKARUS-Projekts detailliert beschrieben. Dabei werden prinzipiell drei Wärmeerzeugerarten unterschieden, die untereinander kombiniert sein können:
– Wärmeerzeuger *WE 1*: konventionell (FfE, 1993a)
   WE 11: Zentralheizung (Gas/Öl/Fernwärme/Strom)
   WE 12: Etagenheizung (Gas)
   WE 13: Einzelöfen (Gas/Öl/Kohle/Strom)
   WE 14: Elektrofußbodenheizung
   WE 15: Lufterhitzer (FfE, 1993d)
– Wärmeerzeuger *WE 2*: nichtkonventionell
   WE 21: Solarkollektor (FfE, 1992)
   WE 22: Wärmepumpe (Kompression/Absorption) (FfE, 1993c)
   WE 23: Blockheizkraftwerke (BHKW) (FfE, 1993b)
– Wärmeerzeuger *WE 3*: konventionelle Warmwasserbereitung (FfE, 1993a)
   WE 31: Durchlauferhitzer (Gas/Strom)
   WE 32: Einzelspeicher: (Gas/Strom)
   WE 33: Zentrale Warmwasserbereitung mit getrenntem Kessel

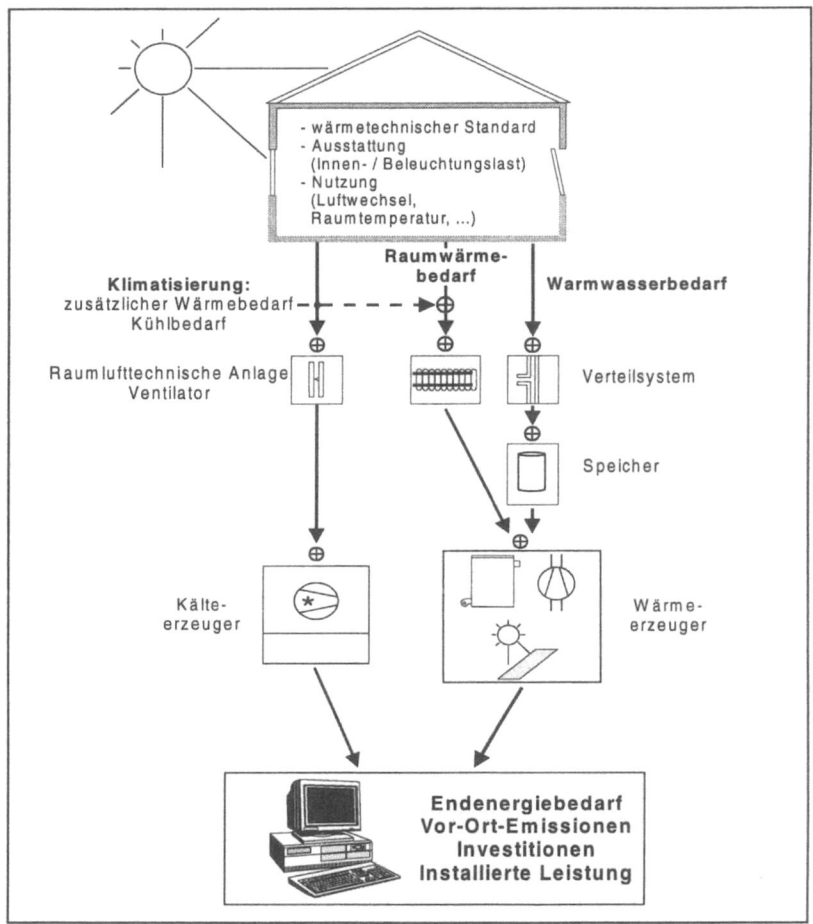

Abb. 3.4.2 Kombinationsmöglichkeiten des Gesamtsystems Gebäude/Gebäudetechnik im Gebäudetool der IKARUS-Datenbank

Neben üblichen Zentralheizungen (vom Festbrennstoff- bis zum Brennwertkessel)sind als weitere Heizungstechniken *(WE 1)* wohnungszentrale Heizungsanlagen untersucht worden. Hierbei sind Gas-Umlauf- und Kombiwasserheizer mit und ohne Brennwertnutzung sowie mit und ohne Speicher berücksichtigt.

Zur dezentralen Raumheizung sind Gas-, Öl-, Kohle- und Elektro-Einzelöfen beschrieben. Zur Warmwasserbereitung mit dezentralem und getrenntem zentralen Warmwasserbereiter *(WE 3)* können gasbefeuerte oder elektrische Durchfluß- bzw. Speicherwassererwärmer zum Einsatz kommen. Für die neuen Bundesländer wurde auch ein Kohlebadeofen in die Untersuchung mit aufgenommen.

Für nichtkonventionelle Systeme *(WE 2)* sind Elektro- und Absorptionswärmepumpen mit Außenluft, Erdreich und Grundwasser als Wärmequellen betrachtet worden. Desweiteren werden Blockheizkraftwerke (Magermotor mit Oxidationskatalysator, Motor mit 3-Wege-Katalysator) analysiert. Zur Warmwassererzeugung sowie zur unterstützenden Heizwärmebereitung werden auch Sonnenkollektoren einbezogen.

Tabelle 3.4.2 zeigt die acht möglichen, prinzipiellen Varianten, wie diese Wärmeerzeuger (im Gebäudetool) miteinander kombiniert sein können. Um die Übersicht zu bewahren, ist davon ausgegangen worden, daß jeweils nur maximal zwei verschiedene Wärmeerzeuger für Heizung und Warmwasser eingesetzt werden. Die wenigen Fälle, die mit diesem Schema nicht abgebildet werden, sind in der Realität kaum vertreten.

Dem Nutzer steht somit eine nahezu unbegrenzte Anzahl von Kombinations- und Eingriffsmöglichkeiten durch das Gebäudetool zur Verfügung, die sich in fünf Ebenen untergliedern läßt:

1. Typgebäudeauswahl (51 Wohngebäude, 82 Nichtwohngebäude)
2. Auswahl des Wärmedämmstandards (bis zu 21 Varianten je Typgebäude für den Gebäudbestand, 3 Varianten für den Neubaubereich)
3. Auswahl der Verteilsysteme (Heizung - z. B. Einrohr waagrecht, Fußbodenheizung, dezentrale Heizungsverteilung; Warmwasser - zentral und dezentral) mit jeweils 3 Varianten des Wärmedämmstandards (bezogen auf die Heizungsanlagenverordnung)
4. Auswahl des grundsätzlichen Heizsystemkonzepts entsprechend Tabelle 3.4.2 mit anschließender Auswahl der Einzelgeräte (Kessel, Wärmepumpen, Fernwärme-Hausstationen, Wassererwärmer etc.)
5. Festlegung nutzerbedingter Einflüsse:
   – Wahl des tatsächlichen Beheizungsumfangs (60 %, 80 % oder 100 % der Wohnfläche des Gebäudes)
   – Wahl des Lüftungsverhaltens (Standardluftwechsel, Sparverhalten oder erhöhter Luftwechsel)
   – Wahl der durchschnittlichen Raumtemperatur (Standardraumtemperatur; Standard - 2 Kelvin, Standard + 2 Kelvin, Standard + 4 Kelvin)
   – Festlegung des Warmwasserbedarfs (Liter pro Person) und der Warmwassertemperatur
   – Festlegung der Personenbelegung des Gebäudes ($m^2_{Wohnfläche}$/Person)

Neben der Betrachtung von Heizungssystemen besteht für den Anwender des Gebäudetools zudem die Möglichkeit, verschiedene Raumlufttechnische (RLT-) Anlagen in Kombination mit Kälteerzeugern in ein Gebäude aus dem Nichtwohnbereich einzubinden und energetisch sowie kostenmäßig zu untersuchen

Bei der Bildung von Systemkombinationen wird zwischen *konventionellen (A)* und *nichtkonventionellen (B) Heizungssystemen* sowie *konventionellen (C)* und *nichtkonventionellen (D) Warmwasserbereitungssystemen* unterschieden (Tabelle 3.4.2).

Tabelle 3.4.2 Kombinationsmöglichkeit verschiedener Wärmeerzeuger

System	Variante	Heizungssystem		Warmwasserbereitungssystem	
		A	B	C	D
Zentrale HZG Und WWB	1	WE1		WE1	
	2	WE1		WE1	WE2
	3	WE1	WE2	WE1	WE2
	4		WE2		WE2
Zentrale HZG und Getrennte WWB	5	WE1		WE3	
	6	WE1		WE3	WE2
dez. HZG und Getrennte WWB	7	WE1		WE3	
	8	WE1		WE3	WE2

HZG = Heizung WWB = Warmwasserbereitung
HZG-*System A*: konventionell (zentral/dezentral)   HZG-*System B*: nichtkonventionell
WWB-*System C*: konventionell (zentral/dezentral)   WWB-*System D*: nichtkonventionell
Wärmeerzeuger *WE 1*: konventionell
Wärmeerzeuger *WE 2*: nichtkonventionell
Wärmeerzeuger *WE 3*: konventionelle Warmwasserbereitung

Variante 1: konventionelles zentrales Heizungssystem mit zentraler Warmwasserbereitung
Variante 2: konventionelles zentrales Heizungssystem mit nichtkonventioneller zentraler Warmwasserbereitung, Spitzenlastdeckung der Warmwasserbereitung durch konventionelles Heizungssystem
Variante 3: nichtkonventionelles zentrales Heizungs- und Warmwasserbereitungssystem mit konventioneller Spitzenlastdeckung
Variante 4: rein nichtkonventionelles, zentrales Heizungs- und Warmwasserbereitungssystem
Variante 5: zentrales Heizungssystem mit dezentralem oder getrenntem, konventionellem Warmwasserbereitungssystem
Variante 6: zentrales Heizungssystem mit nichtkonventionellem Warmwasserbereitungssystem und konventioneller Zusatzheizung
Variante 7: dezentrales Heizungssystem mit dezentralem oder getrenntem, konventionellem Warmwasserbereitungssystem
Variante 8: dezentrales Heizungssystem mit nichtkonventionellem Warmwasserbereitungssystem und konventioneller Zusatzheizung

Um den Energiebedarf für zentrale und dezentrale Warmwasserbereitung vergleichen zu können, wird das Heiz- und Warmwasserbereitungssystem getrennt behandelt, auch wenn nur *ein* zentraler Wärmeerzeuger vorhanden ist. Dies wird erreicht, indem die energetischen Kennwerte des Heizsystems sowohl im reinen Heiz- als auch im kombinierten Heiz- und Warmwasserbereitungsbetrieb berechnet werden. Durch Differenzbildung können die Kennwerte dann den verschiedenen Betriebsarten (Heizung, Warmwasser) zugeordnet werden.

Durch diese strikte Trennung der Wärmeerzeuger (konventionell, nichtkonventionell) und Betriebsart (Heizung, Warmwasser) wird eine modulare Charakterisierung der Systeme möglich. Hierdurch können z.B. die Emissionen multivalenter Systeme mit verschiedenen Energieträgern identifiziert werden. Auch zentrale und dezentrale Warmwasserbereitungssysteme werden vergleichbar. Ein weiterer Vorteil besteht darin, daß nicht alle Kombinationen berechnet werden müssen, sondern daß der Nutzer bisher nicht von Teilvorhaben 5 in die IKARUS-Datenbank eingespielte Systemkonfigurationen selbst untersuchen kann. Hierzu kommt das in die IKARUS-Datenbank integrierte Gebäudetool zum Einsatz.

In den Datenprofilen der Wärmeerzeuger sind neben der Beschreibung des energetischen Verhaltens (Energiebedarfskennlinie, Hilfsenergieverbrauch, Bereitschaftsverluste) auch wirtschaftliche Gesichtspunkte wie bauliche Kosten, Investitionen (letztere als Kennlinie in Abhängigkeit von der Nennleistung), Instandhaltungskosten, Beseitigungskosten und die technische Lebensdauer einbezogen. Alle Kostenangaben verstehen sich *ohne Mehrwertsteuer* und *mögliche Subventionen*. Die Emissionen sind als Faktoren in Abhängigkeit von den Endenergiebedarfswerten angegeben, wobei das Teillastverhalten aufgrund fehlender Ausgangsdaten nicht berücksichtigt ist. Für Beispiele zu den Datenblättern sei auf die Berichte TP 5-25, TP 5-26 und TP 5-27 des IKARUS-Projekts verwiesen.

Mit Hilfe des Gebäudetools können Einzelgebäude (Auswahl eines Typgebäudes) energetisch analysiert und die Auswirkungen verschiedenster Maßnahmen (Gebäude, Verteilsystem, Wärmeerzeuger, Nutzerverhalten) untersucht werden. Zur kurzfristigen Analyse des gesamten Gebäudebereichs Deutschlands wurden von Teilvorhaben 5 Mixgebäude entsprechend der Flächenverteilung der Einzeltypgebäude in die Datenbank eingespielt. Diese Gebäude können ebenfalls mit Hilfe des Gebäudetools in verschiedenen Kombinationsvarianten berechnet werden, um Aussagen über den Bundesdeutschen Zustand bzw. die Entwicklung sowie möglicher Entwicklungsszenarien (z. B. Veränderung des Energieträgermix, Einsatz neuer Technik (Brennwertkessel, Wärmepumpen u.s.w.), Effizienz von Fensteraustausch oder Wärmedämmaßnahmen) zu erhalten. Mit Hilfe eines künftig in die Datenbank eingebundenen **Hochrechnungstools** wird zudem die Möglichkeit gegeben sein, Hochrechnungen nicht nur für Gesamtdeutschland (aus den Mixgebäuden) vorzunehmen, sondern entsprechend der bekannten Gebäude- und Versorgungsstruktur eines kleinräumigeren Bereichs (Bundesländer, Landkreise, Gemeinden, Siedlungen) entsprechende Analysen für nahezu beliebige Gebiete vorzunehmen.

3.4.3 Technologische Entwicklung, Ergebnisse

Die Hochrechnung für den Wohngebäudebestand der alten Bundesländer ergibt einen klimabereinigten Nutzenergiebedarf für Raumwärme für das Jahr 1995 von ca. 363 TWh, der neuen Bundesländer von ca. 77 TWh. Der Endenergiebedarf für Raumwärme ermittelt sich daraus klimabereinigt zu ca. 465 TWh in den alten Bundesländern und zu ca. 115 TWh in den neuen Bundesländern. Für die Warmwasserbereitung wird ein Endenergiebedarf von ca. 76 TWh in den alten und ca. 15 TWh in den neuen Bundesländern bestimmt. Die Haushaltsgeräte tragen in den alten Bundesländern weitere ca. 83 TWh, in den neuen weitere ca. 19 TWh zur Energiebilanz bei. Dieser hochgerechnete Gesamtendenergiebedarf für die alten und neuen Bundesländer zeigt (Raumwärmebedarf klimabereinigt) nur geringfügige Abweichungen (unter 4 %) von der Energiebilanz des Jahres 1995.

Dieser Energiebedarf ist mit lokalen d.h. *vor Ort entstehenden* CO_2-Emissionen von ca. 115 Mt in den alten und 39 Mt in den neuen Bundesländern für Raumheizung und Warmwasserbereitung im Jahr 1995 verbunden. Die bei der Umwandlung und Exploration entstehenden Emissionen werden bei den Teilprojekten 3 und 4 behandelt. Der Raumwärmebedarf sowie der damit verbundene Energiebedarf des Nichtwohnbereichs wird im Kapitel "Energieverbrauchsstrukturen im Sektor Kleinverbraucher" näher erläutert.

Aufbauend auf der Analyse des Istzustandes werden in einem weiteren Schritt Energiesparmaßnahmen am Bestand energetisch und kostenmäßig bewertet. Hierzu werden aus einer detaillierteren Untersuchung zu durchschnittlichen Investitionen für Energiesparmaßnahmen *insgesamt 23 Einzelmaßnahmen ausgewählt und zu sinnvollen Maßnahmenpaketen zusammengestellt.* Durch Simulation dieser Sanierungspakete anhand der Typgebäude können Aussagen zum Einsparpotential und zu den Investitionen getroffen werden.

Bei der kostenmäßigen Beurteilung wird zwischen Gesamtinvestitionen und Zusatzinvestitionen unterschieden. Letztere beziehen sich auf den Anteil der Investitionen, die bei Durchführung der Maßnahme im Renovierungszyklus für erhöhten Wärmeschutz anfallen, d.h. es wird die Differenz zwischen Gesamtinvestitionen und "Sowiesoinvestitionen" gebildet. Sowiesoinvestitionen sind z.B. bei einer Außenwandsanierung die Kosten für Gerüst, Malerarbeiten oder Putzerneuerung. Die Zusatzinvestitionen sind in diesem Beispiel die Kosten für zusätzliche Wärmedämmung.

Die Simulation ergab ein sehr hohes Einsparpotential im Gebäudebestand von bis zu ca. 70 % des Heizwärmebedarfs (alte Bundesländer). Dies würde jedoch die Umrüstung des gesamten Gebäudebestandes auf Niedrigenergiehausstandard bedeuten und ließe sich nur unter sehr hohem Investitionsaufwand langfristig vollständig erschließen.

Betrachtet man die Maßnahmen, die innerhalb von 15 Jahren im Rahmen sowieso anfallender Renovierungsarbeiten durchgeführt werden können, so erhält man ein realistischeres Bild. Um in diesem Zeitraum z.B. eine Energieeinsparung von ca. 15 % gegenüber dem Jahr 1995 zu erreichen, wären ca. 162 Mrd. DM Zusatzinvestitionen allein für den Wohngebäudebereich der alten Bundesländer aufzubringen. Dabei müßten ungefähr 1/3 der Wohnfläche mit Wärmeschutzverglasung, verbesserter Dach- und Außenwanddämmung (12-14 cm

Dämmschichtdicke beim Dach, 8 cm Dämmschichtdicke bei der Außenwand) ausgestattet werden. Wollte man mit weniger weitgreifenden Maßnahmen für die Einzelobjekte den gleichen Effekt - Energieeinsparung von 15 % - erhalten, würden die Kosten um etwa den Faktor 3 steigen. Diese im ersten Augenblick unverständliche Aussage beruht darauf, daß zum Erreichen der Einsparrate von 15 % dann auch an Gebäuden wärmetechnische Maßnahmen durchgeführt werden müßten, die nicht zur Sanierung anstehen. Die gesamten anfallenden Investitionen (Außenputzerneuerung, Gerüst etc.) müßten daher dem zusätzlichen Wärmeschutz zugerechnet werden. Die maximal im Renovierungszylus erreichbare Einsparrate beträgt ca. 22 %, wobei dann ca. 1/3 der Wohnfläche auf Niedrigenergiehausstandard verbessert werden müßte. Die Zusatzinvestitionen hierfür betrügen ca. 276 Mrd. DM.

Die für die alten Bundesländer besprochene Maßnahme (Wärmeschutzverglasung, verbesserter Dach- und Außenwanddämmung bei 1/3 der Wohnfläche) würde in den neuen Bundesländern ca. 18 % Einsparung bringen, d.h. die gleiche Maßnahme ist aufgrund der schlechteren Bausubstanz in den neuen Bundesländern etwas effektiver. Die Zusatzinvestitionen belaufen sich hierfür auf knapp 23 Mrd. DM.

Wenn man von der Annahme ausgeht, daß in den neuen Bundesländern fast der gesamte Gebäudebestand in den nächsten 15 Jahren saniert werden müßte, dann ist eine Einsparung von ca. 36 % durch Einbau von Isolierverglasung in Kombination mit einer Dach- und Außenwanddämmung erreichbar, wobei die Dämmschichtdicke am Dach 6-8 cm und an der Außenwand 8 cm betragen müßte. Die Zusatzinvestitionen errechnen sich hierbei zu 37 Mrd. DM. Die Ergebnisse dieser Ansätze sind in Abb. 3.4.3 graphisch dargestellt.

Außer Dämmaßnahmen und Fensteraustausch sind der Anbau eines Wintergartens, der Einbau eines Lüftungssystems mit Wärmerückgewinnung und eine transparente Wärmedämmung untersucht worden. Während das Lüftungssytem vom Einsparpotential und von den Investitionen her bei gutem Ausgangsstandard des Gebäudes mit zusätzlichen herkömmlichen Dämmaßnahmen vergleichbar ist, sind die anderen Maßnahmen bei heutigen Energiepreisen extrem unwirtschaftlich.

Um die Typologien zu vervollständigen, werden auch Typgebäude für den Neubau im Wohnbereich dargestellt, die aber nicht mehr nach alten und neuen Bundesländern unterschieden werden. Es kann gezeigt werden, daß durch verbesserte Baustandards ein beträchtliches Einsparpotential erschlossen werden kann. Da der Zubau neuer Gebäude naturgemäß nur langsam voranschreiten wird, muß jedoch gleichzeitig das Augenmerk vornehmlich auf die Altbausanierung gelegt werden.

Aus den hier dargestellten Ergebnissen wird deutlich, daß das ehrgeizige Ziel einer 25 bis 30%igen Reduktion der CO_2-Emissionen bis zum Jahre 2005 durch Maßnahmen an der Gebäudehülle allein nicht erreicht werden kann. Dies gilt insbesondere unter dem Aspekt, daß seit dem Bezugsjahr 1990 bereits 8 Jahre vergangen sind, in denen für den Gebäudebestand keine forcierten Maßnahmen vom Gesetzgeber vorgeschrieben wurden. Weitere Maßnahmen durch Wechsel des Energieträgers und Verbesserung der Heizungsanlage sind demnach notwendig.

Hierzu wird ein Vergleich unterschiedlicher Heizsysteme unter besonderer Beachtung der Ablösung der Braunkohleheizungen in den neuen Bundesländern durchgeführt.

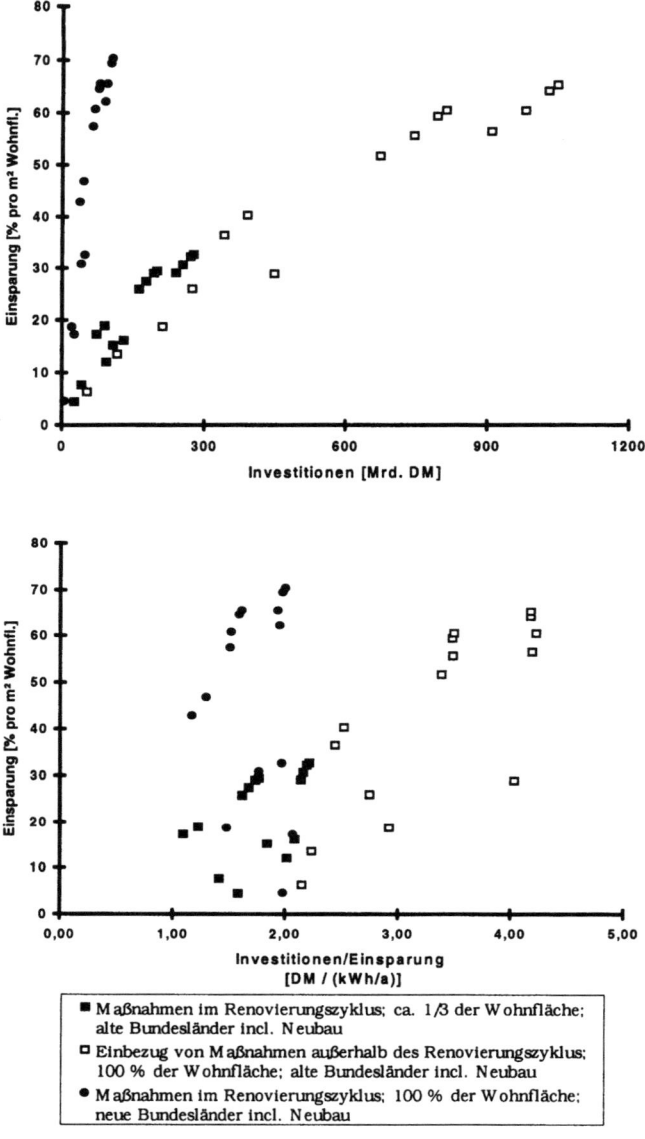

Abb. 3.4.3 Einsparpotential und Investitionen von Sanierungsmaßnahmen an der Gebäudehülle in den nächsten 15 Jahren (Preisstand 1995)

Werden alle 1995 in den alten Bundesländern vorhandenen Wärmeerzeuger durch neue Wärmeerzeuger (Stand der Technik, d.h. derzeitige Bestgeräte) ersetzt, erfolgt aufgrund des Wohnflächenzuwachses keine Energieeinsparung für Raumwärme gegenüber dem Jahr 1995, sondern ein Anstieg des Endenergiebedarfs für Raumwärme um ca. 3 % - unter der Voraussetzung, daß der Dämmstandard des Gebäudebestandes wärmetechnisch nicht verändert wird. Würden jedoch die alten Wärmeerzeuger beibehalten, käme es zu einem noch größeren Anstieg von ca. 12 %. Immerhin ist durch die Erneuerung der Wärmeerzeuger eine Einsparung des Energiebedarfs zur Warmwassererzeugung von ca. 18 % zu erwarten. Das unterschiedliche Einsparpotential bei Raumwärme und Warmwasser rührt daher, daß der Warmwasserbedarf von der Personenzahl und nicht von der Wohnfläche abhängt. Die Personenzahl wird in den nächsten Jahren voraussichtlich nicht so stark ansteigen wie die Wohnfläche. Wird bei diesen Berechnungen eine andere Bevölkerungs- und Wohnflächenentwicklung zugrundegelegt, so verändern sich die Ergebnisse natürlich entsprechend.

Für den hier betrachteten Austausch der Wärmeerzeuger sind insgesamt ca. 220 Mrd. DM bis zum Jahr 2005 aufzuwenden. Diese Investitionen können allerdings nur bedingt der Energieeinsparung zugeschlagen werden, da bei einer durchschnittlichen Lebensdauer zwischen 15 und 20 Jahren bis zum Jahr 2005 ohnehin ein großer Teil der Wärmeerzeuger ausgetauscht werden muß.

Es muß beachtet werden, daß die spezifischen Kosten je nach Energieträger und Heizsystem differieren, d.h. das hier betrachtete Beispiel, bei dem der vorhandene Energieträgermix beibehalten wird, ist sicher nicht realistisch und kann nur Tendenzen veranschaulichen.

Für die neuen Bundesländern wird ebenfalls eine Hochrechnung für das Jahr 2005 durchgeführt, wobei alle Heizsysteme auf den Stand der Technik (d.h. derzeitiger Bestgeräte) gebracht werden, der Energieträgermix von 1995 jedoch im wesentlichen - realistischerweise wird angenommen, daß vorhandene Kohlebadeöfen durch moderne Gas- bzw. Stromwarmwasserbereiter ersetzt werden - beibehalten wird. Als Ergebnis ist wie in den alten Bundesländern kein Einsparpotential bei der Raumheizung und Warmwasserbereitung gegenüber dem Jahr 1995 realisierbar, da die geringe Einsparung bei der Raumheizung durch einen Mehrbedarf bei der Warmwasserbereitung kompensiert wird. Letzterer hat seine Ursache im Austausch der Kohlebadeöfen durch moderne Warmwasserbereiter, die aufgrund des Komfortzuwachses zu einer verstärkten Nutzung veranlassen dürften.

Als weiteres Szenario wird für die neuen Bundesländer angenommen, daß die Fernwärmeheizungen in Ein- und Zweifamilienhäusern aufgrund der Sanierungsbedürftigkeit des Fernwärmenetzes und dem Ausbau des Gasnetzes durch Öl- bzw. - soweit möglich - Gaszentralheizungen ersetzt werden (IE, 1991). Gleichzeitig werden die Fernwärmeheizungen in Mehrfamilienhäusern saniert und ausgebaut und verdrängen dort die Braunkohleheizung. Diese differierende Entwicklung kommt daher zustande, daß die Sanierung des Fernwärmenetzes in weitläufigen Einfamilienhaussiedlungen spezifisch wesentlich teurer ist als in Gebieten mit enger Blockbebauung.

Es wird weiterhin davon ausgegangen, daß zum einen aus Kostengründen auch dezentrale Systeme (Elektronachtspeicherheizgeräte, Gaseinzelgeräte) verstärkt eingesetzt werden und zum anderen, daß der Neubau nicht ausschließlich mit Gaszentralheizungen ausgerüstet werden kann, sondern daß auch Ölzentralheizungen zum Zuge kommen. Dieses Szenario läßt ebenfalls keine nennenswerten

Heizenergieeinsparungen gegenüber der ersten Variante (gleicher Energieträgermix wie 1995) zu. Der entscheidende Unterschied zwischen den beiden Szenarien (Beibehaltung des Energieträgermix - jedoch Ablösung der Braunkohle) liegt jedoch in den CO_2-Emissionen. Bei gleicher Beheizungstruktur wie 1995 und verbesserten Wärmeerzeugern ergibt sich für dieses Beispiel eine CO_2-Minderung vor Ort von insgesamt ca. 13 % im Jahr 2005, eine Verschiebung der Beheizungsstruktur und gleichzeitige Verbesserung ergibt eine CO_2-Reduktion vor Ort von insgesamt ca. 40 %. Die Emissionsminderung im Umwandlungs- und Explorationssektor ist hier noch nicht mit berücksichtigt.

Die Investitionen für die Verbesserung der Wärmeerzeuger in den neuen Bundesländern ergeben sich insgesamt (Raumheizung und Warmwasserbereitung) zu ca. 55 Mrd. DM. Eine komplette Umstellung der Beheizungsstruktur würde mit ca. 172 Mrd. DM zu Buche schlagen, wobei die Investitionen für die Sanierung bzw. den Aufbau der Infrastruktur (Fernwärmenetz, Gasnetz etc.) darin noch nicht enthalten sind. Auch hier gilt, daß die Differenzinvestitionen zwischen den beiden Szenarien nur bedingt der CO_2-Minderung zugerechnet werden dürfen, da es sich im wesentlichen um Investitionen handelt, die sowieso getätigt werden müssen.

Insgesamt läßt sich sagen, daß durch den Austausch der Wärmeerzeuger durch moderne Anlagen innerhalb relativ kurzer Zeit (10-20 Jahre) ein großes CO_2-Einsparpotential wirksam wird, wenn die Anforderungen an neue Anlagen entsprechend dem neuesten Stand der Technik gestellt werden. Da der Austausch sowieso alle ca. 15 Jahre durchgeführt werden muß, fallen keine zusätzlichen Investitionen an.

Die weitestmögliche Ausnutzung von anstehenden Renovierungsmaßnahmen an der Gebäudehülle zur zusätzlichen wärmetechnischen Sanierung ist die nächstgünstigste Möglichkeit der Energie- und damit auch CO_2-Einsparung. Maßnahmen die außerhalb des Renovierungszyklus durchgeführt werden müssen, verursachen erhebliche zusätzliche Kosten. Diese Kosten sind besonders hoch, wenn der Wärmeerzeuger vor Ablauf seiner technischen Lebenszeit ausgetauscht wird. Dies kann nur in den neuen Bundesländern angedacht werden, da dort der Anteil braunkohlebefeuerter Heizsysteme noch verhältnismäßig hoch und das CO_2-Minderungspotential entsprechend groß ist. Das von der Bundesregierung angestrebte CO_2-Minderungsziel von 25-30 % kann insgesamt nur durch die Kombination von Maßnahmen an der Gebäudehülle und Erneuerung der Wärmeerzeuger inclusive Energieträgerwechsel erreicht werden.

Zusammenfassend kann gesagt werden, daß es gelungen ist, ein umfangreiches Instrumentarium zur Analyse des Energiebedarfs für Raumwärme zur Verfügung zu stellen, mit dem der Nutzer einen Großteil der heute denkbaren Einsparmaßnahmen simulieren und vergleichend im Hinblick auf die Effizienz bewerten kann.

3.4.4 Das Raumwärmemodell

Um einen möglichst vielseitigen Fragenkatalog, wie er sich für das Thema Raumwärme stellt, bearbeiten zu können, wurde ein von der Datenbank (siehe Kapitel 2.1) unabhängig operierendes dynamisches Simulationsmodell entwickelt. Dabei steht die Betrachtung der zeitlichen Entwicklung des gesamten Gebäudebestands im Vordergrund. Als eine zusätzliche Option ist ein Optimierungsmodul entwickelt worden, welches kostenoptimale Pfade für Maßnahmen am Gebäudebestand aufspürt.

Für das *IKARUS*-Raumwärmemodell besteht die Aufgabe, den gesamten Endenergiebedarf und die damit energieträgerspezifisch verbundenen Emissionen wie z.B. CO_2, SO_2, NO_x und CH_4 zur Raumheizung und Warmwasserbereitung in der Bundesrepublik Deutschland zu ermitteln und Maßnahmen und Strategien zur Reduktion klimawirksamer Gase zu analysieren.

Um den gesamten Wärmebedarf und den daraus resultierenden Energieverbrauch des Sektors Raumwärme zu erfassen, ist die Kenntnis des Gebäudebestandes erforderlich. Die architektonische Vielfalt der Gebäude macht es erforderlich, den Bestand auf einige charakteristische Typen zu reduzieren, die mit ihrer Häufigkeit [%] an der Gesamtwohnfläche [Mio. m²] den modellmäßigen Gebäudebestand bilden. Die Qualität der Aussagen über den Gebäudebestand hängt entscheidend davon ab, wie gut diese Typgebäude mit ihren Anteilen den aktuellen Zustand des Gebäudebestandes repräsentieren.

Typische Fragestellungen an das Modell können lauten:
- Wie groß ist der derzeitige Endenergieverbrauch für die Raumwärmeerzeugung nach Energieträgern und welche Belastungen für die Umwelt sind damit verbunden?
- Was kann man zu welchen Kosten tun, um den Verbrauch ohne Einbuße an Komfort und Behaglichkeit zu senken?
- Welchen Beitrag können einzelne Maßnahmen oder Maßnahmenbündel (z.B. Austausch der Fenster) zur Emissionsminderung leisten?
- Wie entwickelt sich unter bestimmten Annahmen der Endenergieverbrauch (Brennstoffverbrauch) in Zukunft?
- Welchen Einfluß hat die demographische Entwicklung auf den Wohnungssektor?

3.4.4.1 Maßnahmen an der Gebäudehülle

Ausgangspunkt von Nutzwärmeeinsparmaßnahmen sind zum einen die Reduzierung der Wärmeverluste der Außenbauteile (Wände, Fenster, Dächer, Decken) zur Absenkung des Wärmebedarfs und zum anderen Änderungen am Heizungssystem (Modernisierung, Austausch des Wärmeerzeugers, andere Brennstoffe) zur Reduzierung des Endenergieverbrauchs, oder auch eine Kombination beider. Zu den Maßnahmen an der Gebäudehülle gehören:

1. Bei Neubauten
   - Verbesserung des Wärmeschutzes
     z.B. durch Einsatz von Baustoffen mit niedriger Wärmeleitfähigkeit (Verbesserung des k-Wertes).
   - administrative Maßnahmen, so z.B. Wärmeschutzverordnung
2. Bei bestehenden Gebäuden
   - Verbesserung des Wärmeschutzes
     z.B. durch nachträgliche Aufbringung zusätzlicher Dämmschichten
   - neue Fensterverglasung (Wärmeschutzverglasung)
   - Wintergarten.

Das Verhalten der Bewohner sind weitere Ansatzpunkte für Energieeinsparungen. So sind etwa Absenkung der Sollinnentemperaturen als auch Heizunterbrechung durch Nachtabsenkung weitere Maßnahmen zur Nutzwärmeeinsparung.

Zur Berechnung von Energieeinspar- bzw. Emissionsminderungs-Maßnahmen mit ihren Kosten für den gesamten Gebäudebestand ist die Vorgabe von Einzelmaßnahmen oder Maßnahmenkombinationen an den Typgebäuden erforderlich. Dabei muß sich eine Maßnahme nicht auf alle Gebäude eines Typs erstrecken, sondern kann sich auch auf einen Teil der Gebäude beziehen. So können auch am selben Typ gleichzeitig unterschiedliche Maßnahmenkombinationen gerechnet werden.

Unter Umständen sind solche Vorgaben in der Realität technisch kaum machbar und ökonomisch wenig sinnvoll, doch geben sie dem Benutzer einen Einblick, welche Konsequenzen und Potentiale damit verbunden sind.

3.4.4.2 Maßnahmen am Heizungssystem

Das Spektrum der Emissionsreduktionspotentiale erstreckt sich über die Verbesserung aller konventionellen Systeme und den Einsatz schadstoffarmer Energieträger bis hin zu schadstoffsubstituierenden Heizsystemen mit Umweltenergien.

Die Maßnahmen an dem Heizungssystem beinhalten:
- Einführung von Techniken des jeweils modernsten Stands - bei festgehaltener Ausgangstechnologie z.B. den Ersatz veralteter Kessel durch moderne Brennwertkessel
- Umrüstung - soweit sinnvoll, d.h. bei vorhandener Niedertemperaturheizung auf Wärmepumpen- oder Solarheizung und -warmwasserbereitung
- Ersatz aller Feststoffbrenner (Kohle) durch Zentralheizung z.B. durch Ölkessel
- administrative Maßnahmen, so z.B. Heizungsanlagenverordnung

3.4.4.3 Strategien

Betrachtet man Maßnahmen am Gebäude nicht nur zu einem bestimmten Zeitpunkt, sondern über einen Zeitraum hinweg, so spricht man von einer Strategie bzw. von einem Szenario. Eine Strategie dient der Bewertung von unterschiedlichen Maßnahmen an Gebäuden (vom Einzelhaus bis zu Gebäudebeständen) durch Berechnung der durchgesetzten Energiemengen und der entsprechenden Emissionen und der Gesamtkosten aus Maßnahmen und Endenergieverbräuchen. Eine Strategie wird definiert durch Angaben von Haustypen, Maßnahmen an Gebäudehüllen und/oder an Heizungs- und Warmwassersystemen. Dazu gehört die Festlegung, zu welchen Zeitpunkten und in welchem Umfang die Maßnahmen durchgeführt werden.

Zunächst muß ein sogenanntes *Referenz-Szenario* definiert werden, das als Bezug für Energieverbrauchs-, Emissions- und Kostenanalysen anderer Szenarien dient. Dieses Referenzszenario beinhaltet nur ein Minimum an Maßnahmen, bei dem im wesentlichen bestehende Strukturen festgehalten werden und praktisch nur Brennstoffkosten anfallen.

Alternativszenarien sind alle Szenarien, die sich beim jeweils konkreten Maßnahmenkatalog (bei gleichen Basisparametern wie Brennstoffkosten, Diskontfaktor und Zeitrahmen) vom Referenzszenario unterscheiden. Zu solchen Alternativszenarien - die z.B. für Gesamtdeutschland oder West- und Ostdeutschland getrennt gerechnet werden können - werden insbesondere sogenannte "Standardfälle" gerechnet, die auf Knopfdruck (d.h. ohne weitere Eingabe von zusätzlichen Daten) abgerufen werden können.

Die Datenvorgabe ist gegliedert nach Maßnahmen an Gebäudehüllen und Maßnahmen an den Heizungs- und Warmwassersystemen samt Wärmeverteilung in den Gebäuden ("Beheizungsstruktur"). Die Zeitschrittweite für die Festlegung von Strategiemaßnahmen ist wählbar.

Aufgrund der baulichen Maßnahmen an den Gebäudehüllen wird zunächst der resultierende jährliche Wärmebedarf des Gebäudes bzw. Gebäudebestands berechnet. Dann werden die zur Deckung des Wärmebedarfs erforderlichen Brennstoffmengen infolge der neuen Heizungsstruktur ermittelt.

Die Berechnungen liefern für jeden Zeitschritt die Jahresmengen an den einzelnen eingesetzten Brennstoffen und die entsprechenden Emissionsmengen an CO_2 und anderen Emissionen.

Aus den vorgegebenen Maßnahmen werden die jährlichen Investitionskosten und aus den Brennstoffmengen die Brennstoffkosten (inklusive Nebenkosten wie Wartung und Instandhaltung) hergeleitet.

Um Szenarien vergleichen zu können, bedient man sich der Barwertmethode (auf einen Zeitpunkt abdiskontierte Summen von Jahreswerten über den Betrachtungszeitraum). Während die Brennstoffkosten kontinuierlich anfallen, sind die Investitionen punktuelle Ereignisse. Die Barwertmethode ist eine Annuitätenmethode, die die Investitionskosten über einen Abschreibungszeitraum (z.B. Lebensdauer der Investition) in gleich große jährliche Kostenblöcke umgerechnet unter Berücksichtigung einer gewissen Verzinsung des eingesetzten Kapitals und dann daraus abdiskontierte Summen bildet.

In gleicher Weise werden auch abdiskontierte Summen der jährlichen Endenergiemengen und der jährlichen Emissionen gebildet, um sie in Relation zu den Gesamtkosten setzen zu können.

Tatsächlich kommt es aber auf die Relationen zu einem Referenz-Szenario an, dem gegenüber erst die Definition von Maßnahmen sinnvoll ist. Dem Referenz-Szenario liegen nur übliche Erneuerungen ("Sowieso"- Maßnahmen) zugrunde; zwischen diesem und einem Maßnahmen-Szenario werden die Differenzen der Barwerte der Kosten, der Endenergien und der Emissionen ausgewiesen.

Die Ergebnisse einer Strategierechnung sind die Endenergieverbräuche und Emissionen und die Strategiekosten (abdiskontierte Summe der jährlichen Gesamtkosten aus Investitionen an Gebäuden und Versorgungssystemen und den verbrauchten Endenergieträgern). Endenergien und Emissionen liegen sowohl als Jahreswerte als auch als abdiskontierte Summen vor. Diese letzteren Werte dienen zum Vergleich mit den Strategiekosten, insbesondere zur Berechnung mittlerer Kostenwerte pro Einheit vermiedener Endenergie oder vermiedener CO_2-Emission, sofern auf eine Referenzstrategie (z.B. ohne jegliche Maßnahmen) Bezug genommen wird.

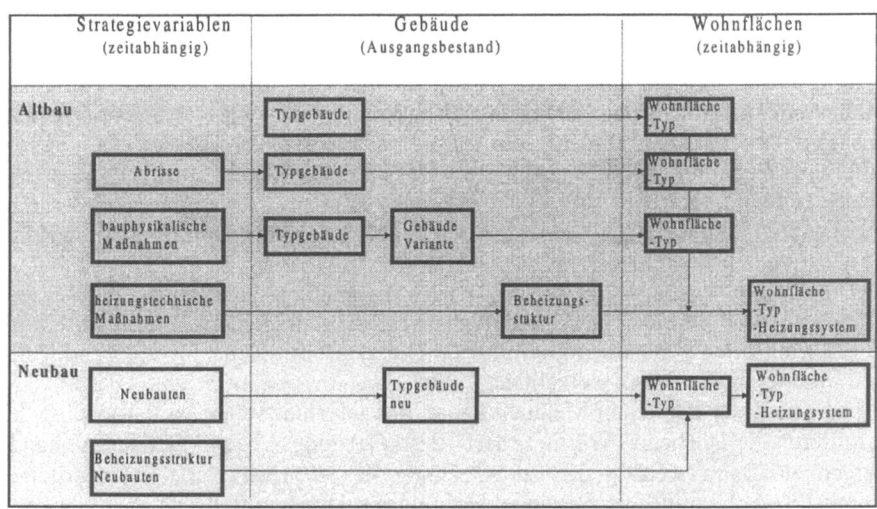

Abb. 3.4.4 Die Elemente einer Strategie

Der Gebäudebestand wird repräsentiert durch einen Gebäudetyp und der gesamten Wohnfläche [Mio. m²]. Dabei wird unterschieden nach dem Altbaubestand zu einem definierten Zeitpunkt (1995) und dem Neubaubestand, der sich aus den nach 1995 errichteten Gebäuden bildet.

Die Entwicklung des Gebäudebestandes ergibt sich aus dem Ausgangsbestand, und den Strategievariablen, die eine zeitliche Änderung des Bestandes bewirken. Bei dem Altbaubestand sind es die Abrisse, die den Gesamtbestand verändern und beim Neubaubestand die Neubauten (Abbildung 3.4.4).

Durch Maßnahmen an der Gebäudehülle eines Gebäudetyps A erhält man eine Variante j dieses Typs. Der Benutzer kann nun vorgeben, zu welchem Zeitpunkt welche Fläche (in % der Fläche des Typs A) des Gebäudetyps A in die Variante j überführt werden soll. Um denselben Anteil wird die Fläche des Typs A reduziert.

Das heißt, hier sind die technischen und ökonomischen Kriterien festzulegen, nach denen eine Maßnahme zum Einsatz kommt. Der Angabe, wieviel % des Bestandes infolge einer Maßnahme umzurüsten sind, kann auch ein Algorithmus zugrunde liegen, so z.b. ein Renovierungszyklus.

Kommen innerhalb eines Zeitintervalls $[t_1,t_2]$ Bauteile mit einer durchschnittlichen Lebensdauer von $\Delta\tau$ Jahren zum Einsatz, so werden sie im Zeitintervall $[t_1+\Delta\tau,t_2+\Delta\tau]$ ersetzt. Bezieht sich das Intervall nur auf eine Baualtersklasse so läßt sich der Anteil der Umrüstungen durch $(t_2-t_1)/\Delta\tau$ im Zeitintervall $[t_1+\Delta\tau,t_2+\Delta\tau]$ approximieren.

Betrachtet man nur die Umrüstungen, dann ist zu jedem Zeitpunkt die Summe der Flächen des Typs A und seiner Varianten konstant. Zusätzlich ist aber zu berücksichtigen, daß über der Zeit die Fläche des Typs A infolge von Abrissen reduziert wird. Zum anderen wird die Flächenbilanz infolge der Neubautätigkeit um neue Gebäudetypen erweitert.

Allgemein gilt für die zeitabhängige Entwicklung des Bestandes (zum Zeitpunkt t+1) eines Gebäudetyps:

$$\text{Bestand}_{t+1} = \text{Bestand}_t + \text{Zunahme}_t - \text{Abnahme}_t$$

Bei der Zunahme der Flächen kann es sich um die Fläche von Neubauten oder um die Fläche einer Gebäudevariante handeln, die dann diesem Typ zuzuordnen ist. Das gleiche gilt auch für die Abgänge, hinter denen sich Abrisse als auch Umrüstungen (Modernisierung) verbergen.

In Abhängigkeit von der Entwicklung des Bestandes werden dann unter Vorgabe von Umrüstquoten bei den Gebäuden und Heizungssystemen die zeitliche Entwicklung des Wärmebedarfs, des Endenergiebedarfs und der Emissionen ausgewiesen.

Die Ausstattung des Gebäudebestands zum Zeitpunkt $t = 0$ mit den Heizungssystemen wird als Beheizungsstruktur bezeichnet (Abb. 3.4.5). Das ist der Anteil $q_{Hzg=1}$ der Fläche A des Gebäudetyps 1, das mit dem Heizungssystem Hzg=1 beheizt wird. Die Änderung der Beheizungsstruktur [% der Wohnfläche] erfolgt über die Angabe der Fläche A_2 [m²], der statt des Heizungssystems Hzg=1 das Heizungssystem Hzg=2 zugeordnet werden soll. Dabei entspricht dieser Fläche ein Wert aus dem Intervall
$A_2 \in [0 \leq A * q_{Hzg=2} \leq A * q_{Hzg=1}]$.

Für die verbleibenden Systeme werden dann die neuen Anteile errechnet.

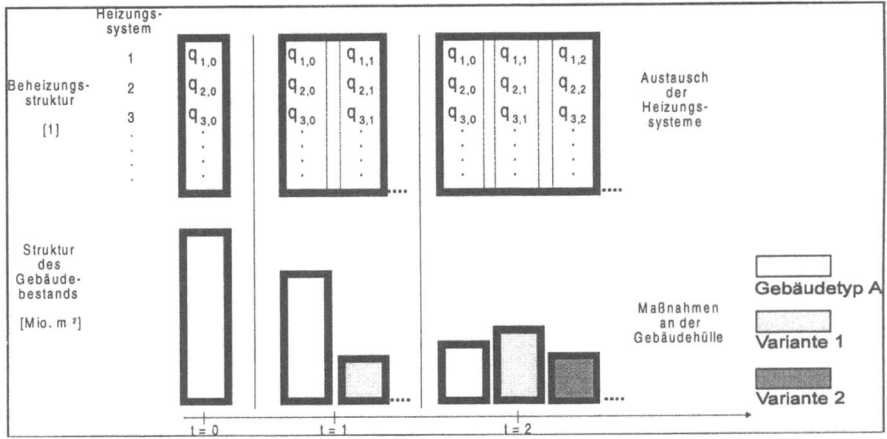

Abb. 3.4.5 Die Entwicklung des Gebäudebestands und seiner Beheizungsstruktur

3.4.4.4 Anwenderspektrum

Damit das Modell für einen größeren Anwenderkreis in Frage kommt, wurde es für Personal-Computer entwickelt. Eine benutzerfreundliche Bedienung des Modells durch eine grafische Oberfläche unterstützt diese Zielsetzung.

Das Modell ist anwendbar für zeitabhängige Analysen (Heckler, Kolb 1997) an Einzelgebäuden und Gebäudeensembles (bei einer existierenden Infrastruktur wie Gas- und Fernwärmenetze). Unter der Voraussetzung der Verfügbarkeit von entsprechenden Daten, ist das Modell daher vor allem für Strategieanalysen an Hausbeständen auf lokaler, regionaler oder auch nationaler Ebene geeignet. So gibt es eine Reihe von Förderprogrammen, die die rationelle Nutzung von Energien unterstützen. Dabei geht es sowohl um den Gebäude- Wärmeschutz als auch um Maßnahmen an hausinternen Heizungssystemen. Das Modell liefert die Wirkung in bezug auf den Endenergiebedarf, Emissionen und Kosten.

3.4.4.5 Anwendungsbeispiel

An dem folgenden Beispiel /Heckler, 1997b/ sollen mit Hilfe des Raumwärmemodells die quantitativen Auswirkungen, insbesondere von Maßnahmen an den Gebäudehüllen und Heizungssystemen von Altbauten und von verschärften gesetzlichen Vorschriften bei Neubauten für die Alten Länder der Bundesrepublik Deutschland aufgezeigt werden in bezug auf
- Wärmebedarf,
- Brennstoffverbräuche,
- Emissionen (vor allem CO_2),
- Kosten (Investions- und Verbrauchskosten).

Dabei soll die Wirkung von Wärmedämmniveaus bei Neubauten gegenüber CO_2-absenkenden Maßnahmen an Altbauten verglichen werden. Während die

Neubauten von ca. 28 Mio m² auf etwa 659 Mio m² -anwachsen (siehe Abb. 3.4.6), nehmen die Altbauten von 2195 Mio m² auf 1978 Mio m² ab, wodurch die Gesamtwohnfläche ab 2010 bei etwa 2637 Mio m² stagniert. Für die Neubauten wird ab 1.1.1996 die WSchVO95 zugrunde gelegt und ab 1.1.2000 die sogenannte Energiesparverordnung (ESpVO), die dem Niedrigenergiehaus-Standard entspricht. Abb. 3.4.7 zeigt die Auswirkungen der WSchVO95 und der ESpVO auf den Wärmebedarf der Wohngebäude. Hier erfolgen keine Maßnahmen an den Altbauten.

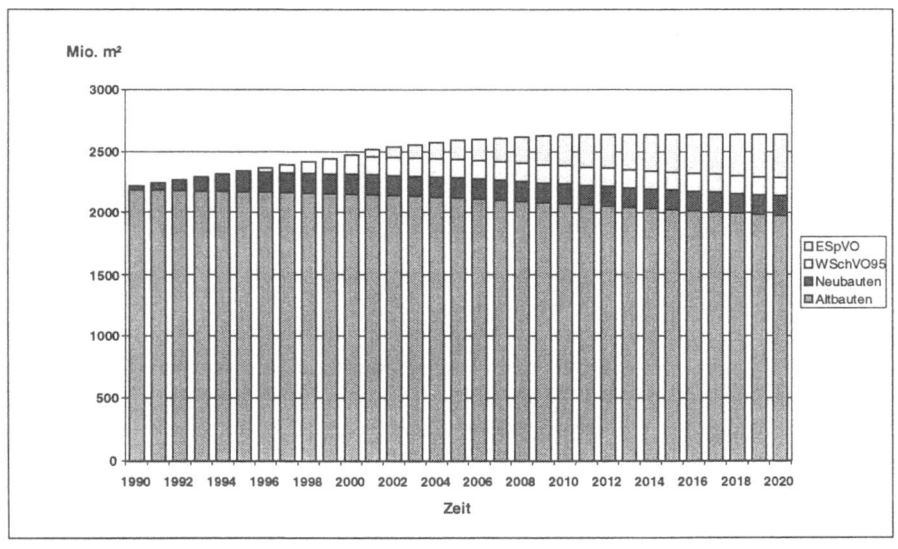

Abb. 3.4.6 Die Entwicklung der Wohnflächen

Die wesentliche Schlußfolgerung daraus ist, daß der Wärmebedarf (und auch die Endenergiemengen und CO_2-Emissionen) zunächst steigt und etwa ab 2005 ohne bessere Neubauisolierung stagniert und nur mit verschärften Neubauvorschriften längerfristig sinkt. Daraus ist aber auch abzulesen, daß deutliche Reduktionen der Endenergiemengen und CO_2-Emissionen nur durch absenkende Maßnahmen im Altbaubestand zu erreichen sind, weil die Neubauten ohnehin schon sehr energie-(und emissions-) sparend sind.

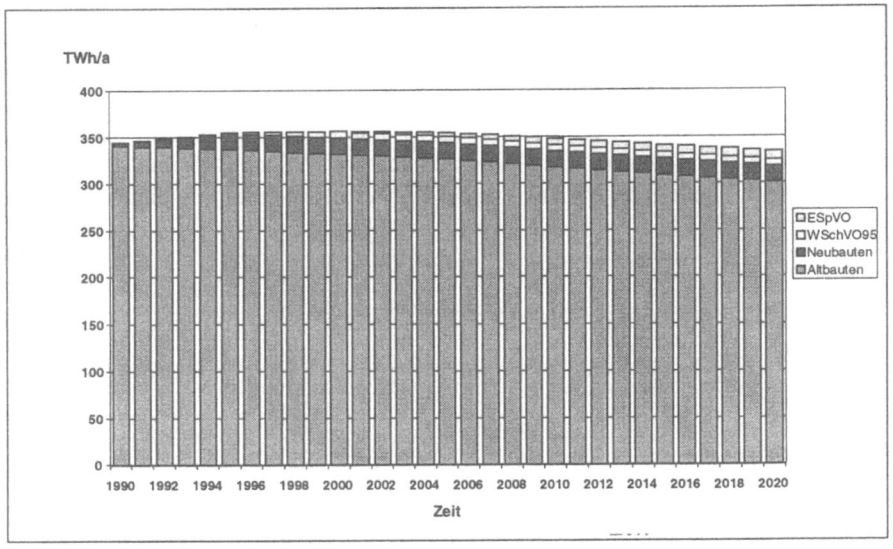

Abb. 3.4.7 Die Entwicklung des Wärmebedarfs

Wie oben angeführt, geht es hier - aus Datengründen nur für die ABL - um den Einflußvergleich von Neu- gegenüber Altbauten und zum anderen um das Systemverhalten des Raumwärmesektors unter drei Maßnahmenszenarios für die Altbauten, jeweils im Zeitraum 1990 bis 2020.
- Referenzszenario:
  Dieses Szenario umfaßt nur Maßnahmen, die "sowieso" erfolgen. So werden beim Fensteraustausch nur Verglasungen mit dem marktüblichen −Wert eingesetzt.
- Szenario: Nur Hüllenmaßnahmen:
  Diese Strategie umfaßt Maßnahmen, die Niedrigenergiehausstandard erreichen. Dazu gehören verstärkte Dämmaßnahmen an den opaken Hüllflächen und ein Fensteraustausch durch Dreifachverglasung (k_F=0.9 W/m²K).
- Szenario: Nur Maßnahmen an den Heizungssystemen
  Im Rahmen der Erneuerungszyklen werden die Heizungsanlagen werden auf den Stand der Technik gebracht.

Es ist klar, daß in allen drei Szenarien der Altbaubestand gegenüber den Neubauten das Gesamtverhalten dominiert. Um dies deutlich zu machen, werden in allen folgenden Abbildungen der Zeitverläufe für Endenergie (EE) und CO_2 die Beiträge der Neu- und Altbauten getrennt ausgewiesen, aber meist nicht mehr angesprochen. Nachfolgend werden der EE-Bedarf, die CO_2-Emissionen und schließlich der Wirtschaftlichkeitsvergleich vorgestellt. Die Abb. 3.4.8 – 3.4.10 zeigen die Verläufe des Endenergiebedarfs.

Raumwärme 149

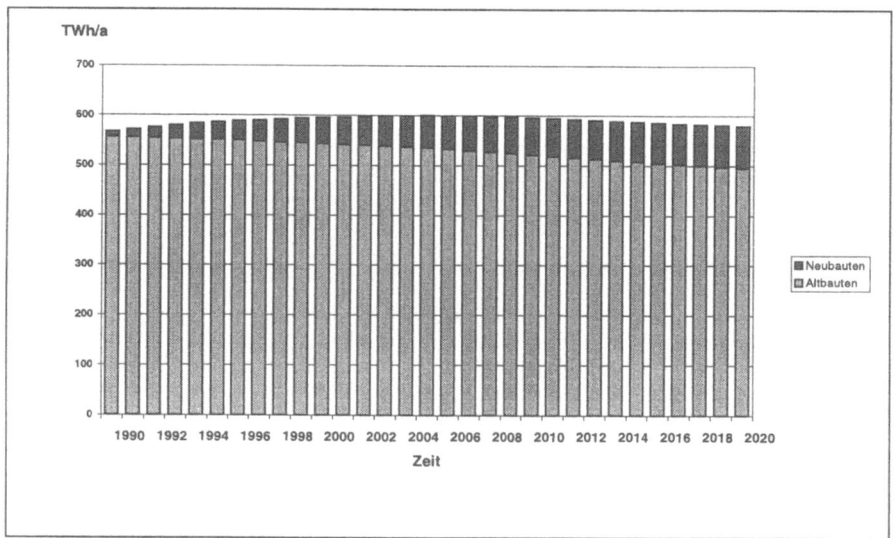

Abb. 3.4.8 Endenergiebedarf (Referenz)

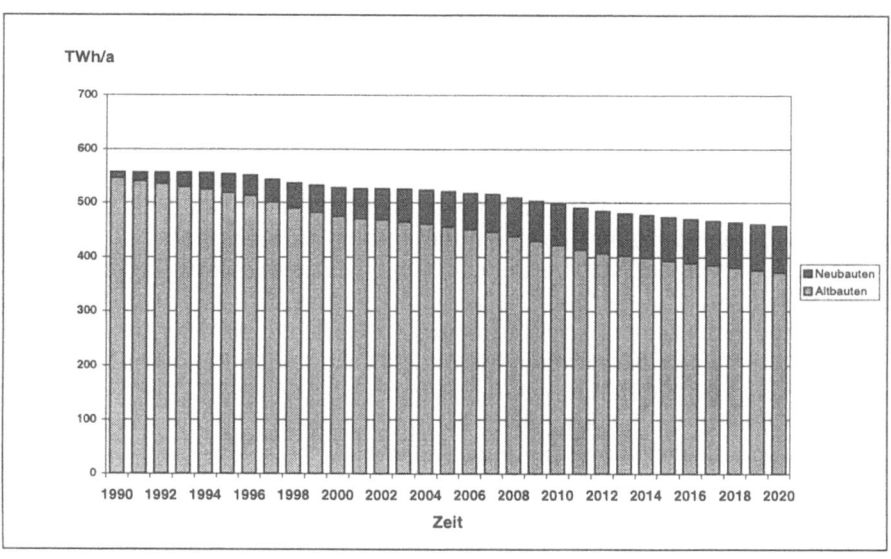

Abb. 3.4.9 Endenergiebedarf (Niedrigenergiehaus)

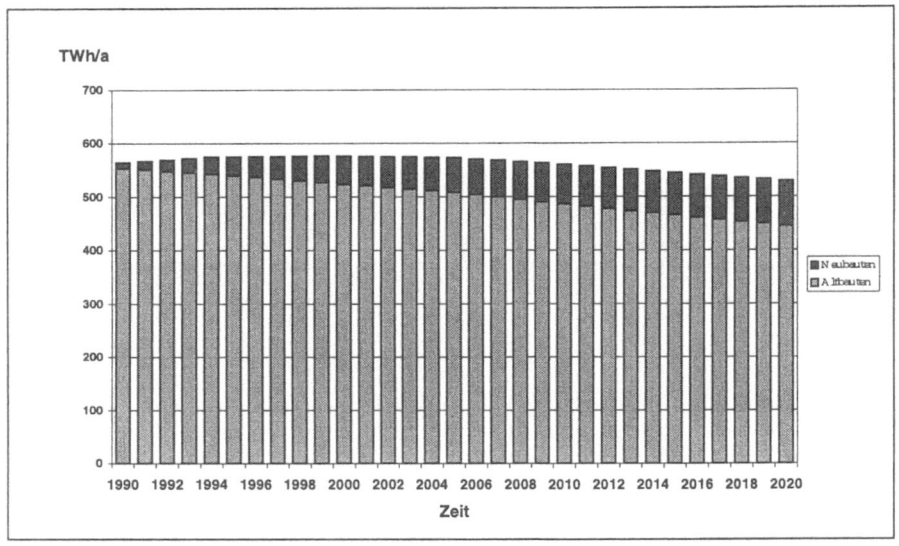

Abb. 3.4.10 Endenergiebedarf (Heizungsaustausch)

Der Heizungsaustausch allein bringt nur wenig, weil er den Wärmebedarf nicht absenkt, sondern diesen nur mit besserem Wirkungsgrad abdeckt:
Die Hauptgründe, daß selbst Extremmaßnahmen nicht schnell greifen, sind zum einen die Expansion der Wohnflächen, zum anderen die Trägheit des Systems "Altbauten": Wie die Heizungsaustausch-Strategie zeigt, kommt man an einer Absenkung des Wärmebedarfs nicht vorbei, und das ist nur mit Hüllenmaßnahmen zu erreichen, die relativ zum Heizungsaustausch sehr teuer sind.

Darauf ist auch bei der Vorstellung der Reduzierungskosten (diskontierte Barwerte) hinzuweisen, aber auch auf die diesen Rechnungen zugrunde liegenden Annahmen real konstanter Brennstoffpreise und Investitionskosten. Zusätzlich ist es wesentlich, ob zum Kostenvergleich nur Zusatzkosten im Renovierungszyklus oder die Vollkosten bei Hüllenmaßnahmen herangezogen werden. Die Vollkosten sind zwar immer zu zahlen, aber die Zurechnung zu Wärmedämm- oder Renovierungsmaßnahmen ist dabei ausschlaggebend.

Der Raumwärmebereich hat in der Tat ein beträchtliches Reduktionspotential, aber innerhalb kurzer Zeit nur zugänglich im Neubaubereich und da auch nicht absolut, sondern nur relativ zum bisherigen Status der Wohngebäudeisolierung.

Literatur

DBU (1998) Geiger B. Gruber E. Kleeberger h. Köwener D. Laszig L. Megele W. Energieverbrauch und Energieeinsparung in Handel, Gewerbe und Dienstleistung. Schlußbericht zum Vorhaben "Strukturierung des Energieverbrauchs im Sektor Kleinverbraucher als Grundlage für die Aktivierung von Energieeinsparpotentialen" der Deutschen Bundesstiftung Umwelt, DBU

FfE (1992) Pfitzner G. Schäfer V. Berechnung von Heizungssystemen in Wohnbauten - Solarkollektoren zur Warmwasserbereitung. Forschungsstelle für Energiewirtschaft, FfE München. IKARUS-Bericht TP 5-16

FfE (1993a) Pfitzner G. Schäfer V. Berechnung von Heizungssystemen in Wohnbauten - Konventionelle Wärmeerzeuger. Forschungsstelle für Energiewirtschaft, FfE München. IKARUS-Bericht TP 5-25

FfE (1993b) Pfitzner G. Schäfer V. Berechnung von Heizungssystemen in Wohnbauten - Blockheizkraftwerke. Forschungsstelle für Energiewirtschaft, FfE München. IKARUS-Bericht TP 5-26

FfE (1993c) Pfitzner G. Schäfer V. Berechnung von Heizungssystemen in Wohnbauten - Wärmepumpen. Forschungsstelle für Energiewirtschaft, FfE München. IKARUS-Bericht TP 5-27

FfE (1993d) Bressler G. Immel G. Ermittlung von Heizungs- und Warmwasserbereitungssystemen inklusive deren Verteilungsverluste in Nichtwohngebäuden. Forschungsstelle für Energiewirtschaft, FfE München. IKARUS-Bericht TP 5-19

FfE (1994) Pfitzner G. Berechnung von Heizungssystemen in Wohnbauten - Wärmeverteilung. Forschungsstelle für Energiewirtschaft, FfE München. IKARUS-Bericht TP 5-30

FfE (1992–94) siehe FfE (1992), FfE (1993a), FfE (1993b), FfE (1993c), FfE (1993d) und FfE (1994)

Gülec T. Kolmetz S. Rouvel L. (1993) Nutzenergiebedarf für Raumwärme in der Bundesrepublik Deutschland. IKARUS-Bericht TP 5-11

Heckler, R., Kolb, G. (1997a), Mögliche Entwicklungen des Energieverbrauchs im Sektor Raumwärme. IKARUS-Workshop am 14./15. April 1997 in Bonn "Modellinstrumente für CO_2-Minderungsstrategien", Proceedings (Hrsg. Hake, J.-Fr., Markewitz, P.), Forschungszentrum Jülich, Band 4200003, S. 37-61, Jülich 1997

Heckler, R., Kolb, G. (1997b), Strategien zur Emissionsminderung im Raumwärmesektor, Beitrag zum 3. Ferienkurs "Energieforschung", Jülich 1997

IBP (1992) Reiß J. Erhorn H. Stand und Tendenzen der Neubautätigkeit in Deutschland. Fraunhofer-Institut für Bauphysik, IBP Stuttgart. IKARUS-Bericht TP 5-13

IE (1991) Lindner E. Lindner K. Zehrfeld U. Analyse des Istzustandes der Heizungssysteme zur Wohnraumheizung der ehemaligen DDR und Möglichkeiten zur Ablösung der Kohleheizung. Institut für Energetik, IE Leipzig. IKARUS Bericht TP 5-04

IHLGB (1991) Rosin R. Glitz P. Borges H. Lorenz G. Gebäudetypologie und spezifischer Energiebedarf für den Wohnungsbestand in den neuen Ländern. Institut für Heizung, Lüftung und Grundlagen der Bautechnik, IHLGB Berlin. IKARUS-Bericht TP 5-06

IWU (1991) Ebel W. Eicke W. Feist W. Gabler W. Dokumentation der Referenzgebäude. Institut für Wohnen und Umwelt, IWU Darmstadt. Unveröffentlichter IKARUS-Bericht TP 5-02

Rouvel L. (1984) Wärmegewinne in Wohnungen aufgrund innerer Wärmequellen. Gesundheits-Ingenieur 3: 140-142 (1984)

StBA (1990) Statistisches Jahrbuch 1990. Metzler-Poeschel-Verlag, Stuttgart

VDI (1997) Jahrbuch 97. VDI Gesellschaft Energietechnik. VDI Verlag, Düsseldorf

3.5 Energieeffizienz, Strukturwandel und Produktionsentwicklung der deutschen Industrie

Eberhard Jochem, Harald Bradke

Der Endenergieverbrauch der deutschen Industrie nahm zwischen 1990 und 1996 um fast 580 PJ oder knapp 19,4 % ab. Dieser Rückgang ist im wesentlichen durch die Wiedervereinigung Deutschlands bedingt, aber auch durch erhebliche strukturelle Verschiebungen der industriellen Produktion zu weniger energieintensiven Branchen und durch Effizienzgewinne (DIW/ISI, 1997). Auch die Bruttowertschöpfung der Industrie war in dieser Periode mit etwa 5 Prozent leicht rückläufig. Mindestens im gleichen Umfang von durchschnittlich 2 % pro Jahr müßte die Energieintensität - das Verhältnis von Endenergiebedarf und Nettoproduktion - der Industrie in den kommenden 11 Jahren abnehmen, damit eine berechtigte Aussicht besteht, daß die Bundesrepublik Deutschland ihre Verpflichtung einer 21 %igen Verminderung ihrer Treibhausgasemissionen gegenüber 1990 bis zum Jahre 2010 im Rahmen des Burden Sharing der EU-Verpflichtungen nach den Beschlüssen von Kyoto einlösen kann.

Die Frage der Treibhausgasminderung wird sich in wenigen Jahren auch in ihrer Perspektive bis zum Jahre 2020 ausweiten, und man wird dann über weitere Reduktionsziele im Kontext der Klimarahmenkonvention für die Zeit nach 2010 verhandeln. Heute ist noch weitgehend unklar, in welchem Umfang vorhandene und durch Innovationen erschließbare Energieeffizienz- und Emissionsminderungspotentiale in der deutschen Industrie volkswirtschaftlich nutzbringend, kostenneutral oder mit welchen zusätzlichen Kosten zu realisieren sein dürften. Hinzu kommen Fragen des industriellen Strukturwandels zu weniger energieintensiven Branchen- und Produktstrukturen in den kommenden zwei Jahrzehnten, die gestützt werden durch werkstoffliches Recycling, Vermieten und Leasen von Produkten und Anlagen sowie durch Sättigungsprozesse auf der Nachfrageseite und schrumpfende Nettoexporte energieintensiver Zwischenerzeugnisse (Meyer-Krahmer/ Jochem, 1997).

Hinzu kommen Fragen zur Entwicklung der Energieträgerstruktur: Wie schnell nehmen die Anteile für Erdgas und Strom am Endenergieeinsatz weiter zu? Welche Rolle spielen dabei neue Produktionsverfahren, die Kraft-Wärme-Kopplung (einschließlich der dezentralen motoren- oder gasturbinen-gestützten Anlagen oder ab Mitte des kommenden Jahrzehnts der Brennstoffzelle) und die thermische Nutzung von brennbaren Produktionsrückständen oder post-consumer-Abfallstoffen?

3.5.1 Abgrenzung des Sektors - etwas abweichend von den Energiebilanzen

Die bestehende IKARUS-Datenbank, das LP-Modell und das Industriesimulationsmodell können Antworten auf die o.g. Fragen geben. Auf möglichst detaillierter Datenbasis werden Energiebedarf, Effizienz- und Substitutionspotentiale, resultierende klimarelevante Emissionen und entstehende Mehr- oder Minderkosten für die entsprechenden Emissionsminderungen für die Stichjahre 1995, 2005 und 2020 vorgehalten. Für energieintensive Branchen der Grundstoffindustrie, aber auch für die Glasherstellung, die Textilveredelung und die Produktion einiger energieintensiver Nahrungsmittel werden Einzelprozesse beschrieben. Für die übrigen wenig energieintensiven Branchen wird lediglich der Energiebedarf für Querschnittstechnologien auf dem Nutzenergieniveau behandelt (z.B. Erzeugung von Dampf und Wärme, Druckluft, Kälte und die Beleuchtung).

Die Abgrenzung des Industriesektors orientiert sich weitgehend an der Energiebilanzstruktur der Arbeitsgemeinschaft Energiebilanzen:

- Die Raffinerien (Mineralölverarbeitung) sind in der Analyse des Teilvorhabens ausgeschlossen, weil sie im Energieumwandlungssektor behandelt werden (vgl. Kap. 3.1);
- Der nichtenergetische Verbrauch, im wesentlichen ein Teil der chemischen Industrie, wird nur ausschnitthaft behandelt, insbesondere hinsichtlich der CO_2-Emissionen und möglicher technologischer Entwicklungen in diesem Sektor, der einer eigenständigen Analyse unterzogen wird (vgl. M. Patel u.a., 1998).
- Andererseits sind die Anlagen der Kraft-Wärme-Kopplung und die Gichtgaserzeugung im Hochofen – anders als in der Energiebilanz - im Industriesektor integriert.

Abweichend vom bisherigen Datenbestand, der zwischen der west- und ostdeutschen Industrie für 1989 und 2005 unterschied (vgl. Jochem/ Bradke, 1996), wird das Datenmaterial seit der Aktualisierung der Daten auf das neue Basisjahr 1995 nur noch für Deutschland insgesamt ausgewiesen, da es ab 1995 meistens auch nur noch in dieser Form öffentlich zugänglich ist. Dabei änderte sich ab diesem Zeitpunkt sowohl die Wirtschaftsstatistik (von Sypro auf WZ 93 oder NACE) als auch die Industriestruktur der Energiebilanzen für die Bundesrepublik Deutschland. Aufgrund der etwas anderen Zuordnung von Subbranchen sind in einigen Industriezweigen die spezifischen Energieverbräuche leicht verändert und damit nicht in jedem Fall mit den Zahlen des früheren Basisjahres 1989 völlig vergleichbar.

3.5.2 Methodisches Vorgehen, Datenerhebung und -verarbeitung

Während im allgemeinen bei Analysen zum zukünftigen Energiebedarf der Industrie vom spezifischen Endenergiebedarf, dem Verhältnis des Endenergieverbrauchs zur Nettoproduktion (oder der Bruttowertschöpfung), einer Branche ausgegangen wird, versucht dieser Ansatz im Rahmen des Möglichen auf dem Niveau des spezifischen Nutzenergiebedarfs aufzusetzen, d.h. auf den spezifischen Bedarfswerten für Prozeßenergie, Dampf, Kälte oder Beleuchtung/ Kommunikation je physischer Produktionseinheit. Mit diesem methodischen Vorgehen steigen der Datenbedarf und der Rechercheaufwand bzgl.:

- der einzeltechnologischen Beschreibung von Produktionsprozessen - meist in der Grundstoffindustrie - mit einem Endenergiebedarf von mindestens 10 bis 20 PJ pro Jahr als Selektionskriterium und bzgl.
- der Abschätzung der zukünftigen Produktionsentwicklung der entsprechenden Grundstoffe, Halbfabrikate und Nahrungsmittel, was auf der Basis von Branchenanalysen, Export-Importanalysen, Erfahrungswerten und Expertenbefragungen erfolgt.

Diese einzeltechnologische Betrachtungsweise hat den Vorteil gegenüber den traditionellen, mehr wirtschaftsstatistisch orientierten Vorgehensweisen, daß absehbare technologische und produktionsbezogene Entwicklungen explizit und interpersonell nachvollziehbar berücksichtigt werden können, einschließlich der damit verbundenen Kosten für die Technologien und der Nettoproduktionswerte der Produkte. Damit werden Annahmen zu zukünftigen Prozeßsubstitutionen (z.B. die durch höhere Stahlschrottmengen bedingte intensivere Nutzung des Elektrostahlverfahrens zu Lasten der Roheisen- und Oxigenstahl-Produktionslinie), zu branchen internem Strukturwandel (z.B. mehr Polyolefine aufgrund der Metallocen-Katalysatoren zu Lasten der Polyaddate und -kondensate) oder zum verstärkten Einsatz von brennbaren Abfallstoffen (z.B. bei der Roheisen- und Zementherstellung) in ihren Auswirkungen quantifiziert und nachvollziehbar, damit auch explizit diskutierbar und bei neuen Erkenntnissen veränderbar.

Verständlicherweise läßt sich diese Detailtiefe wegen des erheblichen Aufwandes für Datenrecherche und -aufbereitung nur für einen Teil der Industrie angesichts ihrer technologischen Vielfalt durchführen. Für jene energieextensiven Branchen der Investitions-, Konsumgüter- und Nahrungsmittelindustrie, in denen der Strukturwandel zu weniger energieintensiven Produkten nicht direkt aus technologischen Analysen abgeleitet werden kann, wird deshalb mittels statistischer Analysen und Literaturauswertungen auf traditionelle Weise versucht, den Trend zu höherwertigen Produktstrukturen (z.B. hochqualitative Maschinen, Pharmaka, Produkte der Informations- und Kommunikationstechnik) miteinzubeziehen, um ihn separat vom energiesparenden technischen Fortschritt in den Werten der Energieintensitäten behandeln zu können.

Disaggregation, Datenstruktur und Datenhandling
Da das IKARUS-Optimierungsmodell nur eine beschränkte Zahl von Technologien für alle Energiesektoren bearbeiten kann, hat die IKARUS-Datenbank einen weitaus größeren technologischen Differenzierungsgrad, der hier am Beispiel der Glasindustrie angedeutet sei (vgl. auch Jochem/ Bradke, 1996, S. 23-29).

Aus der Konsumgüterindustrie wird zunächst die Glasindustrie anhand der Zahlen der amtlichen Statistik (Stat. Bundesamt, 1997) separiert, die produktionsseitig auch zwischen der Herstellung von Flachglas, Hohlglas, Glasfasern und der Veredelung bzw. Verarbeitung von Glas unterscheidet. Technologisch relativ homogen ist die Flachglas- und Hohlglasherstellung, während die übrigen Glasproduktionsbereiche wegen der Heterogenität der Produktionsverfahren und des relativ geringeren Energieverbrauchs zur "Restlichen Glasproduktion" zusammengefaßt werden. Aus diesen drei Produktionsbereichen werden die Querschnittstechnologien Raumwärme-, Warmwasser-/ Dampf- und Drucklufterzeugung sowie Beleuchtung/ EDV/ Bürotechnik herausgelöst und separat ausgewiesen.

Das Beispiel zeigt, daß für jede Branche ein Kompromiß zu finden ist zwischen Konzentration auf die wesentlichen Energieverbraucher und Energieeffizienzpotentiale unter energietechnischen Gesichtspunkten (hoher Detaillierungsgrad zur besseren Nachvollziehbarkeit, Vermeidung von größeren Fehlern durch zu große Vereinfachungen) einerseits und Begrenzung des Datenerhebungs- und Aktualisierungsaufwandes sowie Erhalt einer Übersichtlichkeit andererseits. Deshalb wurden bei der Disaggregation als Auswahlkriterien neben dem Datenerhebungsaufwand

- der absolute jährliche Energieverbrauch der betrachteten Produktion in Deutschland,
- der spezifische Energieverbrauch, das Verhältnis von Energieverbrauch zum Nettoproduktionswert, des jeweiligen Produktionsbereiches,
- die technische Homogenität der Produktion und das Energieeffizienzpotential sowie
- die Hochrechenbarkeit auf die Jahre 2005 (und 2020) anhand vorliegender Informationen

berücksichtigt. Entsprechend der genannten Kriterien ist die deutsche Industrie derzeit in 45 Einzelproduktionen mit etwa 80 Produktionsalternativen und 12 Restbranchen sowie 5 Querschnittstechnolgiebereichen mit einer Reihe von Energiewandleroptionen (z.B. Heizkessel, Dampferzeuger, KWK-Anlagen, BHKW, Drucklufterzeuger) in der Datenbank abgebildet (vgl. Abb. 3.5.1).

Industrie

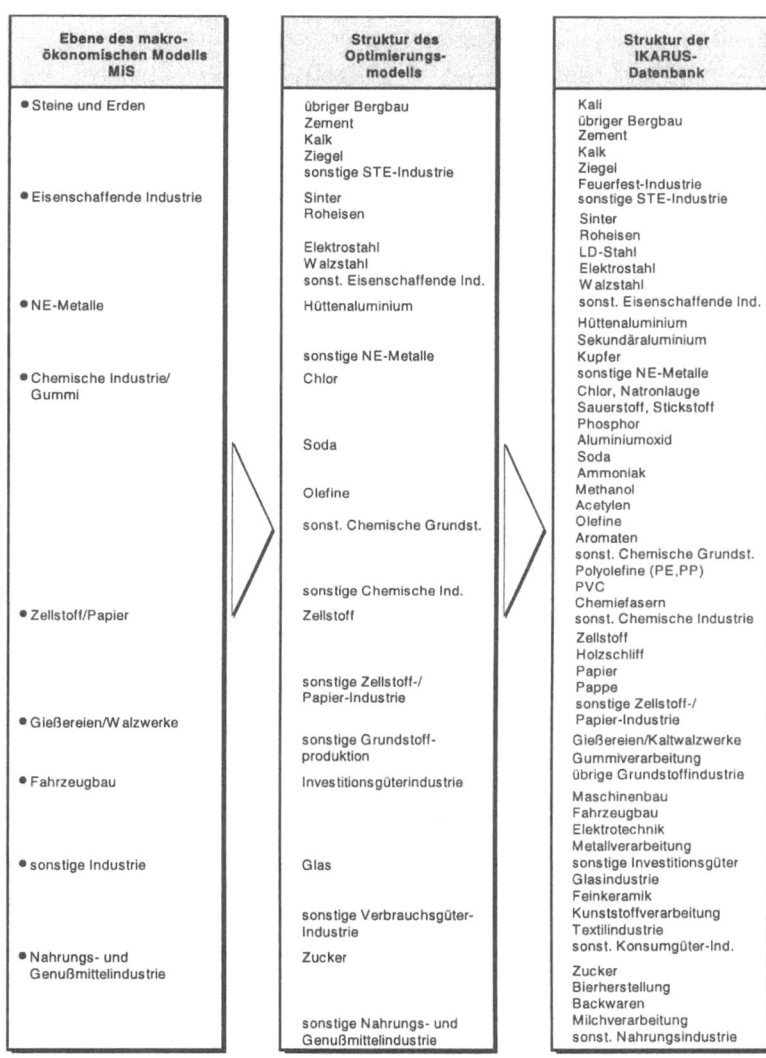

Abb. 3.5.1 Disaggregation der deutschen Industrie in den beiden Modellen, MIS und Optimierungsmodell, und in der Datenbank von IKARUS

Mit den Einzelproduktionen und den Querschnittstechnologien sind rund 80 % des industriellen Energieverbrauchs einzeltechnologisch erfaßt.

In der Datenbank sind die Daten für Energieverbrauch, Produktion und Kosten für die Einzeltechniken der Einzelproduktion (z.B. Glasrohmaterialaufbereitung, Schmelzofen, Formen und Nachbehandlung bei der Hohlglasproduktion) mit möglichen Energieeffizienztechniken wie z.B. Verbesserungen an den Brennern, bessere Ausgestaltung und Isolierung der Glaswand mit Verzicht auf die elektrische Zusatzbeheizung oder Rohmaterialvorerwärmung abgelegt. Die jeweiligen Daten sind in der Datenbank so entlang einer Techniklinie organisiert, daß mittels eines Aggregationstools die vom Optimierungsmodell benötigten Daten zusammengefaßt werden können. Dabei können auch stoffliche Effizienzeffekte (z.B. leichtere Glasflaschen) oder verstärkter Einsatz von Glasscherben (durch höhere Glasrecyclingquoten) mitberücksichtigt werden.

Die Datenstruktur der Datenbank wurde bewußt sehr flexibel gestaltet, um technologische Änderungen oder aufgrund neuer Daten mögliche Disaggregationen in einzelnen Branchen ohne große Änderungen zügig durchführen zu können.

Kostendaten und Kostenschätzverfahren
Die Ermittlung der Kosten für neue energieeffiziente Produktionstechnologien oder add on-Investitionen, z.B. zur Wärmerückgewinnung, verbesserten Prozeßregelung oder Wärmedämmung, sind insbesondere im ersteren Fall eine große Herausforderung an die Analytiker. Denn angesichts der Heterogenität der Produktionsprozesse, des integrierten energiesparenden technischen Fortschritts bei einer Reinvestition oder einer Prozeßsubstitution und angesichts von Geheimhaltungstendenzen bei Prozeßkosten sind die Erhebungen von Kostendaten und ihre Evaluation bzw. Zukunftsaussagen mit erheblichen Schwierigkeiten verbunden (Jochem, 1997). Neben den Problemen, allein die Investitions- und (eventuell vorhandenen) Betriebskosten erheben oder zuordnen zu können, stellt sich auch die Frage der Transaktionskosten (d.h. der Aufwendungen der Investoren für Vorinformation, Planung, Ausschreibung, Vergabe, Bau- und Montagekontrolle sowie Inbetriebnahme und für eventuelle Genehmigungskosten), die i.a. in bottom-up Modellen und ihren Daten nicht hinreichend mitberücksichtigt werden (Krause, 1996). Schließlich können auch die Preise der Anlagen- und Maschinenhersteller aufgrund betrieblicher Besonderheiten oder von Preispolitiken der Unternehmen erheblich, z.B. um ± 20 %, schwanken. Grundsätzlich unterscheidet die Analyse bei der Bestimmung der Investitions- und Betriebskosten energiesparender Investitionen drei idealtypische Fälle (vgl. Jochem/ Bradke, 1996, S. 29-36):

- Bei **monofunktionalen Energieeffizienz-Investitionen** (z.B. verbesserte Heißwasser- und Dampferzeuger, Wärmetauscher, Prozeßleitsysteme) werden die gesamten Investitions- und Betriebskosten ermittelt - der einfache (und in der Industrie seltene) Fall.
- Bei **multifunktionalen Investitionen** (z.B. Dünnbandgießen statt Stahlwalzen, Herstellung von Chlor durch das Membran- anstelle des traditionellen Amalgam- oder Diaphragmaverfahrens) erfolgt der Kapitalrückfluß aufgrund mehrerer Rationalisierungseffekte (z.B. höhere Kapital-, Arbeits- und Energiepro-

duktivität), so daß die Produktionskosten des neuen Verfahrens trotz höherer Energieeffizienz eventuell nicht einmal steigen, sondern u.U. sogar sinken; in diesen Fällen ist die erhöhte Energieeffizienz ein Begleiteffekt und wird von den Energie-Makromodellen als autonomer energiesparender Effekt, d.h. ohne Zusatzkosten behandelt, auch wenn die eingesparten Energiekosten unternehmerisch betrachtet zur Rentabilität der jeweiligen Investition beitragen mögen. In diesem Fall werden deshalb die Kosten der Energieeffizienzverbesserung anhand der Methode der anlegbaren Investitionskosten ermittelt (vgl. unten).

- Bei **unspezifizierten und unspezifizierbaren Energieeffizienzinvestitionen** von Restbranchen, insbesondere im Bereich der Investitions-, Verbrauchsgüter- und Nahrungsmittelindustrie, wäre es wegen des extrem hohen Erhebungsaufwandes praktisch unmöglich, für ungezählte Prozeßschritte und Produktionsverfahren ihre jeweils möglichen energietechnischen Verbesserungen einschließlich der damit verbundenen Investitions- und Betriebskosten zu erheben und sie zu den geforderten Aggregationsniveaus eines Industriezweiges zu verdichten.

Auch in diesem Fall ist es nur möglich, zunächst das realisierbare Energieeinsparpotential des jeweiligen Industriezweiges anhand statistischer Methoden und technologischer Überlegungen zu schätzen und dann mittels der Methode der anlegbaren Investitionskosten die zusätzlichen Kosten der Energieeffizienzverbesserungen gegenüber einer Referenzentwicklung zu berechnen.

Die **Methode der anlegbaren Investitionskosten** benötigt als Ausgangspunkt eine Angabe zu einem Energieeinspar- oder Energiesubstitutionspotential einer betrachteten multifunktionalen Energieeffizienzinvestition oder einer Restbranche, das für einen gegebenen Zeitraum (z.B. für 1995 - 2005) gegenüber einer Referenztechnologie oder Referenzentwicklung als zusätzlich realisierbar erachtet wird.

Diese zusätzlichen Energieeinspar- oder -substitutionspotentiale einer Technologie oder Restbranche sind als wirtschaftliche Potentiale definiert, d.h., sie sind unter branchen- und technologiespezifischen Refinanzierungszeiten bei branchenspezifischen Energiepreisen (bzw. Energiepreisunterschieden zwischen Energieträgern) als rentabel anzusehen. Mit Annahmen über zusätzliche Betriebsmittel- und Personalkosten (gegenüber der Referenzentwicklung), die allerdings gegenüber den Kapitalkosten i.a. als relativ gering einzuschätzen sind, ist es dann möglich, die Investitionskosten zu berechnen (Jochem/ Bradke, 1996, S. 31-32).

Neben diesen strukturellen Schwierigkeiten der Kostenschätzung liegt eine weitere Herausforderung in der Projektion der CO_2-Minderungskosten bis zum Jahre 2020. Gerade bei neuen Technologien der industriellen Produktion und Energiewandlung ist davon auszugehen, daß durch Lernprozesse und economies of scale erhebliche Kostendegressionen gegenüber den heute bekannten oder geschätzten Investitionskosten realisiert werden können. Dieser Aspekt der Erfahrungskurven, wie er in der Betriebswirtschaftslehre zum Alltag der Kostenschätzung gehört, wurde bei der Überarbeitung der IKARUS-Daten systematisch berücksichtigt. Diese Arbeiten werfen eine Fülle von neuen Fragen auf (z. B. Stückzahlen-Kostendegression, Technologiewechsel der Produktionstechnik, Exportentwicklung zur Erhöhung der Stückzahlen, Typ der

Lernkurve), Fragen, die zum Teil exogen anhand vergleichbarer Maschinen- oder Anlagentypen beantwortet werden können (Mattsson, 1997) oder eigentlich im Modell endogenisiert werden müßten (Messner, 1997), weil die einzusetzenden Stückzahlen erst vom Modell bestimmt werden. Dies aber stößt an Grenzen des Optimierungsansatzes.

3.5.3 Technologische Entwicklungen zu Energieeffizienz und Kreislaufwirtschaft sowie intra-industrieller Strukturwandel

Da der Erdgaseinsatz in der deutschen Industrie im Jahre 1997 mit etwa 32 % und der Stromeinsatz mit etwa 29 % am Endenergieeinsatz relativ hoch liegt und der Kokseinsatz mit derzeit knapp 9 % nur wenig im Hochofen substituiert werden kann, liegt das Substitutionspotential der festen Brennstoffe und des Heizöls mit ihrem gemeinsamen Anteil von etwa 23 % nicht mehr im Zentrum der Möglichkeiten, die Treibhausgasemissionen der Industrie wesentlich zu reduzieren (allenfalls um 10 Mio t CO_2 oder etwa 8 %).

Dies bedeutet, daß wesentliche technologisch bedingte Verminderungen energiebedingter Treibhausgasemissionen nur über weitere Energieeffizienzverbesserungen sowie strukturelle Prozeßveränderungen erzielt werden können, die durch stoffliches Recycling, spezifisch geringeren Einsatz oder Materialsubstitutionen von energieintensiven Grundstoffen ausgelöst werden.

Da die Energieverbrauchsschwerpunkte der Industrie im wesentlichen in der Grundstoffindustrie liegen und die technologische Vielfalt in den meisten anderen Industriezweigen eine Identifizierung von Energieeffizienzpotentialen sehr aufwendig macht, liegt das Hauptgewicht der Analyse zu den Energieeffizienzpotentialen in den Branchen der Grundstoffindustrie und im Bereich der Querschnittstechnologien (Kesselanlagen, KWK, Drucklufterzeugung). Bei diesen (etwa 50) Technologiebereichen war es möglich, die Effizienzverbesserungen eindeutig als technologisch bedingte Veränderungen des spezifischen Energieverbrauchs zu definieren, während bei den Restbranchen nur die Veränderungen der Energieintensität, dem Verhältnis von Energieverbrauch und Nettoproduktionswerten, geschätzt werden konnten. Dies bedeutet, daß in den Restbranchen neben den möglichen Energieeffizienzverbesserungen auch strukturelle Entwicklungen zu höherwertigen Produkten mitberücksichtigt werden mußten.

Die Energieeffizienzpotentiale wurden für zwei Stichjahre - 2005 und 2020 - geschätzt, wobei in den etwa 50 oben beschriebenen Technologiebereichen typische Reinvestitionszyklen mitberücksichtigt werden mußten, um zu verhindern, daß das Optimierungsmodell ohne Rücksicht auf noch nicht abgeschriebene bzw. technisch noch intakte Anlagen Reinvestitionen vornehmen könnte. Die Effizienzpotentiale wurden mit ihren jeweiligen Kosten so in der Datenbank abgelegt, daß das Aggregationstool für die Datengenerierung des Optimierungsmodells eine Kosten-Effizienzpotentialkurve erstellen kann, die dann für drei Effizienz-Kosten-Stufen in die Platzhalter des Optimierungsmodells aufgenommen werden. Diese drei Varianten der Platzhalter, aus denen das Optimierungsmodell unter Kostenminimierungsgesichtspunkten frei wählen kann, werden mit den Namen "Standard Entwicklung", "Spar" und "Super Spar" bezeichnet. Die Grenzkosten dieser drei Varianten sind bei den Restbranchen - in der üblichen Darstellungsweise - als monoton überproportional steigend ausgewiesen. Dieser aus theoretischen Gründen immer wieder beschriebene Verlauf trifft allerdings für viele konkrete Technologiebereiche nicht zu: Vielmehr ergeben sind aus den technologischen Analysen sehr unterschiedliche Formen der Kosten-Potentialkurven mit ausgeprägten Kostenplateaus und großen Energieeinsparpotentialen, die i. a. auf Prozeßsubstitutionen ab einem gewissen Energiepreisniveau zurückzuführen sind (z.B. Membran- und Extraktionsverfahren statt thermischer Trennverfahren, elektrische Trocknung statt thermischer Trocknung mit Dampf oder Heißgasen).

Intra-industrieller Strukturwandel
Hinzu kommen ab bestimmten Energiepreisniveaus Überlegungen eines erhöhten stofflichen Recyclings energieintensiver Werkstoffe, was vorgelagerte Produktionsstufen der Grundstofferzeugung erübrigt (vgl. Beispiele in Tabelle 3.5.1). Soweit diese Sekundärmaterialien im Modell abgebildet sind, kann dieser Einfluß des Produktstrukturwandels direkt durch Variation der Sekundärmaterialmengen, z.B. von Elektrostahl oder Sekundäraluminium, studiert werden. In anderen Fällen bedarf es der Änderung in der IKARUS-Datenbank (z.B. für Altpapier- oder Glasscherbeneinsatz, Hochofenschlackenzuschlag zum Zementklinker). In manchen Bereichen muß das stoffliche Recycling in Zukunft, je nach technologischem Fortschritt, noch erweitert werden, insbesondere im Bereich der Kunststoffe (vgl. Patel u.a., 1998).

Analysiert man den Einfluß des intra-industriellen Strukturwandels auf die Entwicklung des Energiebedarfs der energieintensiven Industriezweige, so ergibt sich aufgrund der unterdurchschnittlich zunehmenden Produktion von 20 energieintensiven Grundstoffen folgendes Bild für die Referenzentwicklung bis 2020:

- Auf seiten des Brennstoffbedarfs reduziert sich der Energieeinsatz bis 2005 um etwa 0,5 % jährlich, bezogen auf den Brennstoffeinsatz der Industrie des Jahres 1995. Auf seiten des Strombedarfs ist dieser Einfluß als halb so groß einzuschätzen, was in dieser Größenordnung zu einer Trendwende beim industriellen Strombedarf beitragen dürfte.
- Für die längerfristige Perspektive bis 2020 ist die Wahrscheinlichkeit hoch, daß sich dieser Einfluß des intra-industriellen Strukturwandels nicht nur erhält, sondern noch verstärkt, wenn die Produktionsannahmen, wie sie in Tab. 3.5.1 exemplarisch aufgeführt sind, zutreffen.

Diese strukturellen Verschiebungen bei den energieintensiven Grundstoffen sind allerdings nicht nur sättigungs- und recyclingbedingt, sondern auch durch einen veränderten Außenhandel an energieintensiven Grundstoffen, der schon seit vielen Jahren bei einigen Produkten in den Nettoexportzahlen rückläufig, wenn nicht gar bei Nettoimporten steigend ist. Bei einer Analyse für etwa 15 energieintensive Grundstoffe betrug die durch den veränderten Außenhandel in Deutschland vermiedene CO_2-Menge in den letzten 10 Jahren etwa 0,7 Mio t pro Jahr (Ziesing u.a., 1997).

Für die Zukunft stellt sich die Frage, wie die beschriebenen Einflüsse der Energieeffizienzverbesserung und des intra-industriellen Strukturwandels methodisch noch besser als bis heute vorausgeschätzt werden können. Dies dürfte nicht zuletzt mit den methodischen Fortschritten zusammenhängen,

Struktureinflüsse zukünftiger wirtschaftlicher Entwicklungen und die Auswirkungen der absehbaren Energie-, Klima- und Kreislaufwirtschaftspolitik noch klarer beschreiben zu können.

Tabelle 3.5.1 Veränderung der Anteile von ausgewähltem Primär- und Sekundärmaterial von Sekundärmaterial in der Grundstoffindustrie 1995 - 2020, Referenz-Szenario

Produkt	Produktionsmengen in Mio t			Veränderung in % /a	
	1995	2005	2020	1995/05	2005/20
• Oxigenstahl	31,91	27,5	19,2	-1,5	-2,4
• Elektrostahl	10,14	11,8	15,8	+1,5	+2,0
Rohstahl	42,05	39,3	35,0	-0,7	-0,8
• Hüttenaluminium	0,575	0,400	0,200	-3,6	-4,5
• Sekundäraluminium	0,418	0,800	1,100	+6,7	+2,1
Aluminium	0,993	1,200	1,300	+2,0	0,54
• Portlandzement	29,43	24,75	22,5	-1,7	-0,63
• Hochofenzement u.a.	8,12	8,25	8,5	+0,16	+0,20
Zement	37,55	33,0	31,0	-1,3	-0,40
• Zellstoff	0,72	1,00	1,00	0,33	0,0
• Altpapier	8,60	10,5	11,7	2,0	0,72
Papiere, Pappen	14,83	17,5	18,0	1,7	1,00

Quellen: IKARUS-Datenbank; Stat. Jahrbuch 1997; eigene Schätzungen

3.5.4 Inter-industrieller Strukturwandel, gehemmte Effizienzpotentiale und Perspektiven des industriellen Energieverbrauchs in den kommenden zwei Jahrzehnten

Neben den o.g. technischen Effizienz- und Verfahrenssubstitutionseinflüssen sowie dem intra-industriellen Strukturwandel auf die Energieintensität einer einzelnen Industriebranche haben aber auch der Strukturwandel zwischen den Industriebranchen und Hemmnisse der rationellen Energieanwendung einen großen Einfluß auf den zukünftigen Energiebedarf der deutschen Industrie und ihre Treibhausgasemissionen. Während der inter-industrielle Strukturwandel von ähnlichen Determinanten bestimmt wird wie der in Kap. 3.5.3 beschriebene intra-industrielle Strukturwandel, haben Energie- und Umweltpolitik - je nach Intensität und Ausrichtung - einen Einfluß auf die Verminderung bestehender Hemmnisse.

Industrieller Strukturwandel - ein Gratisbeitrag für Ziele von Kyoto
Der inter-industrielle Strukturwandel, d. h. unterschiedliche Wachstumsraten der Produktion einzelner Branchen, reduzierte bereits in den letzten zwei Jahrzehnten die Energieintensität der Industrie, weil der Anteil der weniger energieintensiven

Branchen, insbesondere vieler Industriezweige der Investitionsgüterindustrie, an der Produktion deutlicher zunahm als die Produktionsanteile der meisten energieintensiven Branchen der Grundstoffindustrie. Die Branchen mit geringerem Produktionswachstum waren die Eisenschaffende Industrie, Steine und Erden, Gießereien, die Feinkeramik und das Textilgewerbe (Jaeckel u.a., 1990). Hinzu kamen ab 1990 erhebliche Produktionseinbrüche in den neuen Bundesländern, so daß die ostdeutsche Grundstoffindustrie im Vergleich zur Gesamtproduktion heute eine relativ geringe Rolle spielt (DIW/ISI, 1997).

Für die zukünftige Entwicklung des inter-industriellen Strukturwandels wurde auf die Ergebnisse des MIS-Modells zurückgegriffen (vgl. Kap. 2.3), nach dessen Simulationsrechnungen der Strukturwandel zugunsten der energie-extensiven Branchen in den meisten Fällen weitergehen dürfte: die Investitionsgüterindustrie und die Chemische Industrie nehmen überproportional zum Durchschnitt des Industriewachstums zu, während die Raten für Steine und Erden, NE-Metalle und die Eisenschaffende Industrie deutlich unterdurchschnittlich verlaufen (vgl. Tabelle 3.5.2). Berechnet man diesen Strukturwandel als Einfluß auf den Energiebedarf der deutschen Industrie, so würde

- die Brennstoffintensität bis 2005 um durchschnittlich 0,7 % pro Jahr und die Stromintensität um etwa 0,4 % pro Jahr rückläufig sein;
- die Tendenz zu geringeren Energieintensitäten sowohl bei den Brennstoffen als auch bei Strom in der Periode 2005 bis 2020 noch etwas verstärkt.

Tabelle 3.5.2 Nettoproduktionswerte 1995 des Verarbeitenden Gewerbes und deren Emtwicklung bis 2020 (gemäß Resultaten des MIS-Modells)

Branche	Nettoproduktion 1995 in Mrd DM	Zuwachsraten in %/a	
		1995-2005	2005-2020
Steine und Erden	27,7[1]	0,29	0,60
Eisenschaffende I.	18,43[1]	±0	-0,50
NE-Metalle	17,30[1]	0,94	1,30
Gießereien	4,08[1]	1,67	1,35
Zellstoff und Papier	44,3[1]	1,21	0,80
Chemie	120,4	2,2	2,58
Fahrzeugbau, E.-Technik	269,4	1,8	1,90
Nahrungsmittelindustrie	109,5	1,6	1,10
Sonstige Industrie	421,89	1,8	1,46
Industrie, insges.	1.033,0	1,7	1,6

[1] etwas andere Abgrenzung in WZ 93 im Vergleich zu Sypro

Gewiß wird man die Unsicherheiten der Abschätzung des industriellen Strukturwandels über eine derartig lange Zeit im Auge behalten müssen, aber die Ergebnisse zeigen, daß der Strukturwandeleinfluß in Zukunft von gleicher Bedeutung sein könnte, wie man es von der Energieeffizienz erwartet: etwa 1 % jährlich. Dies würde im Industriesektor die Bemühungen der Klimapolitik der Bundesregierung und der EU merkbar unterstützen.

Effizienzpotentiale nach wie vor gehemmt
Rechnungen mit dem IKARUS-Optimierungsmodell (Gerster 1996; DIW, ISI, STE, Öko-Institut, 1997) bestätigen in allgemeiner Form das, was der beratende Ingenieur aus seinen vielen Betriebsbegehungen im einzelnen kennt: Das rentable Energieeinsparpotential liegt - zwar je nach Branche und Produktion unterschiedlich - zwischen 15 bis 30 % und manchmal in einigen Betrieben noch darüber. In erheblichem Umfang infolge bestehender Hemmnisse unausgeschöpft sind aber diese Potentiale auf zwei Gebieten:
- Alte und abgeschriebene Produktionsanlagen haben trotz spezifisch hohem Energieverbrauch vergleichbare Gesamtkosten wie Neuanlagen. Die Unternehmen warten zu und investieren in anderes. Manch abgeschriebene Produktionsanlage in der westdeutschen Industrie steht zur Reinvestition in den kommenden Jahren an. Den meisten gemeinsam ist ein rentables Energieeinsparpotential von 10 bis 25 %.
- Aber auch in dem sorgfältigeren Betrieb und bei Reinvestitionen der "off-sites" stecken ganz erhebliche wirtschaftliche Effizienzpotentiale: neue oder besser betriebene Drucklufterzeugungs- oder -verteilungssysteme (meist mehr als 30 %), neue Kälte- und Klimatisierungsanlagen (meist mehr als 25 %), neue elektronisch gesteuerte Elektromotoren (häufig mehr als 25 %), effiziente Beleuchtungsanlagen und nicht zuletzt KWK-Anlagen anstelle von Kesselanlagen und Strombezug.

Diese Potentiale dürften im wesentlichen auch den technisch-ökonomisch realen Hintergrund darstellen, wenn die meisten energieintensiven Industriezweige sich im März 1995 in einer freiwilligen Selbstverpflichtung zu besonderen Anstrengungen zur Minderung von CO_2-Emissionen festgelegt und diese Verpflichtung im März 1996 mit teilweise verbesserten Zielsetzungen gegenüber der Bundesregierung wiederholt haben (BDI, 1996). Warum diese rentablen Energieeffizienzpotentiale unausgeschöpft sind, darüber wurde bisher in Deutschland nur wenig systematisch geforscht. Die **bestehenden Hemmnisse** sind nicht nur der Ausdruck der Alltagssituation kleiner und mittlerer Unternehmen (Gruber/ Brand, 1990), sondern auch bei großen Unternehmen mit relativ geringeren Energiekostenanteilen am Umsatz oder beim Zusammenspiel zwischen Industriebetrieb und seinem Stromversorger zu beobachten.

Soweit das IKARUS-LP-Modell über einzeltechnologische Platzhalter zur Simulation konkreter Produktionstechniken und Querschnittstechnologien Aussagen trifft, sind die realen Hemmnisse in den Rechenläufen nicht abgebildet, d. h., das volle technisch-ökonomische Potential wird den zukünftigen Energiebedarf und zugeordnete CO_2-Emissionen auf einem geringeren Niveau ausweisen, als man es im Sinne einer Prognose wird erwarten können. Insofern kann man auch die Differenz von einem für ein Prognosejahr erwarteten

Energiebedarf (z. B. nach Prognos, 1995) zu dem vom IKARUS-LP-Modell ausgewiesenen Energiebedarf als die Dimension des gehemmten Potentials interpretieren. Dieser Vergleich wurde erstmals auch bei der Formulierung von Klimapolitikszenarien genutzt (Ziesing u.a., 1997).

Perspektiven für die nächsten 20 Jahre
Analysiert man die jüngeren Projektionen zum Energiebedarf der deutschen Industrie, so erwartet Prognos (1995) zwischen 1992 und 2005 eine Abnahme der Brennstoffintensität um 33 % (oder 3 % jährlich) und der Stromintensität um 16 % (oder 1,3 % jährlich). Das IKARUS-Modell kommt aus o.g. Gründen in einer vergleichbaren Referenzentwicklung für den gleichen Zeitraum zu etwas höheren Werten von 3,5 % jährlich bei der Brennstoffintensität und um 2,3 % jährlich bei der Stromintensität (Jochem/Bradke, 1996). Beiden "Prognosen" gemeinsam ist der absolute Rückgang des Brennstoffbedarfs um etwa 8 % auf rd. 1730 PJ und der leichte Anstieg des industriellen Strombedarfs um 9 bis 15 % auf 740 bzw. 785 PJ bis zum Jahre 2005.

Im Vergleich zur Entwicklung der letzten 20 Jahre läßt sich nach Studium der Einzeldaten in den Projektionen des IKARUS-Instrumentariums folgendes feststellen:
- Energieeffizienz-Investitionen in Industrieöfen (heute 880 PJ/a), in Trockner (heute 320 PJ/a), in Kesselanlagen und andere Prozeßwärmenutzung sind weiterhin zu erwarten: sauerstoff- statt luftbetriebene Industrieofenbrenner vermeiden die unnötige Aufheizung des Luftstickstoffs, mancher Drehrohrofen, Tunnelofen oder Schachtofen wird reinvestiert oder erhält eine verbesserte Prozeßregelung, manche Rektifikationskolonne wird reinvestiert, und Papiermaschinen erhalten eine bessere Entwässerung vor der Trockenpartie, Heißdampf- statt Heißlufttrocknung, Brennwertnutzung, Abwärmenutzung aus Kompressoren und vieles mehr. Hinzu kommen Substitutionen von Brennstoffnutzung durch Stromanwendungen.
- Die Stromeffizienz-Investitionen gewinnen an Bedeutung, weil Automation, Mechanisierung und Umweltschutz weitgehend zum Abschluß gekommen sind. Der Trend zum integrierten energie- und umwelttechnischen Fortschritt macht zunehmend eine Abwärmenutzung, Abfallbehandlung oder Abwasservorklärung überflüssig. Pumpen und Ventilatoren dieser "off-sites" laufen in Zukunft langsamer und seltener. Zunehmend entdeckt man hohe unnötige Stromkosten bei Druckluft- und Kältesystemen, Beleuchtung, Pumpen, Ventilatoren und Sichtern.
- Die Umwelt profitiert von diesen Effizienzverbesserungen und Energieträgersubstitutionen auf der Brennstoffseite, während der Strommehrverbrauch wegen der größeren spezifischen CO_2-Emissionen pro Energieeinheit die Erfolge zu einem merklichen Teil wieder kompensiert. Brennstoffseitig gehen die industriellen CO_2-Emissionen bis 2005 um 23 Mio. t oder 15 % auf etwa 130 t CO_2 zurück. Aber per saldo bleibt wegen des höheren Strombedarfs und des Produktionswachstums für das Klima nur ein Gewinn von etwa 15 Mio. t, d.h. weniger als 10 % gegenüber 1995.

Insgesamt sind diese Perspektiven nachvollziehbar, und sie wären umso erfreulicher, je intensiver es der Wirtschaft selbst und der Energiepolitik gelingt, die oben angesprochenen Hemmnisse abzubauen. Ob die jüngste Vereinbarung zu einer stufenweisen Liberalisierung der Strom- und Gaswirtschaft innerhalb der EU hier einen sinnvollen Beitrag verbesserter Rahmenbedingungen leistet, ist noch nicht absehbar (Jochem/ Tönsing, 1998). Jedenfalls ist das Contracting ein großer Hoffnungsträger, der jene Effizienzpotentiale mobilisiert, die die Betriebe mit ihrer kurzatmigen Amortisationszeiten-"Guillotine" abschneiden. Was die Selbstverpflichtungen der deutschen Industrie und der Einzelverbände betrifft, so hört man aus der Wissenschaft mehr Skepsis als Zustimmung. Die Industrie wird mit ihren Nachweisen, wo sie seit 1995/1996 zusätzliche Anstrengungen unternommen hat, in Zukunft die Bundesregierung und die Wissenschaft überzeugen müssen, daß Skepsis zu Unrecht geäußert wurde und daß bestehende Hemmnisse durch Maßnahmen der Wirtschaft selbst überwunden werden. Das wäre ein Innovationsprozeß, wie ihn der Standort Deutschland braucht. Japan und manche kleinere europäische Länder sind da schon weiter, wie es sich an den Außenhandelsstatistiken für energieeffiziente Industriewaren und Techniken zur Nutzung erneuerbarer Energiequellen schon abzuzeichnen scheint.

Ohne Zweifel bestehen bei vielen Schätzdaten zur Entwicklung der Effizienzpotentiale, ihrer Kosten und zur Produktionsentwicklung erhebliche Unsicherheiten. Diese lassen sich nicht allein auf Unsicherheiten in der weiteren technologischen Entwicklung zurückführen, die auch mit anderen Methoden, z.B. der Delphi-Methode (Cuhls u.a., 1998) eingegrenzt werden können. Gerade die technologische Entwicklung wird über einen langen Zeithorizont von mehr als 20 Jahren von Ingenieuren und Naturwissenschaftlern eher unterschätzt, zumindest bei Technologien, die einen Reinvestitionszyklus von weniger als 20 Jahren haben. Denn die konkreten maschinen- und anlagentechnischen Lösungen zeichnen sich langfristig noch nicht so klar ab, als daß Technologen präzise Angaben zu technischen und Kostendaten machen möchten. Insofern sind für lange Zeithorizonte statistische Verfahren zur Schätzung der Energieeffizienzentwicklung eher geeigneter, falls neue strukturelle Veränderungen ausgeschlossen werden können. Diese Erfahrungen zeigen sehr deutlich, wie sehr für eine intelligente Prognostik zur zukünftigen Entwicklung des industriellen Energiebedarfs und seiner Treibhausgasemissionen die in einzelnen Fachdisziplinen entwickelten Methoden gemeinsam genutzt werden müssen, aber auch, daß das IKARUS-Instrumentarium (und vergleichbare Ansätze in Westeuropa) hier einen wichtigen Platz haben.

Literatur

BDI (Bundesverband der Deutschen Industrie e.V.): Dokumentation: Aktualisierte Erklärung der deutschen Wirtschaft zur Klimavorsorge, Köln 27. März 1996

Cuhl, K.; Blind, K.; Grupp, H.: Delphi '98. Studie zur Globalen Entwicklung von Wissenschaft und Technik. Methoden- und Datenband. Karlsruhe 1998, S. 215-246

DIW/ISI: Ursachen der CO_2-Entwicklung in Deutschland in den Jahren 1990-1995. Forschungsbericht Berlin und Karlsruhe 1997

Gerster, H.J.: IKARUS: Erste Ergebnisse einer CO_2-Reduktionsstrategie für das Jahr 2005. Energiewirtschaftliche Tagesfragen, 46. Jg. (1996), 4, S. 200-207

Gruber, E., Brand, M.: Rationelle Energiewirtschaft der mittelständischen Wirtschaft. Verlag TÜV Rheinland, Köln 1990

Jaeckel, G. u.a.: Systematische Analyse der Komponenten der Energieintensität und -effizienz in der BRD, 1970-1987. DIW, ENERWA, FhG-ISI, Karlsruhe 1990

Jochem, E.; Bradke, H.: Energieeffizienz, Strukturwandel und Produktionsentwicklung der deutschen Industrie. Monographien des Forschungszentrums Jülich, Band 19, Jülich 1996

Jochem, E.: Some Critical Remarks on Today's Bottom-up Energy Models. In: Hake, J.-F., Markewitz, P. (Hrsg.): Modellinstrumente für CO_2-Minderungsstrategien. Proceedings. Forschungszentrum Jülich 1997, S. 271-284

Jochem, E. Tönsing, E.: Die Auswirkungen der Liberalisierung der Strom- und Gasversorgung auf die rationelle Energieverwendung in Deutschland. In: UmweltWirtschaftsForum - uwf - zum Thema 'Ökologische Impulse auf dem Energiemarkt'; Herst 1998

Krause, F.: The costs of mitigating carbon emissions. A review of methods and findings from European studies. Energy Policy 24 (1996) 10/11, p. 899/915

Mattsson, N.: Internalizing technological development in energy systems models. Thesis. Chalmers Univ. Göteborg, 1997

Messner, S.: Endogenized Technological Learning in an Energy Systems Model. J. of Evolutionary Economics. 7(1997)3, p. 291-313

Meyer-Krahmer, F.; Jochem, E.: Perspektiven ökologischer Innovationen aus technologischer Sicht. In: von Gleich, A., Leinkauf, S., Zundel, St. (Hrsg.) Surfen auf der Modernisierungswelle, Ökologie und Wirtschaftsforschung, Bd. 23. Metropolis-Verlag, Marburg 1997.

Patel, M. u.a.: Kohlenstoff-Ströme – Material- und Energie-Ströme des nichtenergetischen Verbrauchs über den Lebenszyklus und CO_2 -Minderung durch Produkte der Chemischen Industrie. Zwischenbericht Karlsruhe/ Freising April 1998

Prognos: Die Energiemärkte Deutschlands im zusammenwachsenden Europa - Perspektiven bis zum Jahr 2020. Basel 23. Oktober 1995, Schäfer-Pöschel Verlag, Stuttgart 1996

Statistisches Bundesamt: Fachserie 4, Reihe 4.1.1. Beschäftigung, Umsatz und Energieversorgung der Unternehmen und Betriebe des Verarbeitenden Gewerbes sowie des Bergbaus und der Gewinnung von Steinen und Erden. Wiesbaden, verschiedene Jahre

Statistisches Bundesamt: Fachserie 4, Reihe 4.3. Kostenstruktur der Unternehmen des Verarbeitenden Gewerbes sowie des Bergbaus und der Gewinnung von Steinen und Erden. Wiesbaden, verschiedene Jahre

Ziesing, H.-J.: Szenarien und Maßnahmen zur Minderung von CO_2-Emissionen in Deutschland bis zum Jahre 2005. In: Politikszenarien für den Klimaschutz. G. Stein und B. Strobel (Hrsg.). Reihe Umwelt Band 5 Forschungszentrum Jülich 1997, S. 271-275

3.6 Energie- und Emissionsszenarien im Sektor Verkehr

Josef Brosthaus, Ralf Kober, Manfred Walbeck,
Dieter Sonnenschein

3.6.1 Ausgangslage und Zielsetzung

In einer Welt, die in weiten Bereichen von nicht vorhersehbaren Ereignissen und Entwicklungen geprägt ist, war und ist es ein Ziel vieler Forschergenerationen, die Zukunft beschreibbar zu machen. Zu einem methodischen Planungsansatz zur Beschreibung denkbarer Zukunftsbilder hat sich im Laufe der Jahre die Szenariotechnik entwickelt.

Szenarien - in diesem Fall Energie- und Emissionsszenarien des Verkehrs - sollen Aussagen zulassen hinsichtlich sich abzeichnender Entwicklungen und Verständnis wecken für notwendige Maßnahmen. Die Akzeptanz von Maßnahmen setzt die Festlegung von Zielgrößen voraus, die von einer breiten Bevölkerungsschicht getragen werden. Das Ziel der hier angesprochenen Szenarien ist es, Ressourcen zu schonen, die Entstehung klimabeeinflussender Emissionen an der Quelle, dem Fahrzeug zu minimieren und bei jedem Beteiligten des Sektors Verkehr das Bewußtsein hinsichtlich einer klimagasoptimierten Mobilitätsbefriedigung zu stärken.

Die Grundlage einer jeden Maßnahmenplanung bildet die Trendaussage, das Trendszenario. Es basiert auf zurückliegenden statistischen Zeitreihen der jeweiligen Einflußgrößen und setzt eine weitestgehend ungestörte Weiterentwicklung dieser Größen voraus (Status- quo- Entwicklung). Trendaussagen basieren vielfach auf rechnerischen/statistischen Zusammenhängen und werden üblicherweise unter Zugrundelegen von Rechenalgorithmen erstellt.

Für ein fundiertes Trendszenario müssen die den Trend beeinflussenden Größen möglichst genau bekannt sein. Diese Einflußgrößen können für den hier angesprochenen Sektor Verkehr aus den in der Abb. 3.6.1 dargestellten Größen abgeleitet werden.

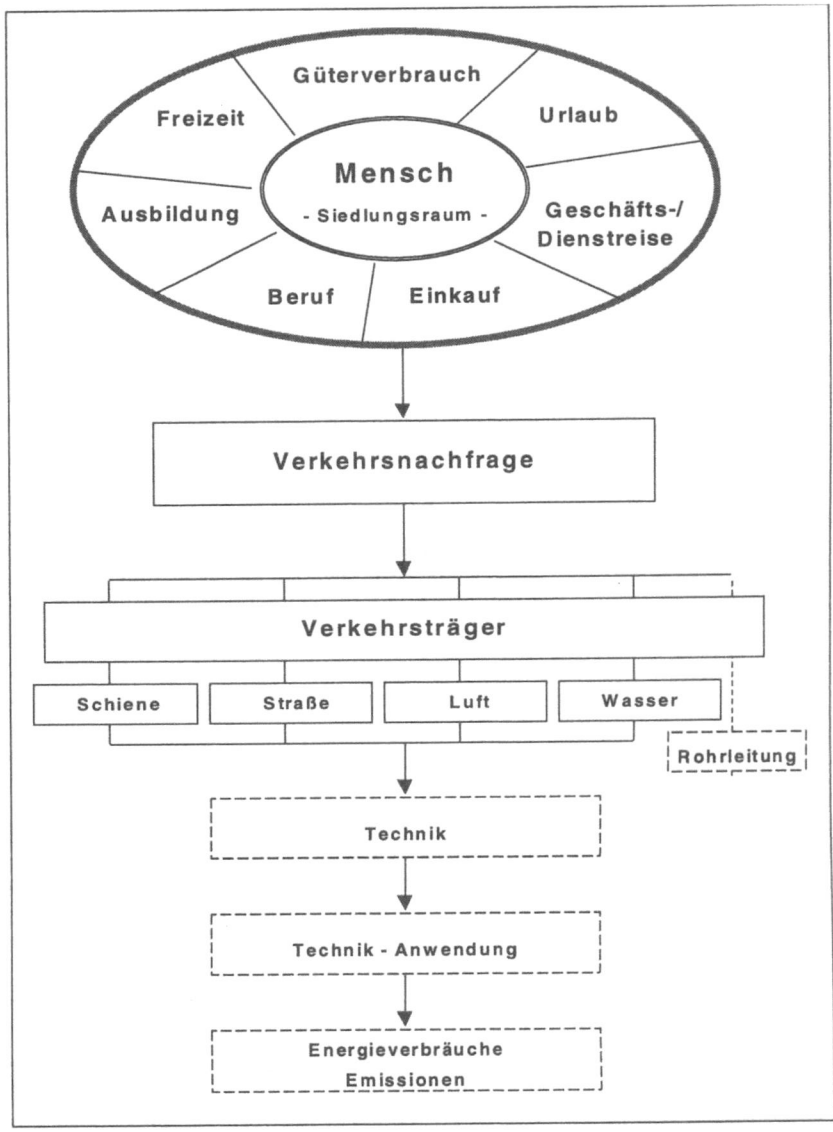

Abb. 3.6.1 Erzeugung und Befriedigung der Verkehrsnachfrage

In diesem Schema, das den Zusammenhang zwischen der Erzeugung und der Befriedigung der Verkehrsnachfrage darstellt, wird deutlich, daß der Mensch durch die Schaffung der Infrastruktur innerhalb seines Siedlungsraums und mit seinem Wunsch nach Mobilität die Verkehrsnachfrage bewirkt und durch die Zurverfügungstellung der Techniken die Nachfragebefriedigung ermöglicht.

Die täglichen Aktivitäten, ausgedrückt durch die Fahrtzwecke Freizeit, Ausbildung, Beruf, Einkauf, Geschäfts- bzw. Dienstreise und Urlaub sowie der Güterverbrauch erzeugen eine Verkehrsnachfrage, zu deren Befriedigung die Verkehrsträger Schiene, Straße, Luft und Wasser zur Verfügung stehen.

Die Technikanwendung führt zu Fahrleistungen[16], die als entscheidende Bezugsgrößen für die Berechnung des Energieverbrauchs und der Abgasemissionen eines Transportvorganges nach Gleichung (1) anzusehen sind.

$$E_{ij} = N_{ij} * f_{ij} * e_{ij} \qquad (1)^{17)}$$

mit

E	:	Verbrauchte Energiemenge	/ g /
N	:	Anzahl Fahrzeuge	
f	:	mittlere Fahrleistung (zurückgelegte Strecke)	/ km /
e	:	mittlerer Energieverbrauch des Transportvorgangs	/ g/km /
i	:	energierelevante Fahrzeugklasse (Technik)	
j	:	energierelevantes Fahrverhalten der Fahrzeugklasse	

Die Darstellung (weiterhin Abb. 3.6.1) macht deutlich, daß es unter der vorab definierten Zielsetzung - Ressourcenschonung und Minimierung von Klimagasen - zwei grundsätzlich unterschiedliche Einwirkungsbereiche gibt. Zum einen ist es das Umfeld, das die Verkehrsnachfrage hervorruft, zum anderen sind es die Techniken, die zur Nachfragebefriedigung zur Verfügung stehen. Die Zurverfügungstellung umweltschonender Einzeltechniken unterliegt dabei in einem nicht subventionierten Marktsegment den Gesetzen der freien Marktwirtschaft.

3.6.2 Trendszenario Verkehrsnachfrage

Um Trendaussagen bezüglich zukünftiger Verkehrsnachfragen machen zu können, wurde in der Anwendungsphase des IKARUS-Projektes ein Verkehrsnachfragegenerator fertiggestellt. Dieses Modul - nachfolgend als TÜV-Makro Demand (T-MADE) Modell bezeichnet - ist unmittelbar mit dem Makroökonomischen Informationssystem (MIS) des IKARUS- Projektes verbunden und ermöglicht so entsprechend dem in der Abb. 3.6.2 dargestellten Strukturplan eine im IKARUS-Datensatz konsistente Generierung der Verkehrsnachfrage.
Die Statistik des Bezugsjahres 1995 ist die Basis für das Trendszenario.
Auf dieser Grundlage wird die Verkehrsnachfrage der Jahre 2005 und 2020 unter Status-Quo-Bedingungen generiert, d.h., daß die heutigen verkehrspolitischen Rahmenbedingungen fortgeschrieben werden. Darüber hinaus

---

[16]Fahrleistung: Fahrtstrecke, die unter repräsentativen, für den Transportvorgang vom Ort A zu Ort B typischen Betriebszuständen zurückgelegt wird.

[17]Die gleichen Vorschriften gelten prinzipiell auch für die Berechnung der Abgasemissionen

wird die Vollendung des EG-Binnenmarktes, die Öffnung der osteuropäischen Märkte sowie ein weiterer Ausbau der Infrastruktur angenommen.

Ausgehend von den Annahmen eines gesamtwirtschaftlichen Wachstums wird für die Entwicklung des Nachfragevektors eine durchschnittliche jährliche Wachstumsrate von 2,4 % (1995/2005) bzw. 2,0 % (2005/2020) angesetzt. Auf dieser Basis berechnet das T-MADE mittels Elastizitäten die Gesamtverkehrsnachfrage und in weiteren Rechenschritten die Verkehrsnachfrage der einzelnen Verkehrsträger.

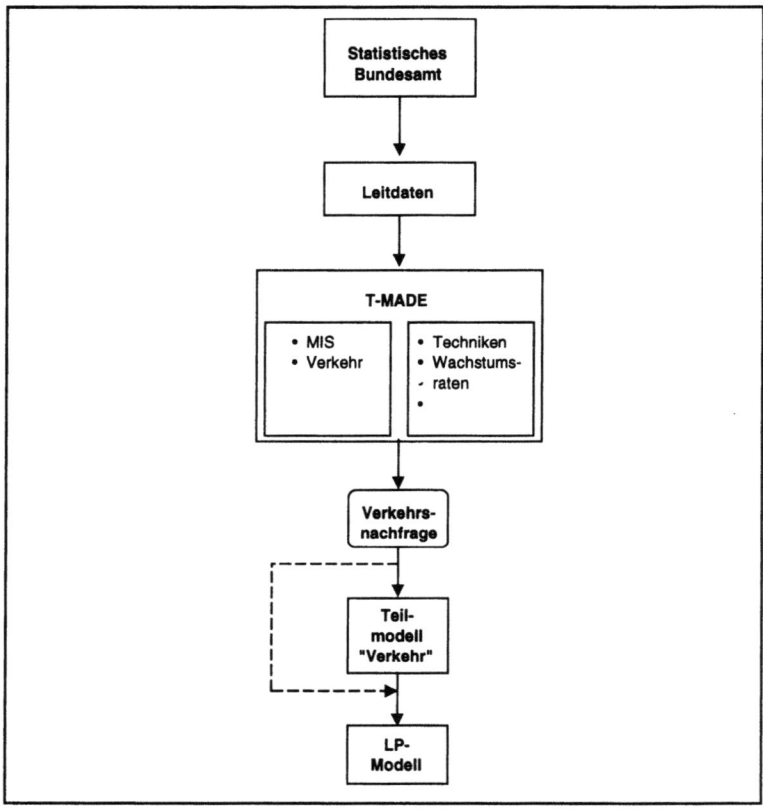

Abb. 3.6.2 Strukturplan der Verkehrsnachfragegenerierung aus makroökonomischen Leitdaten

In der Tabelle 3.6.1 sind die so berechneten Verkehrsnachfragewerte des **Personenverkehrs** - ausgedrückt durch die Personenverkehrsleistung der Jahre 2005 und 2020 - zusammen mit den entsprechenden statistischen Werten des Bezugsjahres 1995 zusammengestellt.

Tabelle 3.6.1 Verkehrsnachfrage für die Jahre 1995, 2005 und 2020, Bundesrepublik Deutschland, Personenverkehr, Trendszenario (durchschnittliche Wachstumsrate pro Jahr)

Personenverkehrsleistung BRD (Mrd. Pkm)				Durchschnittl. Wachstumsrate	
Jahr	1995	2005	2020	1995-2005	2005-2020
Zu Fuß	29.9	30.6	29.3	0.2%	-0.3%
Fahrrad	23.3	23.1	21.8	-0.1%	-0.4%
MIV Gesamt	741.2	876.6	921.2	1.7%	0.3%
davon Nahverkehr		499.7	506.6		
davon Fernverkehr		376.9	414.5		
Busverkehr	68.5	71.3	70.4	0.4%	-0.1%
davon Nahverkehr		44.9	43.0		
davon Fernverkehr		26.4	27.5		
ÖPNV	8.5	8.4	8.1	-0.1%	-0.2%
davon Nahverkehr		5.3	4.9		
davon Fernverkehr		3.1	3.2		
Bahn Gesamt	63.5	69.1	94.2	0.8%	2.1%
davon Nahverkehr		15.9	14.1		
davon Fernverkehr		53.2	80.1		
Luftverkehr	25.5	36.8	61.1	3.8%	3.4%
Summe	960.4	1115.9	1206.1	1.5%	0.5%

Der erkennbare Zuwachs der Personenverkehrsleistung in der Periode 1995 bis 2005 resultiert aus dem absoluten Anstieg der Bevölkerung sowie einer wachsenden Nachfrage nach Mobilität der Haushalte, die beispielsweise durch eine Verringerung der durchschnittlichen Arbeitszeit in Verbindung mit zusätzlichen Freizeitaktivitäten verursacht wird. Der vergleichsweise geringere Anstieg der Verkehrsleistung von 2005 bis zum Jahre 2020 berücksichtigt die sinkende Bevölkerungszahl und eine Verringerung des Verhältnisses des Nachfragezuwachses nach Mobilität zum Wachstum der Haushaltseinkommen.

Die folgende Tabelle 3.6.2 zeigt die mit dem T-MADE unter Trendbedingungen berechneten Verkehrsnachfragen für den **Güterverkehr**. Das statistische Basisjahr ist auch hier 1995. Mit aufgeführt sind die jeweiligen jährlichen Veränderungen.

Tabelle 3.6.2 Verkehrsnachfrage für die Jahre 1995, 2005 und 2020, Bundesrepublik Deutschland, Güterverkehr, Trendszenario (durchschnittliche Wachstumsrate pro Jahr)

Güterverkehrsleistung BRD (Mrd. tkm)				Durchschnittl. Wachstumsrate	
Jahr	1995	2005	2020	1995-2005	2005-2020
Lkw-Verkehr	279.7	367.7	489.5	2.8%	1.9%
davon Nahverkehr	71.8	99.3	110.2	3.3%	0.7%
davon Fernverkehr	207.9	268.4	379.3	2.6%	2.3%
Bahngüterverkehr	68.8	100.2	134.5	3.8%	2.0%
Binnenschiffsverkehr	64	72.8	98.8	1.3%	2.1%
Summe	412.5	540.7	722.8	2.7%	2.0%

Wie zu erkennen ist, werden innerhalb des Prognosehorizonts im Güterverkehr insgesamt große Verkehrsleistungszuwächse erwartet, mit unterschiedlichen Veränderungsraten bei den jeweiligen Verkehrsträgern und im Nah- bzw. Fernverkehr. Den Ergebnissen dieses Trendszenarios liegt eine Neubestimmung der Elastizitäten zugrunde, die eine im Rahmen der Anpassung des Verkehrsmodells explizit zu erwartende überproportionale Steigerung des Transitverkehrs in Deutschland berücksichtigt.

Dabei wird insgesamt ein höherer Anstieg der Güterverkehrsleistung erwartet, als dies in älteren Verkehrsnachfrageprognosen der Fall war. Die vergleichsweise größten Veränderungen treten im Straßengüterverkehr auf. Diese sind im wesentlichen auf die Vollendung des EG-Binnenmarktes und die Öffnung der osteuropäischen Märkte und dem damit zusammenhängenden erhöhten Anteil des Transitverkehrs zurückzuführen.

3.6.3 Trendentwicklungen ausgewählter Techniken

Bei der Trendabschätzung der technischen Entwicklungen im Fahrzeugsektor ist eine Unterscheidung nach konventionellen und nach alternativen Techniken sinnvoll, sowie unter Einbeziehung der Kraftübertragung eine Betrachtung des gesamten Antriebsstrangs.

Bei den **konventionellen** Techniken des motorisierten Individualverkehrs bestimmen neuere Entwicklungen im Diesel- und Ottomotorenbau den Trend. Neben der Direkteinspritzung beim Pkw - Dieselmotor ist die Benzindirekteinspritzung vor der Serienreife.

Techniken wie Common Rail als Begriff für die Hochdruck-Dieseldirekteinspritzung, optimierte Antriebsstränge, Abgasnachbehandlung sowie der Trend zu kompakteren Bauweisen gehen einher mit der verstärkten Nachfrage nach kleineren Fahrzeugen als reines Stadtauto und dem Wunsch nach uneingeschränkter Mobilität in Verbindung mit hoher Motorleistung.

Änderungen an Fahrzeug und Getriebe, Gewichtseinsparung durch zunehmende Verwendung leichterer Werkstoffe, verbesserte Luftwiderstandbeiwerte, ein optimiertes Motor-/Getriebemanagement und die Festlegung von Emissionsgrenzwerten sind Kenngrößen für die Energieverbrauchsoptimierung und Abgasemissionsminimierung.

Die hier schwerpunktmäßig aufgeführten Größen dominieren sowohl den technischen Trend im Personen- als auch im **Güterverkehr**. Bei einer energetischen und emissionsseitigen Gesamtbetrachtung haben darüber hinaus im Güterverkehr die richtige Wahl des Verkehrsträgers sowie die optimierte Transportlogistik einen großen Einfluß auf die Energie- und Emissionsbilanz.

Unter **alternativen** Techniken werden üblicherweise die Antriebsarten Strom, Wasserstoff, Methanol, LPG, Gas und Rapsöl verstanden. Unter Berücksichtigung der gesamten Energieversorgungskette bringen diese Techniken zunächst keinen nennenswerten Energieminderungsbeitrag, wenn optimierte konventionell und alternativ angetriebene Fahrzeuge jeweils gleicher Größe (Masse und/oder Leistung) verglichen werden.

Diese Aussagen gelten vor dem Hintergrund des derzeitigen Stromerzeugungsmixes in Deutschland und den Wirkungsgraden der jeweils erforderlichen Konversion/syntheseanlagen. Mit einem deutlich größeren Anteil nicht fossiler Stromerzeugung könnten Elektroantriebe zur Emissionsreduzierung relevant werden.

Hinsichtlich des Einsatzes von Wasserstoff ist es entscheidend, aus welchem Primärenergieträger Wasserstoff gewonnen wird. Sollte es möglich werden, Wasserstoff aus regenerativen Energieträgern wie Wasser, Sonne oder Wind unter Kostengesichtspunkten als konkurrenzfähigen Kraftstoff herzustellen, wäre damit der Energieträger der Zukunft festgeschrieben.

Aus heutiger Sicht, d.h. in dem gewählten Zeithorizont des Trendszenarios wird zunächst die Brennstoffzelle zum Einsatz kommen und zwar auf der Energieträgerbasis von Methanol. Für den kombinierten Einsatz in umweltsensiblen Bereichen und für sonstige Fahrten ist der Hybrid-Antrieb zunächst als Nischentechnik zu erwarten.

Die Gesamtenergiebilanz richtet sich nach dem Einsatzmuster, d.h. dem Mix, mit dem die beiden Antriebe zum Einsatz kommen. Es bleibt jedoch der grundsätzliche Nachteil des Mehrgewichtes aufgrund der prinzipbedingten zwei vollständigen Antriebssysteme.

Als kurz- bis mittelfristige Antriebsalternative ist der Betrieb mit Erdgas insbesondere im Nutzfahrzeugbereich einzustufen. Erste Energie- und Emissionsgesamtbilanzen zeigen einen positiven Trend im Vergleich zum konventionellen Diesel- bzw. Benzinantrieb.

Einen nicht zu vernachlässigenden Einfluß auf den Energieverbrauch und die Abgasemissionen haben die jeweiligen Kraftstoffqualitäten. Hier sind gemeinsame Anstrengungen der Automobilhersteller und der Mineralölindustrie erkennbar, die dem gesamten Umweltschutz zu gute kommen.

Bedingt durch die seit Jahren in Kraft befindliche Abgasgesetzgebung spielen die sogenannten klassischen Abgaskomponenten Kohlenmonoxid (CO), Stickstoffoxide (NOx) und die unverbrannten Nichtmethankohlenwasserstoffe (NMHC) verkehrsbedingt keine nennenswerte klimagasrelevante Rolle mehr.

Anders sieht es hier bei dem Klimagas Kohlendioxyd (CO_2) und dessen Primärkomponente, dem Kraftstoffverbrauch aus, zumal es hier bisher noch keine gesetzlichen Regelungen gibt. Aufgrund des weiterhin anhaltenden Trends zu größeren Fahrzeugen kompensieren sich bei dem mittleren Pkw zum Teil die Gesamtwirkungsgradverbesserungen, die in den nach Hubraum unterschiedenen Pkw-Klassen heute und in Zukunft erzielt werden.

Die sich so abzeichnenden zeitlichen Kraftstoffverbrauchsentwicklungen sind in der Abb. 3.6.3 für ausgewählte Pkw-Techniken dargestellt. Am Beispiel des mittleren benzinbetriebenen konventionellen Pkw zeigt sich die vorab beschriebene Tendenz. Mit aufgeführt sind die Kraftstoffverbrauchswerte der sogenannten Spartechniken, die unter dem Gesichtspunkt möglichst optimaler Kraftstoffeinsparung konzipiert sind und im IKARUS Technikdatensatz zur Verfügung stehen. Diese Spartechniken werden alternativ für alle konventionellen Techniken vorgehalten.

Für einen Technikvergleich sind auszugsweise die Spartechniken der Pkw mit Benzinmotor und mit Dieselmotor für die Jahre 2005 und 2020 dargestellt. Es wird die große Spannweite deutlich, die sich zwischen den mittleren Werten der konventionellen und denen der Spartechnik ergibt, und die das realistische Energie- und damit CO_2- Einsparpotential darstellt.

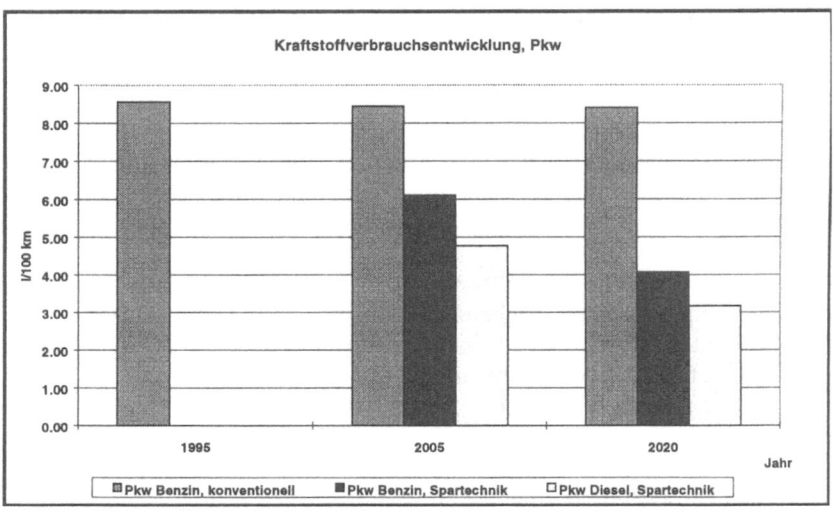

Abb. 3.6.3 Erwartete zeitliche Entwicklung des mittleren Kraftstoffverbrauchs ausgewählter Pkw-Techniken.

3.6.4 Das Teilmodell "Verkehr" - Energie- und Emissionsergebnisse im 'Trendszenario'

Die technischen Einsparpotentiale werden üblicherweise unter Trendannahmen nicht voll ausgenutzt. Häufig haben rationelle und ökonomische Gründe für den Kauf und den Einsatz eines Verkehrsmittels nur nachrangige Bedeutung. Die Technikanwendung wird häufig stärker dominiert durch Imagefragen, Bequemlichkeit und Selbstdarstellung. Der Einfluß der Medien, das individuelle Umfeld und nicht zuletzt das frei verfügbare Geld bestimmen, welche Technik wann und wo zur Anwendung kommt. Unter Einbeziehung dieser Kenntnisse und gestützt auf populäre Trendentwicklungen wurden die Technikdatensätze für die Szenariojahre 2005 und 2020 generiert.

Die Trenderwartung hinsichtlich der Technikanwendung - im Personenverkehr sind dies die Fahrtzwecke; im Güterverkehr die Gütergruppen - sowie die vorab beschriebene Verkehrsnachfrageentwicklung führt in der Aggregation zu den in den Tabellen 3.6.1 und 3.6.2 zusammengestellten Personenverkehrs- und Güterverkehrsleistungen des Trendszenarios.

Um die mit diesen Verkehrsleistungen verbundenen Emissionen und den Energieverbrauch ermitteln zu können muß man gemäß der in Abschnitt 3.6.1 aufgeführten Gleichung (1) Kenntnis von den zu den Verkehrsleistungen zugehörigen Fahrleistungen haben.

Die Personenbesetzungs- bzw. die Beladungszahl der Fahrzeuge erlaubt die Umrechnung von Verkehrsleistungen in Fahrleistungen, indem man die jeweiligen Verkehrsleistungen durch die zugehörigen Besetzungs- bzw. Beladungszahlen dividiert. Daher muß man Annahmen treffen, welche Fahrzeuge - bei welchen Besetzungs- und Beladungszahlen diese Fahrleistungen erbringen.

Je feiner hierbei die Differenzierung der Fahrzeuge, z.B. nach Fahrzeugtypen und Größen/Gewichtsklassen sowie Kraftstoffarten, erfolgt, desto spezifischer können Energie- und Emissionswerte den erbrachten Fahrleistungen zugewiesen werden. Diese Werte können ebenfalls nochmals unterschieden werden, wenn man die Fahrleistungen gemäß der bereits angeführten Gleichung (1) nach energierelevantem Fahrverhalten unterteilt. Ein Unterscheidungskriterium ist beim Straßenverkehr z.B. die Straßenart, auf der der Verkehr stattfindet.

Der rechentechnische Aufwand ist ohne EDV-technische Hilfsmittel erheblich. Hier bietet das in der Programmgruppe STE des Forschungszentrums Jülich entwickelte IKARUS Teilmodell Verkehr Hilfestellung. Ausgehend von den Verkehrsleistungen, wie sie z.B. in den Tabellen 3.6.1 und 3.6.2 ausgewiesen sind, können nach Vorgabe des Nutzers Energieverbrauch nach Kraftstoffarten und Emissionen (zur Zeit: CO_2, CO, NO_x, SO_2, Methan und NichtMethanKohlenWasserstoffe (NMKW)) weitgehend automatisch errechnet werden. Den Rechenablauf im Modell zeigen die Abb. 3.6.4, 3.6.5 und 3.6.6.

Mit der Rechnung wird auf die vorhandenen erfaßten und erwarteten Bestände aufgesetzt. Sie setzt sich aus einer Verteilungsrechnung (siehe Abb. 3.6.4) und einer Ergebnisrechnung zusammen.

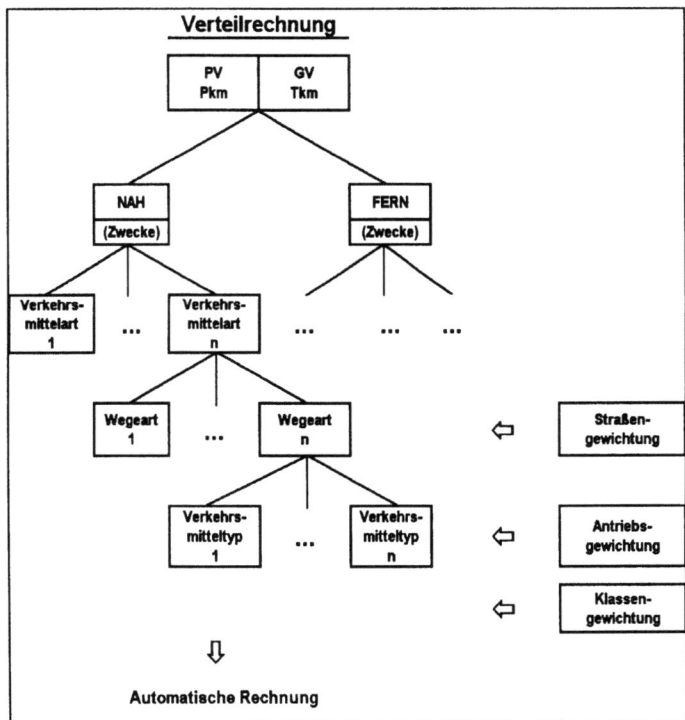

Abb. 3.6.4 Verteilungsrechnung im Verkehrsmodell

Für die Verteilungsrechnung ist die Startgröße die nachgefragte Verkehrsmenge im Betrachtungsjahr. Über Verteilungsvorgaben erfolgt im ersten Schritt eine Mengenverteilung des Nahverkehrs und des Fernverkehrs aus der Tabelle 3.6.1 auf die Verkehrsmittelarten (z.B. Bahn, Flugzeug) und für die Verkehrsmittelart öffentlicher Verkehr auf die dort möglichen Wegearten Straße, Bahn, U-/Straßenbahn differenziert nach Verkehrszwecken.

Es erfolgt sodann für die jeweiligen Wegearten die Zuweisung auf die zur Verfügung stehenden Verkehrsmitteltypen (z.B. Großraumbus, Normalbus, Straßenbahn etc.). Analog ist das Vorgehen im Güterverkehr.

Der jeweilige Verteilschlüssel wird Rechenschritt für Rechenschritt zugewiesen. Die erzielten Resultate sind jeweils sofort auf dem Bildschirm abzulesen.

Die so generierte Verkehrsleistungsstruktur dient als Basis für die Durchführung der automatischen Ergebnisrechnung, die modulweise (z. B. Personenverkehr, nah, 1995, oder Güterverkehr, fern, 2005,) unter Vorwahl eines Verkehrsmusters (energierelevanten Verhaltens), wie zum Beispiel freie Fahrt, Stau, teilgebundener oder gebundener Verkehrsfluß, angestoßen werden kann. Die weitere Rechnung läuft sodann bis zur Ergebnisbereitstellung automatisch ab.

Folgende sequentielle Rechenschritte werden, wie in den Abb. 3.6.5 und 3.6.6 dargestellt, während der automatischen Rechnung ausgeführt:

a) Verteilung der Personen- km/Tonnen- km je Verkehrsart, Wegeart, Typ auf den Antrieb a bzw. auf Antrieb b usw.
Hierbei dient als Verteilschlüssel die Relation der Anzahl der Fahrzeuge des Typs der jeweiligen Antriebsart zur Gesamtzahl dieses Typs für alle Antriebsarten. Über Gewichtungsfaktoren, die bei der Verteilrechnung voreingestellt werden, kann die Verteilung in Richtung auf bestimmte Antriebe verschoben werden. Die Fahrzeugzahlen werden aus den Bestandstabellen entnommen.
b) Verteilung der Personen-km und Tonnen-km auf Fahrzeugklassen entsprechend den Zulassungsanteilen der Klassen bei den Verkehrsmitteltypen, die nach Klassen differenziert sind. Auch hier ist über Gewichtungsfaktoren die Verteilung beeinflußbar.
c) Verteilung der Personen-km und Tonnen-km auf die Straßenarten IO (Innerorts), AO (Außerorts), BAB (Autobahn) bei Straßenfahrzeugen gemäß Nutzervorgabe.
d) Durch Division der Verkehrsleistungen durch die Beladungs- bzw. Personenbesetzungszahl werden die Fahrleistungen differenziert nach Fahrzeugtyp, Klasse, Antrieb, Wege- und Straßenart errechnet.
e) Durch Ausmultiplikation der Fahrleistungen mit den spezifischen Daten des Verbrauchs und der Emissionen der jeweiligen Fahrzeuge werden Energie und Emissionen pro Fahrzeugart und Wegeart zum gewählten Verkehrsmuster errechnet.
f) Die Division der jeweiligen Fahrleistung, Verbräuche und Emissionen durch die zugehörige Fahrzeugzahl ergibt die jährliche Fahrleistung pro Fahrzeug, dessen jährlichen Verbrauch und seine Emissionen.

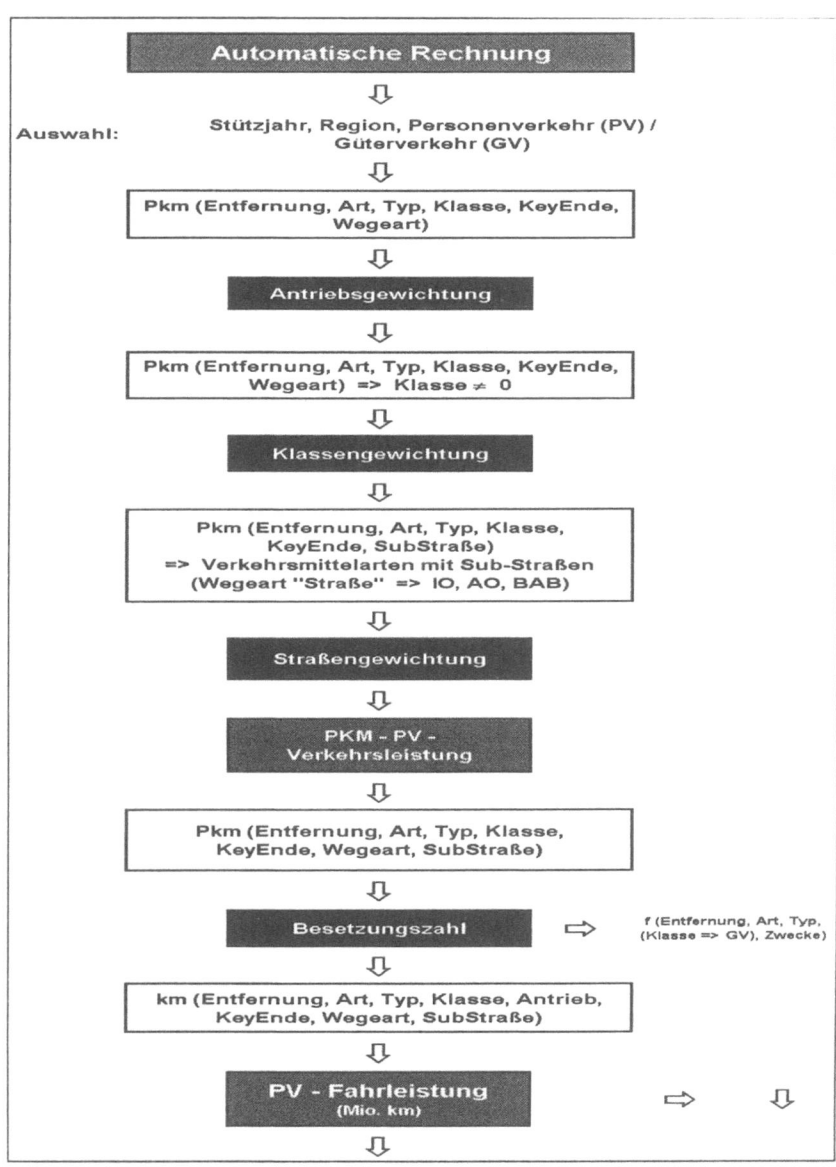

Abb. 3.6.5 Ablauf der Ergebnisrechnung im Verkehrsmodell (1)

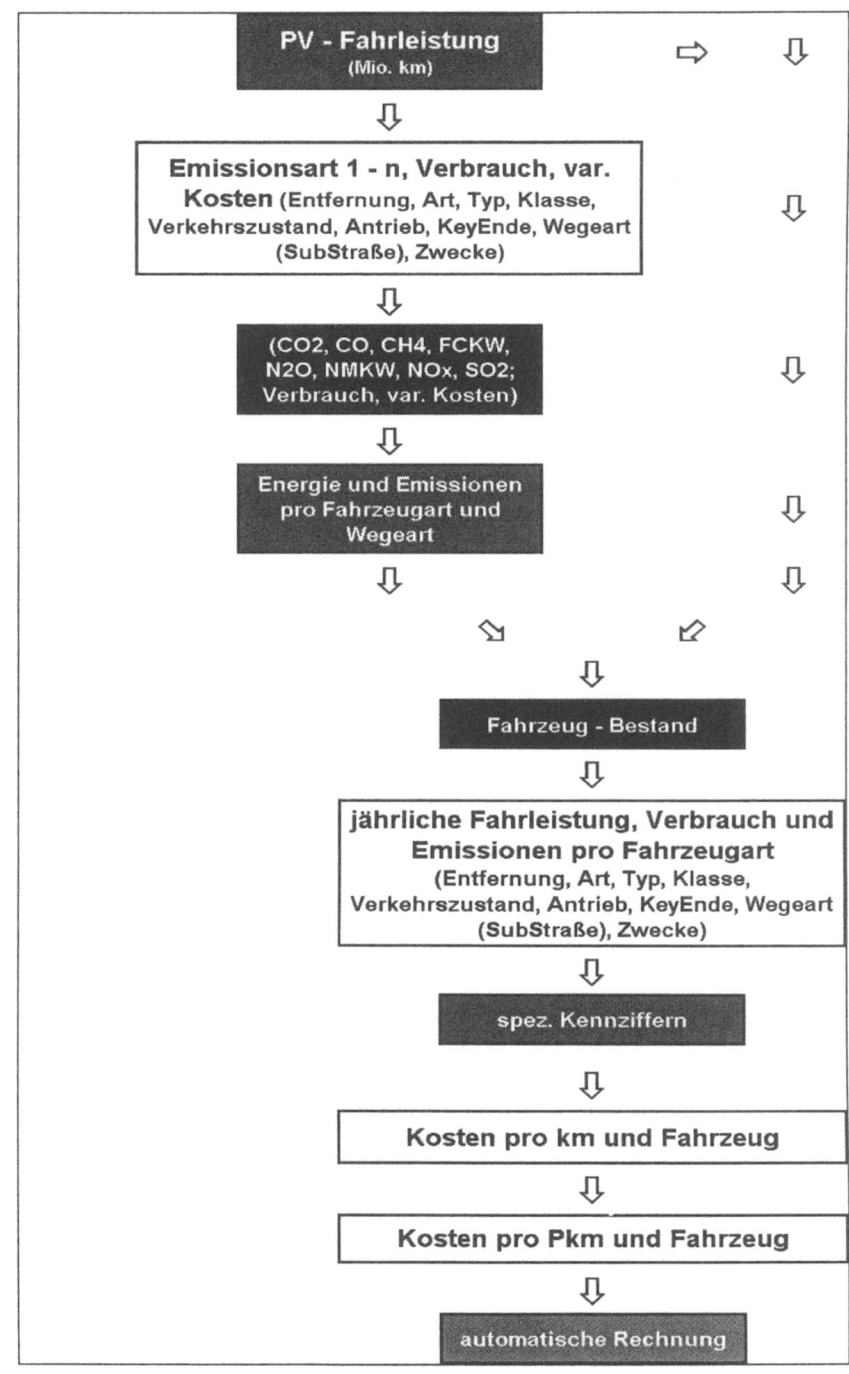

Abb. 3.6.6 Ablauf der Ergebnisrechnung im Verkehrsmodell (2)

Für das Trendszenario errechnen sich mit dem Teilmodell Verkehr die in den Tabellen 3.6.3 bis 3.6.10 aggregiert aufgezeigten Emissionen und Energieverbräuche.

Tabelle 3.6.3 Energieverbrauch des Personenverkehrs im Trendszenario

Trendszenario	Verbrauch Petajoule [PJ]		
Personenverkehr	1995	2005	2020
MIV (motorisierter Individual Verkehr)	1.503	1.688	1.544
ÖSPV (öffentlicher Straßen-Personen-Verkehr)	73	95	52
Bahn PV	26	28	37
Luft PV	30	102	72
Schiff PV	0	0	0
Σ	1.633	1.913	1.704

Tabelle 3.6.4 CO_2 Emissionen des Personenverkehrs im Trendszenario

CO_2 Emissionsentwicklung im Personenverkehr [kt]				% - Veränderung	
Jahr	1995	2005	2020	2005 zu 1995	2020 zu 2005
Nahverkehr:					
MIV (motorisierter Individual Verkehr)	67.790,39	72.986,29	68.978,19	7,66	-5,49
ÖSPV (öffentlicher Straßen-Personen-Verkehr)	3.246,25	4.915,39	2.126,93	51,42	-56,73
Bahn	294,48	128,70	123,11	-56,30	-4,35
Σ Nahverkehr:	71.331,12	78.030,38	71.228,23	9,39	-8,72
Fernverkehr:					
MIV (motorisierter Individual Verkehr)	41.996,79	50.202,62	42.819,57	19,54	-14,71
ÖSPV (öffentlicher Straßen-Personen-Verkehr)	1.352,66	1.547,48	979,25	14,40	-36,72
Bahn	481,95	101,65	55,95	-78,91	-44,96
Flugzeug (Inland)	2.228,24	7.458,96	5.000,16	234,75	-32,96
Σ Fernverkehr:	46.059,63	59.310,70	48.854,93	28,77	-17,63
Summe Fern- und Nahverkehr:	117.390,76	137.341,08	120.083,16	16,99	-12,57

Tabelle 3.6.5 Abgasemissionen – CO, NOx - des Personenverkehrs im Trendszenario

CO und NOx Emissionsentwicklung im Personenverkehr [kt]						
Jahr	1995	2005	2020	1995	2005	2020
	CO			Nox		
Nahverkehr:						
MIV (motorisierter Individual Verkehr)	4.219,60	2.372,28	1.740,01	255,40	161,73	146,88
ÖSPV (öffentlicher Straßen-Personen-Verkehr)	32,68	41,42	18,32	42,27	58,45	21,64
Bahn	0,94	0,38	0,33	4,15	1,70	1,46
Σ Nahverkehr:	4.253,22	2.414,08	1.758,67	301,82	221,89	169,98
Fernverkehr:						
MIV (motorisierter Individual Verkehr)	1.943,17	1.198,25	787,98	254,99	159,54	132,87
ÖSPV (öffentlicher Straßen-Personen-Verkehr)	6,62	6,57	3,85	16,55	16,86	9,15
Bahn	1,54	0,30	0,15	6,79	1,34	0,66
Flugzeug (Inland)	9,28	24,07	51,91	8,99	38,63	21,00
Σ Fernverkehr:	1.960,62	1.229,19	843,89	287,32	216,37	163,68
Summe Fern- und Nahverkehr:	6.213,84	3.643,26	2.602,56	589,14	438,26	333,66

Tabelle 3.6.6 Abgasemissionen – CH4, NMKW - des Personenverkehrs im Trendszenario

CH_4 und NMKW Emissionsentwicklung im Personenverkehr [kt]						
Jahr	1995	2005	2020	1995	2005	2020
	CH_4			NMKW		
Nahverkehr:						
MIV (motorisierter Individual Verkehr)	44,68	39,87	34,52	488,32	244,50	191,88
ÖSPV (öffentlicher Straßen-Personen-Verkehr)	0,36	0,45	0,19	6,74	7,65	3,06
Bahn	0,00	0,00	0,00	0,00	0,00	0,00
Σ Nahverkehr:	45,04	40,31	34,71	495,06	252,15	194,93
Fernverkehr:						
MIV (motorisierter Individual Verkehr)	14,23	13,24	10,18	170,31	86,44	57,64
ÖSPV (öffentlicher Straßen-Personen-Verkehr)	0,18	0,16	0,08	3,41	2,97	1,37
Bahn	0,00	0,00	0,00	0,00	0,00	0,00
Flugzeug (Inland)	0,00	0,00	0,00	0,00	0,00	0,00
Σ Fernverkehr:	14,41	13,41	10,25	173,72	89,42	59,01
Summe Fern- und Nahverkehr:	59,45	53,72	44,96	668,77	341,56	253,94

Verkehr 183

Tabelle 3.6.7 Energieverbrauch des Güterverkehrs im Trendszenario

Trendszenario	Verbrauch Petajoule [PJ]		
Güterverkehr	1995	2005	2020
Bahn GV	18	17	19
Flugzeug GV	0	0	0
Schiff GV	27	24	32
LKW GV	740	968	1.066
sonstige Verkehrs-/Transportmittel	0	0	0
Land-/Bauwirtschaft,Militär,statist.Rest	0	0	0
Σ	786	1.009	1.116

Tabelle 3.6.8 CO_2 Emissionen des Güterverkehrs im Trendszenario

CO_2 Emissionsentwicklung im Güterverkehr [kt]				% - Veränderung	
Jahr	1995	2005	2020	2005 zu 1995	2020 zu 2005
Lkw-Verkehr	53.889	70.339	76.938	30,5	8,6
davon Nahverkehr	33.540	38.627	34.487	15,2	-12,0
davon Fernverkehr	20.349	31.712	42.451	55,8	25,3
Bahngüterverkehr	706	282	187	-60,0	-50,8
Binnenschiffsverkehr	1.984	1.719	2.313	-13,4	25,7
Σ	56.579	72.340	79.438	27,9	8,9

Tabelle 3.6.9 Abgasemissionen – CO, NOx - des Güterverkehrs im Trendszenario

CO und NOx Emissionsentwicklung im Güterverkehr [kt]						
Jahr	1995	2005	2020	1995	2005	2020
	CO			Nox		
Lkw-Verkehr	807,39	486,55	409,48	556,98	647,46	635,74
davon Nahverkehr	612,80	330,88	237,16	312,24	300,52	232,93
davon Fernverkehr	194,59	155,67	172,32	244,75	346,94	402,80
Bahngüterverkehr	2,26	0,83	0,50	9,94	3,73	2,22
Binnenschiffsverkehr	7,65	6,09	7,51	29,10	26,78	33,04
Σ	817,30	493,47	417,49	596,02	677,98	671,00

Tabelle 3.6.10 Abgasemissionen – CH_4, NMKW – des Güterverkehrs im Trendszenario

CH$_4$ und NMKW Emissionsentwicklung im Güterverkehr [kt]						
Jahr	1995	2005	2020	1995	2005	2020
	CH$_4$			NMKW		
Lkw-Verkehr	9,77	9,36	7,24	176,79	142,91	103,72
davon Nahverkehr	7,45	6,68	4,65	133,51	95,34	58,86
davon Fernverkehr	2,31	2,67	2,59	43,28	47,58	44,86
Bahngüterverkehr	0,00	0,00	0,00	0,00	0,00	0,00
Binnenschiffsverkehr	0,00	0,00	0,00	0,00	0,00	0,00
Σ	9,77	9,36	7,24	176,79	142,91	103,72

Wie man den Tabellen entnehmen kann, gibt es zum Teil gegenläufige Trends bei den Ergebnissen:

Energieverbrauch und CO_2-Emissionen steigen gemäß Tabelle 3.6.3 und 3.6.6 bis zum Jahr 2005 mit unterschiedlichen Zuwachsraten je Verkehrsart. Wenn auch der Motorisierte Individualverkehr noch recht moderate Steigerungsraten bei Verbrauch und CO_2-Emissionen aufweist, sind doch die absoluten Steigerungen aufgrund des hohen Ausgangsniveaus beträchtlich. Allerdings erreicht der Straßengüterverkehr bei niedrigerem Ausgangsniveau ähnliche absolute Zuwächse, was auf das starke Wachstum der Güterverkehrsleistung auf der Straße zurückzuführen ist.

Der Inlandsflugverkehr ist trotz seiner hohen Zuwachsraten nicht so auffällig, da er einen kleinen Anteil an der Personenverkehrsleistung hat. Insbesondere bei den schienengebundenen Verkehren sind zwar im Energieverbrauch, nicht aber bei den Emissionen, zum steigenden Verkehrsaufkommen parallele Zuwächse zu beobachten. Dies liegt daran, daß der Zuwachs im Schienenverkehr hauptsächlich durch Fahrzeuge in Elektrotraktion bewältigt wird. Hier sind aber nur die direkten Emissionen im Verkehrssektor aufgeführt und nicht die indirekten Emissionen, die bei der Stromerzeugung entstehen.

Allen Verkehrsarten ist gemeinsam, daß die CO_2-Emissionen und Energieverbräuche langsamer steigen als die Nachfrage nach Verkehrsleistungen. Dies liegt daran, daß in Zukunft aufgrund des technischen Fortschritts immer mehr energieeffizientere Fahrzeuge zum Einsatz kommen. Leider reicht der Fortschritt in der Technik nicht aus, um die im wesentlichen durch den Nachfragezuwachs bis 2005 verursachten Zuwächse zu kompensieren.

Dies gelingt im Personenverkehr im Zeitraum 2005 bis 2020. Das geringere Wachstum der Verkehrsleistung kann überkompensiert werden, so daß im Ergebnis Verbrauch und CO_2 Emissionen unter das Niveau von 2005 sinken, jedoch leider nicht das von 1995 erreichen.

Im Güterverkehr ist der Trend nach 2005 noch nicht gebrochen, da dort der Zuwachs in der Verkehrsleistung höher liegt als beim Personenverkehr.

Ein eindeutigeres Bild zeigt sich bei der Entwicklung der Abgasemissionen, wie man den Tabellen 3.6.4, 3.6.5, 3.6.7 und 3.6.8 entnehmen kann. Dort sind im Personen- und auch im Güternahverkehr mit Ausnahme der NOx deutliche

Rückgänge aufgrund des technischen Fortschritts zu erkennen, die zumindest im Hinblick auf die Klimagasproblematik nicht unbedingt noch weiteren Handlungsbedarf erkennen lassen. Lediglich die Abgasentwicklung im Güterfernverkehr ist noch unbefriedigend aufgrund der hohen Steigerungsraten in diesem Segment. Jedoch sinkt die Summe der Abgase im Personen- und Güterverkehr, wegen der positiven Entwicklung im Personen- und im Güternahverkehr.

3.6.5 Verkehrsverlagerung und Technikvariation als Maßnahmenszenarien

Die Trendergebnisse und die Kenntnis der wesentlichen Einflußgrößen bilden die Grundlage für Maßnahmenpläne, deren Ergebnisse mögliche Entwicklungen aus einer Fülle denkbarer Verläufe beschreiben.

Bedenkt man, daß der Begriff 'Szenario' ursächlich aus der Welt des Theaters kommt und die Bezeichnung für das Drehbuch eines Films oder Theaterstücks ist, so leuchtet ein, daß, je besser und plausibler das "Maßnahmendrehbuch" ist, sich desto schneller der Zuschauer selber als Akteur fühlt und Verständnis für Entscheidungen zeigt.

Szenarien sind keine Prophezeiungen; sie können als Wegbeschreibungen verstanden werden hin zu einer sich unter den gewählten Randbedingungen möglicherweise ändernden Welt. Szenarien können als Denkschulung gesehen werden, die uns hilft, Verhaltensmuster zu verstehen, Veränderungsaspekte zu adaptieren und somit die zukünftige Umwelt besser zu begreifen. Szenarien helfen uns, Auswirkungen von Strategien zu testen, Lösungsvorschläge besser zu begründen. Sie sind ein unumgängliches Hilfsmittel für Entscheidungsträger.

Im Sinne der angesprochenen "Denkschulung" seien im folgenden zwei Szenarien aufgezeigt, die als Beispiel für zwei sich unterscheidende Konzepte zur Emissionsminderung stehen: Ein eher ordnungspolitisch orientierter Ansatz und ein eher technikorientierter Ansatz.

Gerade vor dem Anspruch des Szenarios, keine Prophezeiung zu sein, ist es in der Szenariotechnik üblich, durchaus große Veränderungen, die über ein in der Zeit realistischerweise erreichbares Ziel hinausgehen, anzunehmen. Der Vorteil dieses Vorgehens liegt darin, daß die durch die angenommenen Veränderungen induzierten Auswirkungen quantitativ größer ausfallen und somit im Vergleich zum Trend- bzw. Basisszenario deutlicher werden.

Stellt sich im Verlauf mehrerer solcher "Orientierungsrechnungen" eine angenommene Veränderung als besonders wirkungsvoll heraus, kann sie in ein modifiziertes Trendszenario mit kleineren Veränderungen als Handlungsalternative aufgenommen werden.

In so weit sind die hier vorgestellten Szenarien Orientierungsrechnungen, die nicht im Hinblick auf einen bestimmten Zeitraum auf Realisierbarkeit geprüft wurden.

Da sich bereits im Trendszenario mit Ausnahme der CO_2 Emissionen alle anderen Emissionen in der Summe stark verringern, werden die beiden Maßnahmenszenarien nur im Hinblick auf die resultierende CO_2 Minderung vorgestellt.

3.6.5.1 Verkehrsverlagerung auf öffentliche Verkehrsträger

Im Verlagerungsszenario wird unterstellt, daß motorisierter Individualverkehr - durch entsprechende Maßnahmen, wie z.B. Roadpricing, Sperrung von Innenstadtbereichen o.ä., zum öffentlichen Nahverkehr und im Fernverkehr zur Bahn abwandert, sowie daß mehr Wege zu Fuß und mit dem Fahrrad zurückgelegt werden.

Weiterhin wird unterstellt, daß LKW Verkehr zur Bahn abwandert. Die erforderlichen Infrastrukturerweiterungen für die gebundenen Verkehre seien realisiert, so daß am Beispiel der Verkehrsleistungen des Jahres 2005 eine Erhöhung der Verkehrsleistung
- im öffentlichen Nahverkehr (inklusive Bahn) um rund 43 % und
- im Verkehr zu Fuß und mit dem Fahrrad um rund 24 %,
- im Bahn- und Busfernverkehr um rund 26 % sowie
- beim Bahngüterverkehr um 24 % und
- beim Binnenschiffsgüterverkehr um 8 %
unterstellt wird.

Der Motorisierte Individualverkehr und der Straßengüterverkehr verringern sich entsprechend. Errechnet man unter diesen Randbedingungen erneut die CO_2-Emissionen, erhält man die in Tabelle 3.6.11 ausgewiesenen Werte, in die zum Vergleich die Werte des Trendszenarios mit aufgenommen wurden.

Der Tabelle 3.6.11 kann man entnehmen, daß die so erreichte Emissionsminderung im Verkehr unter 5 % liegt. Dies erscheint bei den doch deutlichen Ausweitungen der Verkehrsleistungen der öffentlichen Verkehre und des Fahrrad- und Fußgängerverkehrs sehr niedrig. Das Ergebnis wird aber sofort plausibel, wenn man bedenkt, daß die angenommenen Verkehrsverlagerungen nur eine Verringerung von ca. 7 % der Verkehrsleistung des Individualverkehrs und von ca. 8 % des Straßengüterverkehrs bewirken.

Berücksichtigt man, daß die unterstellte Verkehrsverlagerung nicht unerhebliche Investitionen in die Infrastruktur von Bahn und Bus erfordern würde, stellt sich die Frage, ob es nicht leichter ist, ein quantitativ ähnliches Ergebnis zu erreichen, wenn man die Verkehrsemissionen an der Quelle, das heißt bei den Fahrzeugen, verringert.

Dies soll im technikorientierten Szenario im folgenden Abschnitt untersucht werden.

Verkehr 187

Tabelle 3.6.11 CO_2 - Emissionen des Personen- und des Güterverkehrs im Verkehrsverlagerungsszenario im Vergleich zum Trendszenario im Jahr 2005

Szenariovergleich: "CO_2 Emissionsentwicklung im Personen- und Güterverkehr" [kt]			% - Veränderung
Szenario	2005 Trendszenario	2005 Modal Split	2005 Modal Split zu 2005 Trendszenario
MIV (motorisierter Individual Verkehr)	123.188,91	114.839,88	-6,78
davon Nahverkehr	72.986,29	67.147,39	-8,00
davon Fernverkehr	50.202,62	47.692,49	-5,00
Lkw Güterverkehr	70.339,32	66.850,96	-4,96
davon Nahverkehr	38.626,93	38.626,93	0,00
davon Fernverkehr	31.712,39	28.224,02	-11,00
ÖSPV (öffentlicher Straßen-Personen-Verkehr)	6.462,87	8.583,77	32,82
Bahn	230,35	327,70	42,26
Bahngüterverkehr	282,02	352,52	25,00
Binnenschiffsverkehr	1.719,12	1.856,65	8,00
Flugzeug (Inland)	7.458,96	7.458,96	0,00
Σ	209.681,54	200.270,43	-4,49

3.6.5.2 Technikszenario: Verstärkter Einsatz sparsamer Straßenfahrzeuge

Am Beispiel des Jahres 2020 wird im Technikszenario die Einführung sparsamerer Fahrzeuge, sogenannte Spartechniken über das bereits unterstellte Maß hinaus angenommen.
Im Trendszenario ist bereits vorausgesetzt, daß z. B. im Jahr 2020
15 % der PKW und
19 % der Lkw
im Vergleich zu den konventionellen Fahrzeugen besonders sparsam im Energieverbrauch sind.
   Zusätzlich wird im hier untersuchten Technikszenario unterstellt, daß 50% der verbliebenen moderneren Fahrzeuge (Alter < 5 Jahre), im Lauf der Jahre bei der jeweiligen Substitution des Altbestandes durch im Verbrauch um 25 % günstigere Fahrzeuge (Spartechniken) ersetzt worden wären.
   Rechnerisch würde dies bedeuten, daß z. B. anstelle eines bisherigen Benzin Pkw -kleine Hubraumklasse- mit einem Verbrauch von 6,6 l/100km ein Pkw mit 5 l/100km im Drittelmix Einsatz Innerorts, Außerorts, Autobahn den Flottendurchschnitt für den moderneren Fahrzeugpark repräsentieren würde. Dieser Wert ist nach Aussage der Fahrzeughersteller nicht unrealistisch in dieser Fahrzeugklasse als Bestandsdurchschnitt für das Jahr 2020.
   Die Tabelle 3.6.12 zeigt die erreichten CO_2-Emissionswerte im Vergleich zum Trendszenario.

Tabelle 3.6.12 CO_2-Emissionen im Technikszenario im Vergleich zum Trendszenario im Jahr 2020

Szenariovergleich: "CO_2 Emissionsentwicklung im Personen- und Güterverkehr" [kt]			% - Veränderung
Szenario	2020 Trendszenario	2020 Technikszenario	2020 Technikszenario zu 2020 Trendszenario
Straße MIV und Lkw:	188.735,98	169.808,53	-10,03
MIV (motorisierter Individual Verkehr)	111.797,77	100.285,12	-10,30
LKW Verkehr	76.938,21	69.523,41	-9,64
ÖSPV (öffentlicher Straßen-Personen-Verkehr)	3.106,18	2.839,65	-8,58
Bahn	179,05	179,05	0,00
Bahngüterverkehr	187,00	187,00	0,00
Binnenschiffsverkehr	2.312,91	2.312,91	0,00
Flugzeug (Inland)	5.000,16	5.000,16	0,00
Flugzeug GV (Inland)	0,00	0,00	0,00
Σ	199.521,28	180.327,30	-9,62

Der Vergleich der Werte im Tabelle 3.6.12 zeigt, daß mit der unterstellten Annahme immerhin eine Reduktion der Emissionen um 9 % erreicht wurde.

Im Vergleich zum Verlagerungsszenario erscheint diese Reduktion mit geringerem Aufwand erreichbar, insbesondere wenn man bedenkt, daß die unterstellte Verbrauchsreduktion nicht in allen Fällen mit Mehrkosten verbunden ist, da hier auch eine Verbrauchsreduktion im Rahmen der Bestandserneuerung durch den Kauf von Fahrzeugen kleinerer Hubraumklassen bewerkstelligt werden kann. Die damit eventuell verbundenen Qualitätsverschlechterungen in der Mobilität werden vom Verkehrsteilnehmer i.A. sicher geringer eingestuft als die mit dem Umstieg auf öffentliche Verkehrsmittel verbundenen.

3.6.6 Fazit

Die Verkehrsleistungen sind in der Vergangenheit von Jahr zu Jahr gestiegen, und es ist davon auszugehen, daß sie auch in Zukunft – insbesondere im Güterverkehr – weiter steigen. In der Vergangenheit war dieser Anstieg, neben anderen Beeinträchtigungen, auch mit einem Anstieg des CO_2 und anderer Abgase verbunden.

Dies führte dazu, daß man den Verkehr mit steigender Sorge betrachtete und über Maßnahmen nachdenkt, die negativen Begleiterscheinungen zumindest zu vermindern.

Hier sind durchaus Erfolge vorzuweisen, wie dies auch das Trendszenario aufzeigt.

So sinken trotz des Verkehrsanstiegs die Abgasemissionen. Davon ist auch in Zukunft auszugehen.

Bei Energieverbrauch und CO_2 Emissionen ist jedoch, wie die Zahlen des Trendszenarios für das Jahr 2005 zeigen, mittelfristig mit einem weiteren Anstieg zu rechnen. Langfristig besteht aber auch hier die Chance einer Trendumkehr, wie man am Beispiel der Werte des Personenverkehrs für das Jahr 2020 erkennt.

Weitere Verbesserungen sind durch eine schnellere Marktdurchdringung mit modernen effizienteren Fahrzeugen möglich, wie es das technikorientierte Szenario am Beispiel des Jahres 2020 zeigt.

Verkehrslenkende Maßnahmen, wie z.B. die Verlagerung von Verkehr auf Bus und Bahn sowie zu Fuß und Fahrradverkehr, werden in ihrer Wirkung oft überschätzt. Drastische Ausweitungen dieser Verkehre vermindern den motorisierten Individual- und Güterverkehr nur geringfügig und führen daher auch nur zu relativ bescheidenen Verbesserungen der Verbrauchs- und Energiebilanz.

Um Auswirkungen möglicher Maßnahmen deutlich zu machen, ist die Szenariotechnik ein wirkungsvolles Instrument. Sie ist daher insbesondere für Entscheidungsträger eine wertvolle Hilfe. Die von TÜV und STE im Rahmen des IKARUS Projektes erstellten Werkzeuge erleichtern die Gestaltung von Szenarien und erlauben somit, noch leichter Entscheidungshilfen bereitzustellen.

Literatur

Brosthaus, J., Kober, R., Müller, W.-R., Waldeyer, H.: Klimagasrelevante Energie- und Kostenstrukturen im Straßen-, Schienen-, Schiffs- und Luftverkehr, Monographien des Forschungszentrums Jülich, ISSN 0938-6505, ISBN 3-89336-169-3, Band 20, 1995.

Brosthaus, J.: Emissionsmodellierung im Straßen-, Schienen-, Schiffs- und Luftverkehr, IKARUS-Workshop "Verkehrsmodelle als strategische Werkzeuge zur Umweltbewertung", veranstaltet vom TÜV Rheinland, Sicherheit und Umweltschutz GmbH, Institut für Energietechnik und Umweltschutz, erschienen in: Konferenzen des Forschungszentrums Jülich, ISSN 0938-6521, ISBN 3-89336-202-9, Band 22, 1996.

Brosthaus, J., Kober, R.: Anwendung des TÜV-Makro Demand Modells, veröffentlicht in "Energiemodelle in der Bundesrepublik Deutschland – Stand der Entwicklung", Workshop veranstaltet vom BMBF in Zusammenarbeit mit dem Institut für Energiewirtschaft und Rationelle Energieanwendung der Universität Stuttgart und der Programmgruppe Systemforschung und Technologische Entwicklung des Forschungszentrums Jülich, Reihe Systemanalysen des Forschungszentrums Jülich, ISBN 3-89336-205-3, Band 4200001, 292 S., Febr. 1997.

Deutsche Shell Aktiengesellschaft: "Motorisierung in Deutschland: Mehr Senioren fahren länger Auto", Shell Szenarien des Pkw-Bestandes und der Neuzulassungen bis zum Jahr 2010 mit einem Ausblick auf 2020, erschienen in: Aktuelle Wirtschaftsanalysen Heft 24, August 1993.

Deutsche Shell Aktiengesellschaft: "Motorisierung - Frauen geben Gas: Neue Techniken senken Verbrauch und Emissionen", Shell Szenarien des Pkw-Bestandes und der Neuzulassungen bis zum Jahr 2020, erschienen in: Aktuelle Wirtschaftsanalysen Heft 2, September 1997.

Müller, W.-R.: "Anwendungsorientierte Aggregation der Energieverbrauchs- und Abgasemissionsfaktoren im Straßenverkehr", IKARUS-Workshop "Verkehrsmodelle als strategische Werkzeuge zur Umweltbewertung", erschienen in: Konferenzen des Forschungszentrums Jülich, Band 22, 1996.

Voigt, U.: "Prognosen des Personen- und des Güterverkehrs im Rahmen des IKARUS-Projekts", IKARUS-Workshop "Verkehrsmodelle als strategische Werkzeuge zur Umweltbewertung", erschienen in: Konferenzen des Forschungszentrums Jülich, Band 22, 1996.

Walbeck, M.; Sonnenschein, D.: "Kohlendioxidminderung durch Verkehrsverlagerung oder Veränderung von Fahrzeugflotten und Verkehrszuständen", IKARUS-Workshop "Modellinstrumente für CO_2-Minderungs-strategien, erschienen in: Reihe Umwelt des Forschungszentrums Jülich, Band 4200003, 1997.

Walbeck, M.; Sonnenschein, D.: "IKARUS: Emissionsszenarien des Verkehrs in Deutschland", HGF-Vortragsveranstaltung, "Umweltaspekte des Verkehrs, Systemorientierte Standortbestimmung und Perspektiven", Wissenschaftszentrum Bonn-Bad Godesberg, 11. September 1997.

Walbeck, M.; Sonnenschein, D.: "Emissionsszenarien des Verkehrs", Vorlesungsmanuskripte des 3. Jülicher Ferienkurses, Energietechnik - Ferienkurs Energieforschung, Forschungszentrum Jülich, Band 320007, Jülich 22. - 30. September 1997.

Walbeck, M.; Sonnenschein, D.: "Das IKARUS-Verkehrsmodell", Modelle für die Analyse ernergiebedingter Klimagasreduktionsstrategien, erschienen in: Schriften des Forschungszentrums Jülich, Reihe Umwelt, Band 7, ISSN 1433-5530, ISBN 3-89336-220-7, 1998.

3.7 Querschnittstechniken zur Energieumwandlung

Helmut Schaefer, Werner Megele, Alexander Saller

3.7.1 Datenermittlung und Aufbau der Datenblätter

Im Teilvorhaben 8 des IKARUS-Projektes sind sektorunabhängige Techniken von der Forschungsstelle für Energiewirtschaft (FfE) in München untersucht worden. Unter der Bezeichnung "Querschnittstechniken" sind Techniken zur Energieanwendung und -umwandlung im Endenergiebereich zu verstehen, deren Anlagen, Geräte und Systeme serienmäßig hergestellt und die sektor- und branchenübergreifend eingesetzt werden. Diesem Teilvorhaben 8 kommt damit eine besondere Rolle unter den "Daten-Teilprojekten" zu. Neben der IKARUS-internen Datenbereitstellung wurde in ihm eine neuartige, detaillierte und fundierte Datenbasis für ein allgemein zugängliches Informationssystem aufgebaut.

Durch die Abbildung des Leerlauf-, Teil- und Vollastverhaltens der Anlagen und Systeme einzelner Energieumwandlungstechniken ist es möglich, durch eine energetisch und kostenmäßig optimierte Wahl der Technik, der Geräte, der Dimensionierung und der Betriebsart energetische Einsparungen zu verifizieren und ihnen die dafür erforderlichen Investitionen zuzuordnen. Das ist betriebswirtschaftlich und auch im Hinblick auf die volkswirtschaftliche Bewertung möglicher Emissionsminderungsstrategien von großer Bedeutung.

Um Aussagen über die Qualität der Nutzenergiebereitstellung in Abhängigkeit von betriebsrelevanten Parametern und ihre jeweiligen Kosten treffen zu können, wurden die Ergebnisse der durchgeführten Erhebungen und Auswertungen in Datenblättern zusammengefaßt. Die Datenblätter umfassen, wie in Abb. 3.7.1 dargestellt, folgende Kriterien:

- allgemeine Beschreibung und technische Charakteristika,
- energetische Kenngrößen und Lastverhalten,
- Emissionswerte und -verhalten,
- ökonomische Daten,
- anwendertypische Einsatzbedingungen (Varianten).

Die Ergebnisse sind in Form von Einzelwerten, Mittelwerten und Kennlinien in einer Datenbank abgelegt und soweit nötig mit Bereichsangaben und Kommentaren versehen.

Die Entwicklung der Techniken wird für den Bestand vor 1989 und den Stand der Technik im Jahr 1989 und 1995 abgebildet, sowie für die Zeitstufen 2005 und 2020 abgeschätzt. Für neuere Techniken, für die keine relevanten Bestände auszuweisen sind, wird nach Standard und Optimum des gegenwärtigen Technikstandes differenziert. Damit wird zum einen der konsistente Vergleich konkurrierender Techniken bzw. Energieträger ermöglicht, zum anderen lassen sich Verbesserungen innerhalb von Techniklinien verfolgen.

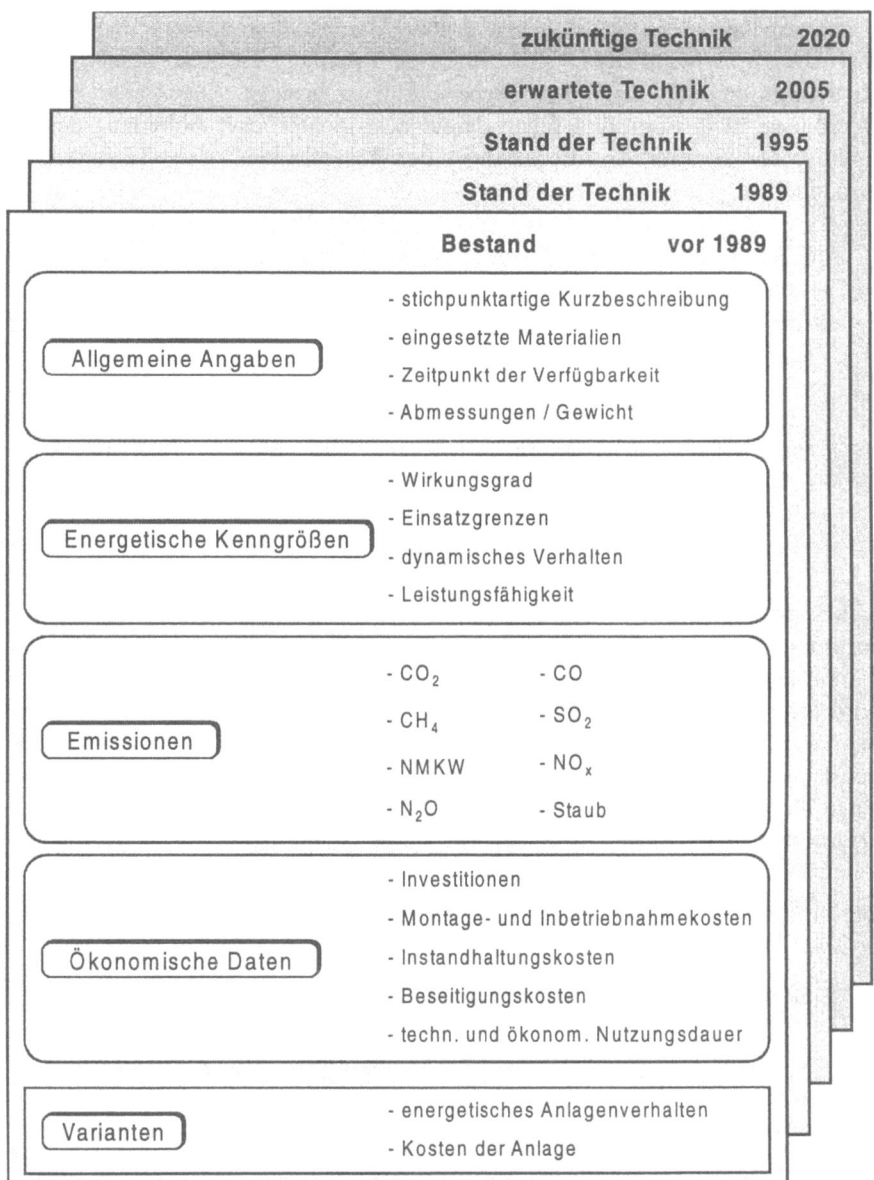

Abb. 3.7.1 Aufbau der Datenblätter der Querschnittstechniken

Um ein möglichst realistisches Bild über die verfügbaren Geräte und Anlagen zu geben, wurden in erster Linie Herstellerdaten recherchiert. Die erhobenen Daten wurden einer Plausibilitätskontrolle unterzogen. Meßwerte, Normenrecherchen und Angaben aus der Fachliteratur ergänzen die Datengrundlage. Die gewonnenen Daten wurden komprimiert und mit der Vorgabe weiterverarbeitet, die für die jeweilige Technik aussagefähigen Kennwerte in eine nutzerfreundliche Form zu bringen. Die Darstellung der Ergebnisse ist in Form und Inhalt darauf ausgerichtet, eine Abbildung des dem praktischen Einsatz entsprechenden Betriebsverhaltens der Techniken zu ermöglichen.

Zu jeder Querschnittstechnik wurden verschiedene Einzelberichte erstellt:
- die **Technikberichte** sind ein grundsätzliches Nachschlagewerk und beschreiben die untersuchten Techniken in einer nutzerfreundlichen gegliederten Dokumentation. Die Daten zu den einzelnen Geräten sind in Form von gleichartig aufgebauten Datenblättern den meisten Technikberichten als Anhang beigefügt. Für drei Querschnittstechniken sind die Datensammlungen wegen der großen Datenmenge als eigenständige Berichte ausgegliedert.
- Berichte über **Inhalt und Nutzung der Datenbank**, die die verwendeten Varianten beschreiben und den Anwender bei der Datenbankrecherche führen, vervollständigen die Dokumentation

Mit den vorliegenden Ergebnissen von Teilvorhaben 8 steht dem Nutzer ein Instrumentarium zur Verfügung, mit dem das Betriebsverhalten der genannten Geräte bei vorgegebener Zeitauflösung praxisnah nachgebildet werden kann. So wird die Bestimmung des Energieeinsatzes bzw. des energetischen Ertrages (z.B. bei Solarkollektoren oder Wärmepumpen) aufgrund vereinfachter Annahmen zur quasistationären Betriebsweise ermöglicht. Darüber hinaus bieten die Datenblätter auch die Option zur Bereitstellung der für eine rechnergestützte Simulation erforderlichen Parameter. Mit den Technikbeschreibungen von Teilvorhaben 8 können konkrete Anwendungsfälle in einem gewünschten Detaillierungsgrad mit der erforderlichen Auflösung berechnet und bewertet werden.

3.7.2 Beschreibung der untersuchten Querschnittstechniken

Derzeit umfaßt die Datenbank ca. 3.500 Geräte, für die 20.000 Anwendungsfälle berechnet wurden. Die Geräte und Anwendungsfälle werden durch ca. 200.000 Werte sowie ca. 400.000 Kennlinien und Monatsmittelwerte beschrieben.

Die Tabelle 3.7.1 gibt eine Übersicht über die untersuchten Geräte innerhalb der 14 Gerätegruppen, deren inhaltliche Schwerpunkte nachfolgend umrissen werden.

Tabelle 3.7.1 Untersuchte Geräte innerhalb der 14 Querschnittstechniken

Querschnittstechnik	Geräte
Verbrennungsmotor-BHKW	Erdgas (100-1500 kW); Biogas (250-1000 kW); Flüssiggas (100-250 kW); Wasserstoff (1000 kW); Erdgas/Diesel (500-5000 kW); Diesel (500-5000 kW)
Lichttechnik	Glüh-, Niedervolt-Halogen-, Niederdruckleuchtstoff-, Kompaktleuchtstoff-, Halogen- Metalldampf-, Natriumdampf-Hochdruck-, Quecksilberdampf-, Mischlichtlampen, Leuchten
Elektrische Antriebe	Asynchron-, Synchron- und Gleichstrommaschinen; Umrichter
Ventilatoren	Axialventilatoren mit und ohne Leiteinrichtung; Radialventilatoren mit vor- sowie rückwärtsgekrümmten Schaufeln ein- und zweiseitig saugend
Pumpen	Normpumpen; Blockpumpen; Inlinepumpen; Seitenkanalpumpen; Unterwasserpumpen
Kompressoren	Druckluft- und Kältemittelverdichter
Solarthermie	Absorber; Flachkollektoren; Speicherkollektoren; Vakuumflachkollektoren; direktdurchflossene und Heat-pipe Vakuumröhrenkollektoren; Luftkollektoren
Wärmepumpen	Außenluft-, Grundwasser-, Umgebung- und Erdreich-Elektrowärmepumpen; Grundwasser-, Umgebung- und Erdreich-Absorptionswärmepumpen
Konventionelle Wärmeerzeuger	zentrale und dezentrale Heizwärmeerzeuger (Öl; Gas; Steinkohle; Braunkohle; Holz; Strom); dezentrale Warmwasserbereitung (Braunkohle; Fernwärme; Strom); zentrale und dezentrale Kombigeräte (Öl; Gas; Strom)
Prozeßwärme: Dampf- u. Heißwassererzeuger	Großwasserraumkessel; Schnelldampferzeuger; Thermoölerhitzer; Wasserrohrkessel; Heißwassererzeuger
Prozeßwärme: Brenner	Brenner mit und ohne Verbrennungsluftvorwärmung; Rekuperator-Brenner
Prozeßwärme: Öfen	Durchlauf- und Kammeröfen; Schmelzeinrichtungen
Prozeßwärme: Trockner	Konvektions- und Strahlungstrockner im Durchlauf- und Kammerprinzip; Mikrowellentrockner im Durchlauf- und Kammerprinzip
Wärmetauscher	flächenbezogene, leistungsbezogene und durchsatzbezogene Wärmetauscher

3.7.2.1 Kraft-Wärme-Kopplung

Verbrennungsmotor-Blockheizkraftwerke
Verbrennungsmotor-Blockheizkraftwerke (BHKW) werden als typisierte, für ausgewählte Brennstoffe und Leistungsklassen repräsentative Techniken beschrieben. Leistungsverhalten und typische Emissionswerte werden auf der Grundlage aktueller Angaben von Herstellern und Betreibern ermittelt und ausgewiesen. In der Praxis wird die Jahresdauerlinie des Wärmebedarfs zur Dimensionierung und zur energetischen Beurteilung der eingesetzten bzw. einzusetzenden BHKW herangezogen. Für die zu betrachtenden BHKW wurden insgesamt 19 Anwendungsvarianten definiert, die sich durch den Wärmebedarfsfall (Verlauf der Jahresdauerlinie), die BHKW-Auslegung, die Anzahl eingesetzter BHKW-Module und die Frage nach Einsatz eines Wärmespeichers unterscheiden.

3.7.2.2 Beleuchtung

Lichttechnik
Marktverfügbare Lampen und Leuchten werden als wesentliche Elemente lichttechnischer Systeme beschrieben. Die Form der Darstellung erlaubt die Bewertung der Effizienz geeigneter Lampen-/Leuchtenkombinationen, wobei die Raumnutzung und Raumgeometrie berücksichtigt ist. Zur Abbildung in typischen Anwendungsfällen wurden verschiedene Räume mit charakteristischen geometrischen und lichttechnischen Anforderungen festgelegt (Typräume). Die Berechnung der zu installierenden Leistung und aufzubringenden Investitionen für die einzelnen Lichtsysteme (Lampen-/Leuchten-Kombinationen) wurde für jeden in Frage kommenden Typraum vorgenommen und das Ergebnis in Abhängigkeit von der Raumgröße dargestellt.

3.7.2.3 Kraftbedarfsdeckung

Elektrische Antriebe
Das Lastverhalten von Motoren der unterschiedlichen Bauarten wird unter verschiedenen Bedingungen untersucht. Da zunehmend in modernen Antriebssystemen Umrichter zum Einsatz kommen, wurden sie und ihr Einfluß auf das Leistungsverhalten mit in diese Untersuchung integriert. Um komplette Antriebssysteme bewerten zu können, wurden Kombinationen der insgesamt ca. 860 Motor- und 170 Umrichterkomponenten nach technisch sinnvollen Kriterien gebildet. Die Ergebnisse wurden als Kennlininen abgelegt. Die damit vorliegenden Daten erlauben die Auswahl eines Antriebskonzepts in Abhängigkeit vom gewünschten Anwendungsfall und eine Bewertung hinsichtlich Kosten und energetischem Verhalten.

Ventilatoren
Für die verschiedenen Ventilatorbauarten ist das Leistungsverhalten bei definierten Einbaubedingungen und unterschiedlichen Antriebsarten dargestellt. Das Leistungsfeld wird abhängig von der Antriebsdrehzahl über genormten Baugrößen abgebildet. Die wichtigsten nutzerseitigen Anforderungen an einen Ventilator sind der zu fördernde Volumenstrom und die zu erbringende Totaldruckerhöhung. Die gewählte Variantenbildung ermöglicht nach individueller Vorgabe dieser zwei Größen einen technikinternen Vergleich. Als anwendungsspezifische Parameter zur Variantenbildung wurden zum einen die Einbauart und zum anderen die Regelungsart verwendet.

Pumpen
Das Leistungsverhalten von marktverfügbaren Pumpen verschiedener Bauarten ist für definierte Systemanforderungen über den Kenngrößen Volumenstrom und Druckerhöhung dargestellt. Anhand von Pumpen unterschiedlicher Baugröße und Lage im Leistungsfeld werden die Kennwertverläufe über die relevanten Bereiche aufgezeigt. Die Daten wurden mit Ergebnissen aus Messungen am FfE-eigenen Prüfstand abgeglichen und ergänzt. Die Varianten beschreiben die unterschiedlichen Einsatzbedingungen von Pumpen, die durch Rohrnetzcharakteristik und Förderstromregelung festgelegt sind. Anhand der angegebenen Kenngrößen ist eine Entscheidungshilfe zur Auswahl und Bewertung einer dem Anwendungsfall entsprechenden Pumpe und deren Regelung gegeben.

Kompressoren
Kompressoren für unterschiedliche Medien werden im Rahmen dieses Themenkomplexes behandelt. Die Technikbeschreibung umfaßt den Einsatz bei der Drucklufterzeugung und Kältemittelverdichtung.

Zur Auswahl eines geeigneten Druckluftverdichters sind die Kenntnisse über den benötigten Verdichterenddruck, den maximalen Volumenstrom und die Anforderungen an die Luftqualität erforderlich. Die Basis für die Variantendefinition ist die geordnete Dauerlinie des Druckluftbedarfs. Die einzelnen Techniken wurden in je elf Lastmodell-Varianten untersucht.

Zur Beschreibung der Kältemittelverdichter wurden fünf Varianten mit unterschiedlichen Kälteniveaus definiert. Durch Vorgabe der Kenngrößen Kälteleistung, Bauart, Kältemittel, Kühlraumtemperatur und Umgebungstemperatur können die energetischen und ökonomischen Daten auch für die Gesamtanlage (Verdichter mit Peripherie) bestimmt werden.

3.7.2.4 Raumwärme

Im Bereich der Raumwärme werden die Technikbereiche Solarthermie, Wärmepumpen und konventionelle Wärmeerzeuger zur Heizungs- und Warmwasserbereitung behandelt.

Solarthermie
Solarkollektoren unterschiedlicher Bauarten werden unabhängig von der Einbindung in eine Anlage beschrieben. Da Kollektorwirkungsgrade abhängig sind von der solaren Einstrahlung und der wirksamen Temperaturdifferenz zwischen Kollektor und Umgebung, werden monatliche Bruttowärmeerträge für verschiedene konstante Kollektoreintrittstemperaturen unter definierten Referenzbedingungen ausgewiesen. Abschließend wird in den Varianten der Deckungsgrad, der Jahresertrag, der elektrische Hilfsenergiebedarf und die Investitionen kompletter Solaranlagen unter anwendertypischen Einsatzbedingungen mittels Monatswerten bzw. Kennlinien beschrieben. Als Varianten wurden u.a. die Brauchwasserbereitung und Unterstützung der Raumheizung (auch beides kombiniert) in Ein- und Mehrfamilienhäusern, die Freibaderwärmung und die Unterstützung von Hallenheizungen betrachtet.

Wärmepumpen
Es werden 55 Wärmepumpen unterschiedlicher Bauart und unterschiedlichen Funktionsprinzips im Verbund mit den möglichen Wärmequellenanlagen dargestellt. Die Leistungscharakteristik ist abhängig von der Temperatur der Wärmesenke angegeben; eine Ertragsbestimmung kann vom Anwender beliebig differenziert vorgenommen werden. Anhand der wesentlichen Betriebsgrößen wurden zehn verschiedene Anwendungsfälle für den Wärmepumpeneinsatz untersucht und die wichtigsten Kenngrößen wie Verbrauch, Wärmeertrag, Betriebszeit und Deckungsgrad am gesamten Wärmebedarf als Monatswerte in der Datenbank abgelegt.

Konventionelle Wärmeerzeuger zur Raumheizung und Warmwasserbereitung
Dieses Feld umfaßt die Beschreibung verbreiteter Wärmeerzeugertechniken für den Einsatz zur Raumheizung und Warmwasserbereitung wie Heizkessel, Öfen, Durchlauferhitzer etc. Für mehr als 200 Geräte wurden typische Kenngrößen wie z.B. das Lastverhalten im Nennbetrieb und bei Teillast, Emissionen und ökonomische Daten ermittelt. In 12 gegebenen Einsatzfällen ist der Energieeinsatz abhängig von der Auslastung bei unterschiedlichen Heizsystemtemperaturen dargestellt. Hierbei ist der benötigte Endenergiebedarf bezogen auf die maximal mögliche Nutzwärmeerzeugung für einen gewählten Betrachtungszeitraum angegeben. Der Technikbeschreibung und den Kennwerten liegen Herstellerangaben, Prüfstandsmessungen und zusätzliche Daten des TÜV Bayern Sachsen zugrunde.

3.7.2.5 Prozeßwärme

Die Darstellung von Prozeßwärme-Erzeugern erfolgt untergliedert nach den Bereichen Dampf- und Heißwassererzeuger, Brenner, Öfen und Trockner. Die Technikdarstellungen sind modular aufgebaut und gewährleisten, daß der Anwender aus den Komponenten auch eigene Systeme bilden kann.

Brenner

Bei brennstoffbeheizten Prozeßwärmeeinrichtungen und Öfen stellt der Brenner den eigentlichen Energiewandler dar und bestimmt maßgeblich das Verhalten der Gesamtanlage. Die eigenständige Darstellung der Brennertechnik erlaubt sowohl die Einbindung der Brenner als Beheizungseinrichtung in die Gesamtbetrachtung der industriellen Prozeßwärmeeinrichtungen und Öfen als auch in andere Technikbereiche. Bei der Abbildung der Brenner wird zwischen der Bauart, den eingesetzten Brennstoffen, der Art der Leistungsregelung und der Art der Verbrennungsluftvorwärmung unterschieden. Für die Definition der Varianten wurden die Abgastemperatur und der Grad der Verbrennungsluftvorwärmung als charakteristische Betriebsgrößen gewählt. Alle technischen und ökonomischen Kenngrößen der Varianten sind im Hinblick auf eine nutzerfreundliche Abbildung des Betriebsverhaltens über der Brennerauslastung parametrisiert.

Dampf- und Heißwassererzeuger

Für die Sektoren Industrie und Kleinverbraucher wurden Dampf- und Schnelldampferzeuger sowie Heißwasserkessel und Thermoölerhitzer untersucht. Sie sind mittels typisierter, für festgelegte Leistungsbereiche repräsentativer Techniken beschrieben; unterschiedliche Energieträger und Druckstufen werden berücksichtigt. Das lastabhängige Leistungsverhalten, ökonomische Daten sowie typische Emissionswerte werden ausgewiesen. Mit 12 unterschiedlichen Lastfällen, vom Vollast- bis zum Bereitschaftsbetrieb, sind die wesentlichen Einsatzbereiche der Dampf- und Heißwassererzeuger beschrieben oder können durch die Kombination von Lastfällen angenähert werden.

Öfen

In der Systembeschreibung der Öfen wird neben der Dimensionierung das Zusammenwirken zwischen den beschriebenen Öfen und den zu behandelnden Gütern dargestellt. Die Varianten decken vier Betriebszeitmodelle (Halb- bis Dreischichtbetrieb) ab, wobei der Arbeitstemperaturbereich durch eine minimale, eine maximale sowie eine Nenn-Arbeitstemperatur festgelegt ist. Diesen zwölf Varianten ist für die jeweilige Ofenbauart ein charakteristischer Erwärmungsprozeß mit definiertem Temperatur-Zeit-Profil und festgelegtem Einsatzgut zugrundegelegt. Die wesentlichen energetischen Daten sind für jede Variante über die Auslastung des Ofens beschrieben, die ökonomischen Daten sind in Abhängigkeit von der Leistung dargestellt.

Trockner

Die Vielschichtigkeit und Komplexität der Entwässerungs- und Trocknungsprozesse, die Verschiedenartigkeit der Eigenschaften und Anforderungen der Ausgangs-, Zwischen- und Endprodukte sowie die große Anwendungsbreite thermischer Trocknungsverfahren erschwert eine produkt- und branchenübergreifende Typisierung der Anwendungsbereiche bzw. eine Systematisierung der Trocknungsverfahren und -techniken. Als wichtige technische Kenngröße wurde die Verdampfungsleistung verwendet. Eine Einteilung der Gerätegruppe erfolgte abhängig vom Wärmeintrag in das

Trocknungsgut in Konvektions-, Strahlungs- und dielektrische Trocknung. Wie bei den Öfen beschreiben die Varianten vier Modelle der betrieblichen Arbeitszeit (Halb- bis Dreischichtbetrieb). Innerhalb der Varianten werden die energetischen Daten für zwei typische Anwendungsfelder der Trocknung (Wasser- und Lack- bzw. Lösemitteltrocknung) aufgezeigt. Der Feuchteanteil des Trocknungsgutes wurde als Parameter zur praxisorientierten Abbildung des energetischen Verhaltens gewählt.

3.7.2.6 Abwärmenutzung

Wärmetauscher
Die erhobenen Kennwerte marktgängiger Wärmetauscher wurden ausgewertet und in übersichtlicher Form dargestellt. Eine ausführliche Anweisung zu Auslegung und Effizienzbestimmung unterstützt den Nutzer bei der Anwendung der Daten. Für die Berechnung eines Wärmetauschers sind in der Regel Kenntnisse über Wärmekapazitätsstrom der Wärmequelle und -senke, Wärmequellen- und Wärmesenkenmedium, Strömungsführung und drei der vier am Wärmetauscher auftretenden Temperaturen notwendig. Da meist nur Informationen über die vorhandenen Wärmequellen verfügbar sind, wurden zur Vereinfachung fünf Standardwärmesenken definiert. Diese Varianten decken einen großen Bereich der industriellen Abwärmenutzung ab und erlauben den schnellen Technikvergleich.

3.7.3 Anwendung der Datensätze für praktische Aufgaben

Die Ergebnisdaten sind nutzerfreundlich aufbereitet und in der Datenbank abgelegt. Dies erlaubt es auch einem in der jeweiligen Querschnittstechnik unerfahrenen Anwender, mit Hilfe der Anleitung zur Datenbanknutzung und den Ergebnisdaten innerhalb kurzer Zeit eine Abschätzung über Wirtschaftlichkeit, energetische Effizienz und gegebenenfalls über Emissionen von Anlagen für einen konkreten Einsatzfall durchzuführen.

Die Abschätzung erfolgt in drei Schritten:

Schritt 1: Auswahl der Varianten
Ausgehend von einem konkreten Anwendungsfall werden unter Einbezug der bisher eingesetzten Varianten die in Frage kommenden ausgewählt. Der Anwender grenzt hierbei durch seine Anforderungen wie z.B. vorgegebene Temperaturen oder Lastverläufe die zu betrachtenden Varianten ein. Die ausgewählten Varianten sollten dem konkreten Anwendungsfall möglichst genau entsprechen.

Schritt 2: Auswahl der Geräte
Nach der Auswahl der Varianten erfolgt im nächsten Schritt die Auswahl der Gerätetypen, die die gestellten Anforderungen prinzipiell erfüllen können. Durch die Vorgabe von relevanten Kenngrößen wie z.B. Zeitstufe, Bauart, Brennstoff,

Leistungsklasse etc. reduziert sich die Zahl der möglichen Techniken, deren Kenngrößen anschließend in einem Technikvergleich gegenübergestellt werden.

Schritt 3: Technikvergleich
Je nach Querschnittstechnik ist für den Technikvergleich der ausgewählten Kombinationen von Varianten und Geräten ein gewisser Rechenaufwand durch den Nutzer zu bewältigen. Als Hilfsmittel ist neben der Anleitung und den jeweiligen Kennlinien bzw. -werten aus der Datenbank nur ein Taschenrechner notwendig. Bei Einsatz einer Tabellenkalkulation können die Daten direkt aus der Datenbank importiert werden. Die Anleitung hilft dem Anwender schrittweise bei der Berechnung der technischen und ökonomischen Daten der Geräte für den gewählten Einsatzfall. Ein Vergleich der Ergebnisse erlaubt eine Bewertung und einen Vergleich der untersuchten Anlagen. In den Kommentaren der Technikdatensätze erhält der Anwender zusätzliche Informationen, da nicht alle Fakten wie z.B. eine Qualitätsverbesserung in Zahlen quantifiziert werden können.

3.7.4 Beispiel Licht

Am Beispiel des Technikbereiches Licht sollen die Möglichkeiten der Datensätze aufgezeigt werden. Für ein Großraumbüro (100 m² Grundfläche) mit vielen Bildschirmarbeitsplätzen soll eine geeignete Beleuchtungsanlage ausgewählt und dimensioniert werden. Wie Abb. 3.7.2 zeigt wurden Dateien für die einzelnen lichttechnischen Systeme, beginnend bei elf Lampenarten und weiterführend mit 19 Lampenausführungen u.s.w. bis hin zu 4 Lichtstärkeverteilungskurven erarbeitet.

Von den damit insgesamt über 630.000 möglichen Kombinationen sind 202 für den technischen Einsatz sinnvoll. Unterschiedliche Anforderungen an die Beleuchtungsstärke werden durch die Definition von 7 Typräumen als Varianten berücksichtigt.

Schritt 1: Auswahl der Varianten:
Für diese Beispielrechnung wird aus der IKARUS-Datenbank der Typraum *Großraum* zugrundegelegt. Er repräsentiert Großraumbüros und große Unterrichtsräume mit heller Ausstattung, Hörsäle ohne Fenster, Räume mit Anreiß-, Kontroll- und Meßplätzen und Räume für technisches Zeichnen. Für diese Räume wird eine mittlere Beleuchtungsstärke von 750°Lux auf einer Arbeitshöhe von 0,85 m über dem Boden gefordert.

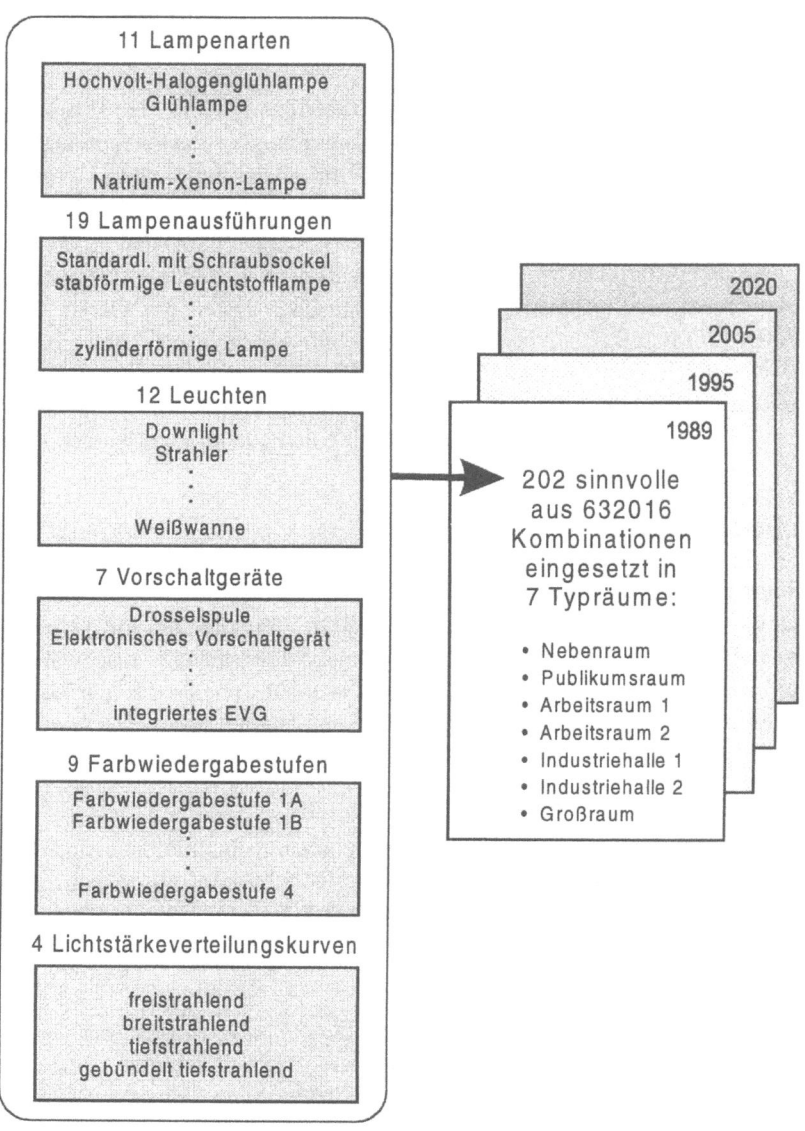

Abb. 3.7.2 Übersicht der untersuchten Beleuchtungssysteme

Schritt 2: Auswahl der Geräte:
Bei großen Büroräumen wird man heute meist stabförmige Leuchtstofflampen einsetzen, weshalb das Beispiel auf den Einsatz von Leuchtstofflampen beschränkt wird. Für die Farbwiedergabe wird die Stufe 2A gewählt. Als geeignete Leuchtenbauformen kommen wegen ihrer geringen Blendung nur solche mit tiefstrahlender Lichtstärkeverteilung in Frage. Es werden daher tiefstrahlende

Raster-, Spiegelraster- und Spiegelreflektorleuchten mit elektronischem (EVG) und mit konventionellem Vorschaltgerät (KVG) untersucht und verglichen.

Schritt 3: Technikvergleich:
Die Daten der betrachteten Geräte werden der Datenbank entnommen und gegenübergestellt. Aus Abb. 3.7.3 ist zu entnehmen, daß Spiegelreflektorleuchten aufgrund ihres guten Leuchtenwirkungsgrades mit einer elektrischen Gesamtleistung von 1.872 W mit EVG (2.300 W mit KVG) ausreichend sind. Bei der Verwendung von Spiegelrasterleuchten sind 2.088 W (2.484 W), bei der Verwendung von Rasterleuchten 2.232 W (2.760 W) zu installieren.

Für eine vergleichende Kostenrechnung werden nun folgende Daten zugrundegelegt:

- Leuchtenlebensdauer   20a
- Mittlere Brenndauer bei   10.000 h (EVG);
  Gruppenauswechslung   7.500 h (KVG)
- Jahresbrenndauer   2.500 h
  (10 h/d, 50 Wochen/a)
- Stromarbeitspreis   0,22 DM/kWh
- Elektrische Leistungsaufnahme   2 x 36 W (EVG);
  pro Leuchte   2 x 46 W (KVG)
- Wechsel- und Reinigungskosten   10 DM/Leuchte

Das Auswechseln der Lampen nach einer Brenndauer von 10.000 h (bzw. 7500 h mit KVG) entspricht einem Zeitraum von vier (bzw. drei) Jahren. Während der Lebensdauer einer Leuchte werden ihre zwei Leuchtstofflampen also fünfmal (bzw. sechsmal) ausgewechselt.

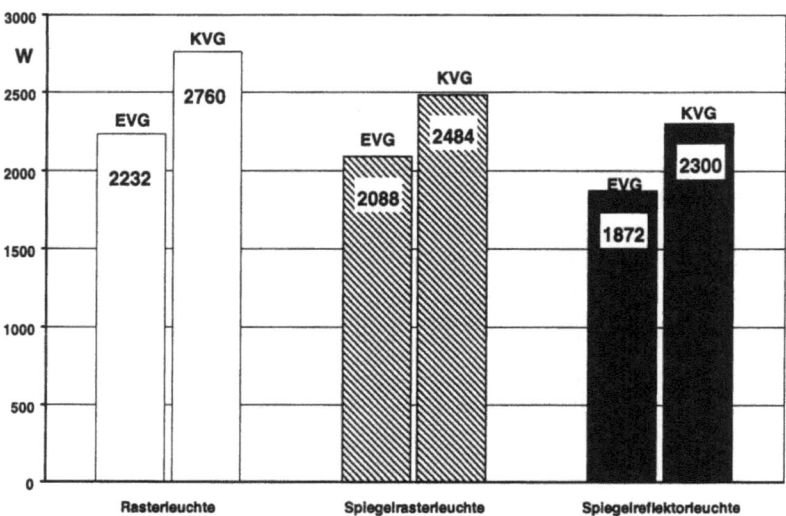

Abb. 3.7.3 Elektrische Leistungsaufnahme verschiedener Beleuchtungsanlagen eines Großraumbüros (100 m² Grundfläche)

Wie sich die gesamten Kosten für die verschiedenen Leuchtentypen, also die Summe von Anschaffungs-, Strom-, Lampenwechsel- und Reinigungskosten insgesamt verhalten, ist in Abb. 3.7.4 dargestellt. Durch die geringeren Stromkosten der Leuchten mit EVG sind diese trotz höherer Anschaffungskosten günstiger bzw. ebenso wirtschaftlich wie vergleichbare Leuchten mit KVG. Die Spiegelreflektorleuchte ist aufgrund ihres guten Wirkungsgrades die ökonomisch und energetisch günstigste Lösung. Wegen ihrer besonders hohen Anschaffungskosten ist die Spiegelrasterleuchte trotz niedrigerer Betriebskosten gesamtwirtschaftlich betrachtet ungünstiger als die einfache Rasterleuchte, hat jedoch beleuchtungstechnische Vorteile, die sich nicht im Kostenvergleich niederschlagen.

Der IKARUS-Datenbank sind auch die von der Grundfläche abhängigen Anschaffungskosten für die Leuchten zu entnehmen. Die Daten fußen auf Listenpreise für die Mengenrabatte von über 50% möglich sind. Wegen des höheren Anteils der Lampenkosten bei Anlagen mit EVG werden ihre Gesamtkosten durch diese Rabatte stärker als bei den Anlagen mit KVG reduziert.

Querschnittstechniken zur Energieumwandlung

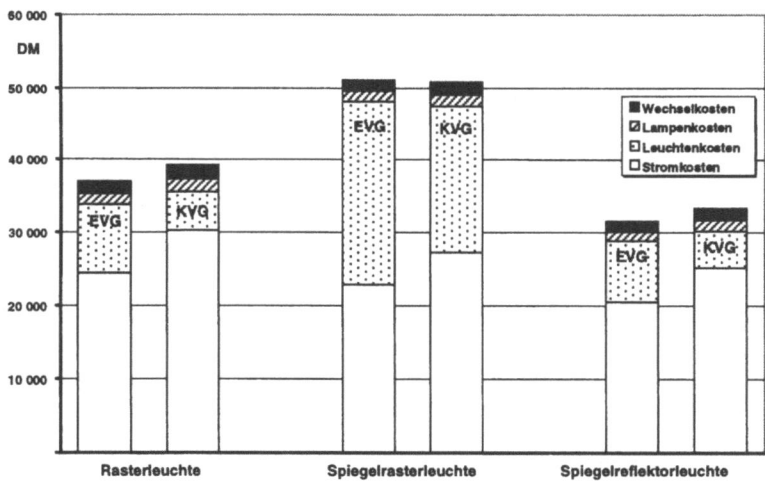

Abb. 3.7.4 Kosten der Beleuchtung eines Großraumbüros (100 m²) über einen Zeitraum von 20 Jahren

3.7.4 Beispiel Dampf- und Heißwassererzeuger

Eine Dampferzeugeranlage soll für eine Molkerei berechnet werden und dabei durch die Auswahl geeigneter Dampferzeuger und Dimensionierung der Kessel der Brennstoffverbrauch und die Emissionen minimiert und die Investitionen in möglichst kurzer Zeit amortisierbar werden.

Die Betriebsdaten eines Dampf- oder Heißwassererzeugers werden durch den Wärmebedarf des zu versorgenden Objekts bestimmt. Der maximale Leistungsbedarf der Beispielanlage beträgt 8,6 MWh/h bei 4660 Vollbenutzungsstunden. Für die Auswahl der Varianten ist sollte die Jahresdauerlinie des Wärmebedarfs vorliegen. Diese ist für die Molkerei bekannt und in Abb. 3.7.5 dargestellt.

Die IKARUS-Datenbank stellt alle relevanten technischen, ökologischen und ökonomischen Daten zu insgesamt 147 Dampf- und Heißwassererzeugern im Leistungsbereich von 100 bis 50.000 kW bereit (Großwasserraumkessel, Wasserrohrkesssel, Schnelldampferzeuger, Heißwassererzeuger und Thermoölerhitzer). Es werden hier nur die Kessel ohne das Dampfnetz betrachtet. Jedoch sind die Verluste des Dampfnetzes in der Jahresdauerlinie berücksichtigt.

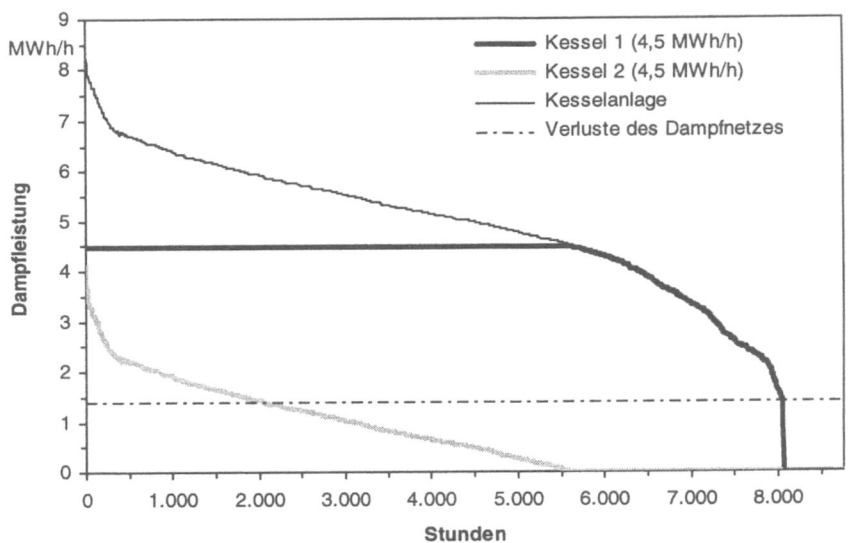

Abb. 3.7.5 Jahresdauerlinie der Dampferzeugung mit einem Beispiel für die Lastverteilung auf zwei Kessel à 4,5 MW

Schritt 1: Auswahl der Varianten:
Insgesamt sind 12 verschiedene Einsatzfälle als Varianten definiert worden. Die Varianten stellen Segmente eines Integralverfahrens dar, dessen spezifischer Energieeinsatz in der Datenbank als linear leistungsabhängige Funktion abgelegt ist. Der Energieeinsatz, der zur Bereitstellung der Nutzenergie für einen beliebigen Lastgang notwendig ist, ist nun mit Hilfe der Varianten über den Lastgang zu integrieren. Durch Kombination von Varianten wird die gegebene Leistungsdauerlinie durch einen Polygonzug angenähert.

Im Lastgang sind Verteilungsverluste, systembedingte Wasserverluste und Bereitschaftsverluste (Mindestdampfmenge, um das Verteilungsnetz auf Betriebstemperatur zu halten) enthalten.

Der Brennstoffverbrauch kann nun mit Hilfe der bekannten Jahresdauerlinie und der abgelegten Lastfälle bestimmt werden.

Schritt 2: Auswahl der Geräte:
Aus den in der IKARUS-Datenbank abgelegten Geräten wird eine Vorauswahl bezüglich Nennleistung, Brennstoff, Bauart usw. getroffen. In einem weiteren Schritt werden die Anzahl der Kessel und ihre jeweiligen Leistungen festgelegt.

Schritt 3: Technikvergleich:
In Tabelle 3.7.2 sind beispielhaft für drei Kesselkombinationen die Nennleistung, die Wärmeerzeugung, der Brennstoffbedarf, der Nutzungsgrad, die

Investitionen und die CO_2-Emissionen angegeben. In der Anlage 1 werden für die vorgegebene Wärmeerzeugung von 40.188 MWh/a zwei gleiche Großwasserraumkessel mit 4,5 MWh/h ausgewählt. Es errechnet sich ein Brennstoffbedarf von 44.8 GWh/a bei einem durchschnittlichen Nutzungsgrad von 90 %. Die Investitionen liegen bei 548 TDM. Die CO_2-Emissionen ergeben sich zu 9.100 t/a.

In einer zweiten Anlage übernimmt ein Großwasserraumkessel mit Economiser 70 % der Leistung, den Rest übernimmt ein einfacher Großwasserraumkessel. Diese Variante kostet 63 TDM mehr als die Anlage bei Variante 1, spart allerdings rd. 2.100 MWh/a Brennstoff und rd. 400 t CO_2 pro Jahr ein. Bei Brennstoffkosten von 20 DM/MWh ergibt sich eine Amortisationszeit der Mehrinvestitionen von unter 2 Jahren.

Anlage 3 ist eine "Öko"-Version, in der beide Kessel mit Economiser ausgestattet sind. Die Investitionen sind gegenüber Variante 2 nochmals 40 TDM höher. Die zusätzliche Brennstoffeinsparung liegt bei nur 100 MWh/a. Die Vermeidungskosten liegen wesentlich höher als bei vielen anderen Maßnahmen zur Brennstoff- oder Stromeinsparung.

Tabelle 3.7.2 Ergebnisse für drei Kesselkombinationen

		Anlage 1			Anlage 2			Anlage 3		
		Großwasserraumkessel 1	Großwasserraumkessel 2	Anlage	Großwasserraumkessel mit ECO	Großwasserraumkessel	Anlage	Großwasserraumkessel mit ECO	Großwasserraumkessel mit ECO	Anlage
Nennleistung	MWh/h	4,5	4,5	9,0	5,4	3,6	9,0	4,5	4,5	9,0
Wärmeerzeugung	GWh/a	33,6	6,6	40,2	37,7	2,6	40,2	33,6	6,6	40,2
Brennstoffbedarf	GWh/a	37,3	7,9	44,8	39,7	3,1	42,8	35,4	7,3	42,7
Nutzungsgrad	%	90,0	88,0	90,0	95,0	84,0	94,0	95,0	91,0	94,0
Investitionen	TDM	274	274	548	374	237	611	330	330	661
CO_2	kt/a	7,6	1,5	9,1	8,1	0,6	8,7	7,2	1,5	8,7

3.7.2 Möglichkeiten und Grenzen der Datensätze

3.7.2.1 Möglichkeiten

Die Datensammlung der 14 Querschnittstechniken ist bezüglich der Fülle an Informationen und der Detailliertheit in dieser Form einmalig. Ausgehend von den Anforderungen des Nutzers können alle Gerätetypen ausgewählt werden, die prinzipiell für den jeweiligen Einsatzfall in Frage kommen. Mit Hilfe der Datensätze kann in einem Technikvergleich eine Abschätzung für die Wirtschaftlichkeit, die energetische Effizienz sowie die Emissionen getroffen werden. Aufgrund der gewählten Darstellung der Daten ist dies selbst einem im Detail unkundigen Anwender möglich. Die Daten bilden eine hervorragende Grundlage für eine Vorentscheidung bei der Auswahl eines Gerätetyps in der Planungsphase und eines Vergleichs vorhandener mit neuen Anlagen.

Die Form der Darstellung der Datensätze bietet auch die Option, die vorhandenen Werte als Eingangsdaten für eigene Simulationsprogramme und Modelle zu verwenden und den gewünschten Anwendungsfall zu hinterlegen.

Nicht zuletzt ermöglichen die vorhandenen Datensätze volkswirtschaftliche Betrachtungen für die Durchführung von Energieeinsparmaßnahmen, da alle untersuchten Techniken typisiert sind und den marktüblichen Standard repräsentieren. Ein Vergleich des Bestandes mit typischen Neugeräten gibt Hinweise auf die Auswirkungen und die Kosten von Austauschmaßnahmen. Da die Datensätze bis zum Jahr 2020 fortgeschrieben sind, kann auch die weitere Entwicklung abgeschätzt werden.

3.7.2.2 Grenzen

Dem Vorteil der Typisierung steht der Nachteil gegenüber, daß die angebotenen Geräte der Hersteller mehr oder weniger von den angegebenen Geräten in der Datenbank abweichen. Die Varianten beschränken sich auf die gebräuchlichsten und technisch sinnvollsten Einsatzfälle, da es zum einen unmöglich ist, alle denkbaren Varianten zu berücksichtigen und zum anderen durch eine zu große Zahl die Nutzung der Daten erschwert wird.

In der Planungsphase kann es bei der Untersuchung konkreter Einzelanlagen und Anwendungsfälle zu Abweichungen von den angegebenen Datensätzen kommen. Es ist daher immer notwendig, nach der Vorauswahl eines Gerätetyps anhand der IKARUS-Datenbank die Planung mit den Kennwerten einer konkreten Einzelanlage eines Herstellers durchzuführen. Derzeit ist es noch nicht möglich, Herstellerangaben in den Rechengang mit einzubeziehen.

Mit Hilfe von Tools könnten die wichtigsten Kennwerte aus der Datenbank ausgelesen und vom Nutzer verändert werden, so daß Berechnungen für eigene Anwendungsfälle und Geräte durchgeführt werden könnten.

Literatur

Schaefer, H.; Schäfer, V.: Querschnittstechniken – Sektor- und branchenübergreifende Techniken zur Energieumwandlung. IKARUS- Monographien des Forschungszentrums Jülich, Band 21.

Reichert u.a.: Dampf- und Heißwassererzeuger - Datensammlung. IKARUS-Monographien des Forschungszentrums Jülich, 1997. ISSN 0946-0012 Band 8-09a

4. Internationale Verifikation von Vereinbarungen zum Klimaschutz

Wolfgang Fischer

Obwohl IKARUS ein Instrument zur Analyse von deutschen Reduktionsstrategien ist, erschien es sinnvoll, mit dem IKARUS-Teilprojekt 9 "Verifikation" einen Bereich aufzugreifen, in dem nationale und internationale Entwicklungen zusammengeführt werden. Das Teilprojekt 9 wurde 1995 abgeschlossen.[18] Neuere Entwicklungen in der Klimaschutzpolitik, insbesondere das Kyoto-Protokoll (vgl. Borsch u. Hake, 1998), wurden nicht mehr systematisch mit Blick auf Verifikationsfragen untersucht. Hier ist an die Verifikation von Projekten einer Gemeinsamen Umsetzung von Reduktionen (Joint Implementation, JI) und des internationalen Handels mit Emissionsrechten zu denken, über deren Ausgestaltung noch verhandelt wird. Darauf bezogene Überlegungen für Verifikationsmaßnahmen finden sich bei Hillebrand et al. (1997) sowie Lanchbery (1998). Die Umsetzung des Kyoto-Protokolls wird zeigen, welche Relevanz der Verifikation in einer Vereinbarung zugemessen wird, die erstmals die Reduzierungen der Emissionen von Treibhausgasen (THG) in einem vorgegebenen Zeitraum anstrebt. Die Erfahrung mit anderen Umweltschutzregimen, darunter dem Protokoll zum Schutz der stratosphärischen Ozonschicht, in dessen Rahmen die von einigen Staaten übermittelten Angaben über Produktion und Verbrauch von ozonzerstörenden Substanzen weder vollständig noch zuverlässig sind (Oberthür, 1997), spricht dafür, daß die Verifikation auch im Klimaschutz verstärkt in den Blick geraten wird.

4.1 Was ist Verifikation?

Verifikation ist ein Prozeß der "Bewahrheitung", durch den sich die an einem Abkommen beteiligten Staaten "Gewißheit" verschaffen wollen, daß die vertraglich vereinbarten Normen, Regeln und Ziele von allen erreicht und eingehalten werden. Es geht also darum festzustellen, ob die Staaten vertragstreu sind oder nicht. Absolute Gewißheit gibt es dabei nicht, sondern nur Grade an Gewißheit, die ein Verifikationssystem erzeugen soll. Welcher Grad angemessen ist, müssen die Staaten vereinbaren. Dabei spielen innenpolitische und perzeptionelle Einflüssen eine Rolle. So kann in einem Staat oder zwischen ihnen

---

[18]Vgl. den Abschlußbericht von Fischer et al. (1995); ferner Katscher et al. (1994) und Victor et al. (1998)

Streit darüber ausbrechen, ob ein Land vertragstreu ist, auch wenn alle Beteiligten die gleichen Informationen haben. Denn nicht allein die Fakten, sondern ihre Bewertung vor dem Hintergrund einer Einschätzung des politischen Charakters eines Staates und der Motive, die seine Führung bewegen, sich an einem Abkommen zu beteiligen, prägen das Bild vom Gegenüber. Somit ist der erreichbare Grad an Gewißheit über das Verhalten von Staaten auch ein Ausfluß solcher übergeordneter Bewertungen.

Vertragstreue muß von "Effektivität" eines Vertrages unterschieden werden. So kann ein von allen Beteiligten genau eingehaltener oder sogar übererfüllter Vertrag ein (Umwelt-) Problem nicht lösen, wenn seine Bestimmungen nicht das Hauptproblem treffen, nicht streng genug sind oder wenn durch Mängel bei der innerstaatlichen Umsetzung das tatsächliche Verhalten der Akteure nicht wesentlich beeinflußt wird. Hingegen ist es denkbar, daß eine höhere Effektivität selbst dann erzielt wird, wenn die Staaten einen strengen, sachgerechten Vertrag nur teilweise intern umsetzen. Vertragstreue kann aber auch ein Ausfluß nichtintendierter Ereignisse sein. So zeichnet sich schon jetzt ab, daß Rußland das Kyoto-Protokoll übererfüllt. Jedoch ist der drastische Abbau der Emissionen eine Folge des Zusammenbruchs der Ökonomie, nicht aber einer Verhaltensänderung der Wirtschaftssubjekte, denn die Emissionen pro Produktionseinheit sind sogar gestiegen. Effektiv, also wirksam, war der Vertrag dann nicht. Es gab nur eine Koinzidenz von Pflicht und tatsächlicher Entwicklung der Emissionen.

Verifikation bedarf technischer und anderer Instrumente, Verfahren und Methoden, die entweder wechselseitig von den Staaten selbst, durch Vertragsorgane oder durch eine internationale zwischenstaatliche oder, seltener, gesellschaftliche Organisation (NRO) angewandt werden.[19]

Auch die "Effizienz" der Verifikation ist wichtig. Da internationale Abkommen schwer zu vereinbaren sind, wenn sie hohe Verifikationskosten für die Staaten oder für Interessengruppen nach sich ziehen, gibt es einen Druck, Überwachungssysteme einzurichten, die geringere Kosten haben. In der Praxis freilich herrscht im Umweltbereich eine gewisse Neigung, dabei Abstriche bei der Leistungsfähigkeit hinzunehmen.

Von Verifikation ist "Monitoring" zu unterscheiden. Monitoring ist eine Datensammlung bzw. (dynamische) Zustandsbeschreibung für (natur-) wissenschaftliche Zwecke. Ein Beispiel ist die Messung der atmosphärischen Konzentration von Kohlendioxid auf Hawaii (Mauna-Loa-Kurve). Zwar können solche Informationen gelegentlich für die Verifikation genutzt werden, insbesondere wenn die Wasserqualität von grenzüberschreitenden Flüssen bestimmt wird (Beispiel Rhein). In der Regel erfüllen sie aber nicht die Anforderungen der Verifikation, nämlich Auskunft zu geben über die nationale Herkunft der Emissionen über einen Zeitraum und damit über die Vertragstreue von Staaten.

Treibhausgasverifikation ist ein Aspekt der Verifikation von Umweltabkommen. Während Verifikation in der internationalen Rüstungskontroll- und Abrüstungspolitik von Beginn an eine zentrale Rolle

---

[19]Die Regime zum Schutz der Ozonschicht und zum Klimaschutz verfügen über solche Organe; bei den internationale Organisationen hat das Umweltprogramm (UNEP) der Vereinten Nationen (UNO) eine Schlüsselrolle; bei den NROs ist es die World Conservation Union (IUCN), in der aber auch Staaten und Behörden mitarbeiten.

spielte, ist die Verifikation internationaler Umweltabkommen ein relativ neues Problem, dessen Bedeutung aber wegen der größeren Regelungsbreite und -tiefe dieser Abkommen zugenommen hat (Brown Weiss, 1997).

Jedes Verifikationskonzept für den Klimaschutz muß im Vergleich zur Rüstungskontroll- und Abrüstungsverifikation schon aus sachlichen Gründen deutliche Unterschiede aufweisen.[20] Einen zentralen Unterschied zeigt Tabelle 4.1.

Tab. 4.1 Wesentliche Verifikationsmaßnahmen in verschiedenen Vertragswerken

Bereich	Völkerrechtlicher Vertrag	Verifikationsobjekte und relevante Mengen	Wesentliche Verifikationsmaßnahme
Nuklear	Nichtverbreitungs-Vertrag	Kernmaterial $\approx 10^3$ Tonnen	Bilanzierung des Kernmaterials
Chemie	Chemiewaffenkonvention	Toxische u.a. Substanzen $\approx 10^6$ Tonnen	Ad hoc Inspektionen
Klima	Klimagas-Konvention	Treibhausgase$\approx 10^9$ Tonnen	Plausibilitäts- und Konsistenzprüfungen

Bei der Treibhausgasverifikation ist, im Gegensatz zu der internationalen Verifikation der friedlichen Nutzung der Kernenergie, die auf Kernmaterialbilanzierung baut, eine exakte quantitative Erfassung und eine meßtechnische Überprüfung der von den Staaten freigesetzten THG praktisch nicht möglich. Die Verifikation von THG-Emissionen unterscheidet sich gleichfalls von dem Abkommen zum Verbot der Herstellung und des Besitzes von Chemiewaffen, in dem auch einige (semi-) quantitative Verifikationsverfahren zum Einsatz kommen. Bei der Treibhausgasverifikation kommt angesichts der enormen "Stoffströme" (Milliarden Tonnen THG) und der großen Zahl und den vielfältigen Merkmalen der Emissionsquellen einer Plausibilitäts- und Konsistenzprüfungen die zentrale Rolle zu. Allerdings kann die meßtechnische Erfassung einzelner Elemente der Datenbasis oder die satellitengestützte Informationsgewinnung unter eingeschränkten Bedingungen einen positiven Beitrag zur Verifikation leisten.

---

[20]Zudem ist Abrüstung "hohe Politik", die als unmittelbar relevant für die (inter-)nationale Sicherheit angesehen wird. Die Risiken, die Folge eines (unbemerkten) Vertragsverstoßes von Staaten sind, werden daher im Politikfeld Abrüstung als höher betrachtet als es der Fall ist, wenn Staaten gegen Umweltabkommen verstoßen.

4.2 Warum Verifikation?

Ein Bedarf nach Verifikation stellt sich ein, wenn die staatlichen Akteure sich nicht nur auf die gegenseitige Zusage der Einhaltung internationaler Vereinbarungen verlassen wollen. Dies erklärt aber nicht die spezifische Ausgestaltung eines Verifikationssystems. Denn der Verifikationsbedarf wird wesentlich von den Ursachen bzw. den Motiven beeinflußt, die nach Ansicht der Akteure die Staaten dazu treiben könnten, vertragsuntreu zu werden. Sie umfassen:

- *Kapazitätsmängel* und *zeitliche Verzögerungen* bei der Umsetzung (Implementation) von Verträgen, d.h. eine mangelnde institutionelle, wirtschaftliche, technologische Fähigkeiten zur Umsetzung der Vereinbarungen trotz guten Willens. In der Regel geht damit kein Versuch einher, die anderen Vertragsstaaten mittels bewußt falscher Angaben etwa über die eigenen Emissionen zu täuschen.
- *Bewußte (intentionale) Vertragsverstöße.* Sie sind ein Akt staatlicher Politik zur Erlangung von Vorteilen oder der Abwendung von Nachteilen, die (subjektiv oder objektiv) dem Staat durch vertragliche Pflichten entstehen können, denen er sich mehr oder weniger freiwillig unterworfen hat. In diesem Fall ist die Neigung hoch, die anderen Vertragspartner arglistig über das wirkliche Verhalten zu täuschen, etwa durch falsche Emissionsangaben, um nicht Kritik wegen eines Vertragsverstoßes auf sich zu ziehen.[21]
- Eine dritte Ursache, zwischen beiden anzusiedeln, ist eine *Unwilligkeit*, eine mangelnde Bereitschaft zur Umsetzung von Pflichten. Hier fehlt weder die Kraft zur Umsetzung noch gibt es einen politischen Plan, den Vertrag zu umgehen, sondern man verweigert sich den notwendigen Schritten oder führt sie unentschlossen durch. Ein Grund kann der Widerstand wichtiger gesellschaftlicher Gruppen gegen die innerstaatliche Umsetzung des Vertrages sein, auch wenn andere Akteure dafür plädieren. Möglich erscheint auch in diesem Fall, daß einige Akteure ein Interesse daran haben, dieses Versäumnis zu verbergen und deshalb Angaben manipulieren.

Zwischen dem gewünschten Grad an Gewißheit und den Ursachen für Vertragsverstöße gibt es Wechselwirkungen. Werden bewußte, zielgerichtete Vertragsverstöße erwartet, wird man nach einem höheren Grad an Gewißheit über das tatsächliche Verhalten streben, als bei Kapazitätsmängeln. Der Verifikationsbedarf ist im ersten Fall höher.

Bislang war der Verifikationsbedarf im Klimaschutz eher gering, und die Ansicht herrschte vor, daß Vertragsverstöße nur in Kapazitätsmängeln wurzeln. Denn die materielle Regelungstiefe der Klima-Rahmenkonvention (KRK) ist gering, sie enthält nur wenige, weich formulierte Pflichten für eine Gruppe von Staaten und sagt nichts über das aus, was nach dem Jahre 2000 im Hinblick auf die Höhe der THG-Emissionen geschehen soll. Die Pflichten konzentrieren sich

---

[21] Solches Verhalten ist in der internationalen Politik nicht die Regel, aber auch nicht ganz selten. So gaben Ostblockstaaten im Rahmen des Schwefelprotokolls der Genfer Konvention über den Abbau der Luftverschmutzung in Europa ihre Emissionen zu niedrig an.

auf eine regelmäßige Berichterstattung über die Emissionen und Maßnahmen zum Klimaschutz bzw. deren zu erwartende Auswirkungen. Weitergehende nationale Selbstverpflichtungen zum Klimaschutz sind nur politische, aber keine völkerrechtlich bindende Zusagen, sie unterliegen nicht der Verifikation. Deshalb gibt es im Rahmen der KRK keinen Grund für Verfälschungen, und für Verifikation bieten sich nur geringe Anknüpfungspunkte. Die bisherigen Verifikationsmaßnahmen beschränken sich im wesentlichen auf eine Sichtung der staatlichen Nationalberichte, in denen Auskunft gegeben wird über die Höhe und Struktur (Herkunft) der THG-Emissionen, durch Fachleute.[22] Die Einschätzung der Plausibilität der in den Berichten enthaltenen Emissionsinventare, nicht aber die kritische Prüfung der Angaben selbst steht dabei im Mittelpunkt.

Mit dem Kyoto-Protokoll, das aber noch nicht in Kraft ist, dürften sich die Randbedingungen ändern und könnte sich ein Verifikationsbedarf einstellen, der dann auch verstärkt Elemente eines absichtlichen Vertragsverstoßes berücksichtigt. Insbesondere die Festlegung der Ausgangsdaten über die Höhe der THG-Emissionen zu einem bestimmten Zeitpunkt für jedes einschlägige Land ("baseline") muß kritisch überprüft werden, da sich auf deren Höhe die Reduktionspflichten beziehen. Gelänge es einem Land, seine Emissionen höher anzugeben als sie tatsächlich sind, erfüllt es einen Teil seiner prozentualen Reduktionspflichten durch den Abbau "heißer Luft", d.h. nur auf dem Papier. Zwar werden auch im Rahmen des Kyoto-Protokolls die Nationalberichte und ihre Emissionsinventare im Mittelpunkt stehen, aber sie müßten, sehen die politischen Entscheidungsträger einen höheren Verifikationsbedarf, kritischer und mit Hilfe weiterer Methoden analysiert werden. Dies würde auch dazu zwingen, auf internationaler Ebenen institutionelle Vorkehrungen zur Lösung der Verifikationsaufgabe zu treffen. Grundsätzlich könnte diese erweiterte Aufgabe das Organ der KRK zur Durchführung des Abkommens (SBI) übernehmen, das auch für das Kyoto-Protokoll zuständig ist. Denkbar wäre es auch, dafür nach dem Vorbild des Atomwaffensperrvertrages oder der Chemiewaffenkonvention eine internationale Organisation zu gründen und mit dieser Aufgabe zu beauftragen. Dafür sprechen Kompetenz und Unabhängigkeit einer solchen Organisation, dagegen die Kosten und der Souveränitätsverzicht, den die Staaten leisten müßten. Deshalb zeichnet sich eine solche Organisation nicht ab und sie wäre für Umweltschutzabkommen zudem untypisch. International kommt diese Diskussion über striktere THG-Verifikation und ihre institutionellen Folgen erst allmählich in Gang.

Auch zwischen der Ursache der Vertragsuntreue und den Verifikationsinstrumenten gibt es einen Zusammenhang. Wenn man sich auf der "Skala" von den unbeabsichtigten hin zu den bewußten Verstößen bewegt, werden die Instrumente der Verifikation spezifischer zugeschnitten auf die Entdeckung solcher (unter Umständen getarnter) Vertragsverstöße. Die Instrumente der Verifikation werden aufwendiger und "intrusiver", ihre Anwendung greift in die Souveränität der Staaten und die Rechte ihrer Bürger ein. Intrusive Verifikation kennzeichnet bislang nur Abrüstungs- und Nichtverbreitungsverträge.

---

[22] Vgl. dazu und zu Vorschlägen für einen strikteren Verifikationsmechanismus in der Europäischen Union (EU): Lanchbery et al. (Eds.) 1996. Da die EU als Gemeinschaft ein Mitglied des Kyoto-Protokolls ist und die Reduktionen gemeinschaftlich umsetzen will, muß sie Klarheit über die nationalen THG-Emissionen der EU-Staaten haben.

4.3 Ein abgestuftes Verifikationssystem

Der mit dem Kyoto-Protokoll begonnene Klimaschutz legt es nahe, ein abgestuftes, anpassungsfähiges Verifikationssystem zu konzipieren, das sich künftigen Fortschreibungen der Klimapolitik anpassen kann. Es hat als Ausgangspunkt die Deklarationen von Staaten über ihre THG-Emissionen (Emissionsinventare) und ihre Politiken und Maßnahmen.[23] Die Verifikation soll feststellen, ob diese Deklarationen mit der Realität übereinstimmen und diese Realität dem entspricht, was die Staaten vertraglich zugesagt haben. Das an den Ursachen von Vertragsuntreue orientierte abgestufte Verifikationssystem sollte drei Stufen umfassen:

Stufe 1: Die für Verifikationsfragen zuständige Organisation nimmt die Deklarationen (Berichte) der Staaten zur Kenntnis. Überprüft wird nur die formale Richtigkeit und Vollständigkeit der Berichte, gemessen an bestimmten Vorgaben.[24] Ihre Inhalte werden nicht wirklich geprüft. Die Organisation glaubt den Deklarationen der Staaten.

Stufe 2: Die Verifikationsorganisation verwendet zusätzlich allgemein verfügbare Informationen zur Überprüfung der Konsistenz und Plausibilität der gelieferten Informationen.

Stufe 3: Die Organisation prüft kritisch die Richtigkeit und Vollständigkeit der gelieferten Deklarationen mit Hilfe von zusätzlichen und unabhängig gewonnenen Informationen.

Die Tabelle 4.2 verdeutlicht Struktur und Inhalte eines solchen Verifikationssystems. Werden außer nichtintentionalen auch zielgerichtete Vertragsverstöße unterstellt, müssen zusätzliche Verifikationsverfahren und -techniken zur Anwendung kommen. Sie können intrusiv und damit Ausdruck einer hohen Verifikationsdichte sein. In der Tabelle 4.2 nimmt also die Verifikationsdichte von links nach rechts zu.

Verifikation dient in diesem Stufenmodell verschiedenen Zwecken: Sie zielt darauf ab, gutwillige Staaten auf Lücken und Probleme bei der Umsetzung der Vereinbarung hinzuweisen und Hilfe zu leisten bei deren Überwindung. Dies ist eine zentrale Aufgabe: Implementationsprobleme werden in einem kooperativen, kommunikativen Prozeß gelöst (Zürn, 1997).

Zweitens kann Verifikation zur Identifikation unwilliger Staaten beitragen und versuchen, den Kräften, die einem Vertrag wohlgesonnen sind, dabei zu helfen, interne Umsetzungshindernisse zu beseitigen, um den Staat auf den Pfad der vertraglich vereinbarten Tugend zurückzuführen. Schließlich kann Verifikation mit der (latenten) Drohung, bewußte Verstöße zu entdecken, sie öffentlich zu machen und so eventuell Sanktionen auszulösen, von den Verstößen abschrecken.

---

[23] Politiken und Maßnahmen zum Klimaschutz wurden in sehr allgemeiner Form im Kyoto-Protokoll vereinbart. Künftig wird sich die Aufgabe stellen, ihre Umsetzung und deren Auswirkungen auf die THG-Emissionen zu überprüfen.

[24] Diese Vorgaben für Emissionsinventare wurden unter der Federführung der Organisation für Wirtschaftliche Zusammenarbeit und Entwicklung, OECD, ausgearbeitet.

Tab. 4.2 Das abgestufte Verifikationssystem

	Gründe für den Verifikationsbedarf		
	Kapazitätsmängel, Zeitverzögerung	Unwilligkeit bei der Umsetzung der Pflichten	Absichtliche Vertragsverstöße
Sektor	Maßnahmen der Verifikation		
Energie	Erstellung gemeinsamer internationaler methodischer Leitlinien für die nationalen Berichte über THG-Emissionen und Überprüfung der Konsistenz und Plausibilität der natioanlen Berichte durch Überprüfungsteams	Analyse der Berichte mit Hilfe zusätzlicher Quellen; Modellierung	Meßsysteme; Ortsinspektionen
Landnutzung und Wälder		Analyse der Berichte mit Hilfe zusätzlicher Quellen	Satellitenüberwachung; Ortsinspektionen
Landwirtschaft		Analyse der Berichte mit Hilfe zusätzlicher Quellen;	Satellitenüberwachung; Ortsinspektionen
Maßnahmen zum Klimaschutz		Implementationsüberwachung; Modellierung	Überwachung mit Hilfe zusätzlicher Informationen
	aufzeigend und unterstützend	korrektiv und fördernd	entdeckend und abschreckend
	Aufgaben der Verifikation		

Wie können die Verfahren und Instrumente der Verifikation aussehen? Eine Antwort muß die Randbedingungen beachten: Die riesigen Mengen an emittierten THG aus diversen, oft kleinen und mobilen Quellen; außerdem die Forderung nach Effizienz; die Unsicherheit über den Grad des Verifikationsbedarfs und schließlich die politische Akzeptanz der Verifikation und ihrer Instrumente.

4.4 Verifikationsverfahren und -instrumente

Wie schon dargelegt, können Klimaschutzmaßnahmen zwei Ebenen umfassen, die beide Gegenstand von Deklaration und Verifikation sind:

Die *quantitative Ebene* der Erstellung der THG-Inventare, die Auskunft über die Reduktion der Emissionen auf einer Zeitachse gibt.

Die *qualitative Ebene* der Maßnahmen und Politiken zum Klimaschutz. Sie beschreibt die Abfolge, die Umsetzung und die erwarteten Auswirkungen der Maßnahmen und Politiken auf die THG-Emissionen.

Für die Verifikation ergibt sich eine doppelte Zielsetzung: Einerseits muß eine Kontrolle der Implementierung von Maßnahmen und Politiken gewährleistet werden. Andererseits ist die Überprüfung der quantitativen Zielsetzung von Verpflichtungen sicherzustellen.

4.4.1 Qualitative Ebene - Maßnahmen und Politiken

Eine Abstufung der Verifikation erfolgt bei Maßnahmen und Politiken insoweit, als über die formale Prüfung bzw. die grobe Abschätzung der Konsistenz und Plausibilität hinaus bei höherer Verifikationsdichte eine systematische Überprüfung der Angaben durch Rückgriff auf mehrere Informationsquellen und auf komplexe Verfahren stattfindet.

4.4.1.1 Überprüfung des Status

Zur Reduzierung von Treibhausgasemissionen können eine Vielzahl von nationalen Maßnahmen und Politiken beitragen. Dazu zählen z.B. die Verbesserung der Wärmedämmung und die Festlegungen des durchschnittlichen Kraftstoffverbrauchs von neuen Fahrzeugen. Wichtig bei der Analyse der von den Staaten übermittelten Informationen über Maßnahmen und Politiken ist die Identifizierung ihres rechtlichen Status, d.h. handelt es sich um Gesetze, Verordnungen oder nur um unverbindliche Empfehlungen. Die Kenntnis ihres Status ist Voraussetzung für eine weitere Abschätzung ihrer Durchführung und Wirksamkeit.

4.4.1.2 Überprüfung der Durchführung

Für die Analyse der Durchführung von Maßnahmen gibt es zwei Vorstellungen. Zunächst ist zu analysieren, ob die zeitlichen Zielvorstellungen für die Umsetzung erfüllt wurden. Das zweite Verfahren zur Implementierungskontrolle basiert auf der Indikatorenanalyse. Um die Durchführung von Maßnahmen abschätzen zu können, werden Indikatoren identifiziert, die darauf Hinweise geben. So könnten beispielsweise zur Einschätzung der tatsächlichen Durchführung von Energiesparmaßnahmen im Wärmebereich der Verkauf von Dämmaterial und zur Einschätzung der Reduzierung des Stromverbrauchs der Verkauf energiesparender Haushaltsgeräte als Indikatoren genutzt werden.

4.4.1.3 Überprüfung der Wirkung

Für die Planung einer Maßnahme und die Abschätzung ihrer Wirkung auf die THG-Emissionen sind methodisch nachvollziehbare Analysen nötig, wie sie sektorspezifische Computermodelle, z.B. die IKARUS-Teilmodelle, bieten. Mit ihrer Hilfe lassen sich Reduktionspotentiale und Kosten für Maßnahmen im Energiebereich beurteilen. Die Frage, ob und in welchem Ausmaß die Maßnahmen tatsächlich gegriffen haben, kann nur anhand von aktuellen Statistiken bzw. auf der Basis der Emissionen erst im Nachhinein bestimmt werden. Dies führt zum Problem der Überprüfung quantitativer Angaben über THG-Emissionen.

4.4.2 Überprüfung von quantitativen Verpflichtungen

Quantitative Verpflichtungen sind das Herzstück der Vereinbarungen zum Klimaschutz. Auch Maßnahmen und Politiken müssen letztlich ihren Niederschlag in reduzierten THG-Emissionen finden. Die Überprüfung dieser Zahlen mit unterschiedlicher Intensität steht im Zentrum der Verifikation. Grundsätzlich gilt, daß die Emissionen von Kohlendioxid aus dem kommerziellen Energiesektor recht gut erfaßt werden, wenn die energiestatistische Datenbasis feingliedrig und zuverlässig ist. Auf Deutschland trifft das weitgehend zu, auf viele andere Staaten weniger oder nicht. Emissionen anderer THG und die aus verschiedenen Prozessen, von industriellen bis zu mikrobischen in der Landwirtschaft, lassen sich deutlich schlechter abschätzen und verifizieren (Satorius, 1994).

4.4.2.1 Formale Überprüfung

Bei der formalen Überprüfung geht es um die Richtigkeit und Vollständigkeit der Form, in der Informationen von den Staaten geliefert werden. Sie müssen z.B. vorgegebenen Anforderungen hinsichtlich der Kategorien- und Sektorenbildung genügen: Sind alle THG erfaßt, die Sektoren gut beschrieben, ist eine Aggregation von Daten nachvollziehbar? Ein weiterer Aspekt bezieht sich auf die Erhebungsprozeduren und -verfahren um festzustellen, ob vorgegebene Standards ausreichend berücksichtigt wurden und inwieweit z.B. Emissionsfaktoren international akzeptiert werden, ob sie nachvollziehbar sind oder nicht.

4.4.2.2 Inhaltliche Überprüfung durch offene Informationsquellen

Die UNO, OECD und EU haben Datenbanken über Luftschadstoffe und THG-Emissionen, die zur Konsistenzprüfung der nationalen Deklarationen eingesetzt werden können. Weitere relevante Informationen, die in nationalen Datenbanken zur Verfügung stehen, betreffen Export- oder Importangaben über fossile Brennstoffe, Informationen über Bevölkerungsentwicklung, Energieverbrauch, Industrieentwicklung oder Verkehrsentwicklung eines Landes. Sie können ebenfalls zur Plausibilitätsüberprüfung von THG-Emissionen benutzt werden. Computermodelle, die alle diese Informationen verknüpfen und sowohl den Energie- als auch den volkswirtschaftlichen Aspekt berücksichtigen, können dann zur nationalen oder regionalen Analyse der Treibhausgassituation eingesetzt werden. Ein Beispiel ist das IKARUS-Modell.

Informationen aus Meßnetzen zur Bestimmung der Konzentrationen von Luftschadstoffen können ebenfalls (im beschränktem Umfang) Hinweise geben, mit denen die Deklarationen von Staaten überprüft werden. Satellitenbilder liefern Informationen, mit denen Klimaschutzmaßnahmen in der Land- oder Forstwirtschaft analysiert werden können. Hier sind die Kosten aber erheblich, wenn die Ergebnisse nicht als Nebenprodukt anderer Aktivitäten abfallen, die Satellitenbilder nutzen. So bietet z.B. eine Überwachung landwirtschaftlicher Flächen im Rahmen von Subventionsprüfungen auch Ansatzpunkte, Teile der nationalen Emissionsdeklarationen stichprobenartig zu überprüfen.

4.4.2.3 Inhaltliche Überprüfung mit unabhängigen Informationen

Die vorangegangenen beiden Stufen der Verifikation von Deklarationen haben sich ausschließlich auf eine formale Überprüfung bzw. auf die Verwendung von bereits vorliegenden Informationen aus anderen Datenbanken beschränkt. Eine neue Stufe der Verifikation würde auch die eigenständige und unabhängige Gewinnung von Informationen durch eine internationale Verifikationsorganisation einschließen.

Dazu gehört z.B. die stichprobenartige Messung anderer THG-Emissionen als CO_2 an Emissionsquellen, um Emissionsfaktoren zu überprüfen. Für die Verifikation in den Sektoren Wald, Landnutzung und Landwirtschaft kann gezielte Erd-Fernerkundung (in Verbindung mit Vor-Ort-Inspektionen) zum Einsatz kommen. Eine weitere Informationsquelle können Besuche in nationalen Institutionen sein, die für die Erfassung von THG-Emissionen von Bedeutung oder dafür verantwortlich sind, um tiefere Einblicke in ihre Arbeitsweise, ihre Informationsquellen und -verarbeitung zu bekommen. Derartige Besuche können z.B. bis in energietechnische Anlagen führen, um Stichprobenmessungen von Treibhausgasen vorzunehmen oder andere Angaben zu überprüfen, etwa über die Verwendung von Kohlesorten (Ortsinspektionen).

4.5 Die Akzeptanz des gestuften Verifikationssystems

Mit der Kyoto-Konferenz hat sich die Ausgangssituation verändert: Erstmals wurden, wenn auch nur für die Industriestaaten, Verpflichtungen zur Reduktion von THG-Emissionen vereinbart, die praktisch aber erst nach der Jahrtausendwende umzusetzen sind. Daher ist die Diskussion über Verifikation noch nicht drängend, wird aber in den nächsten Jahren an Bedeutung gewinnen. Das gilt besonders für den Handel mit Emissionsrechten und für Maßnahmen zur JI. Verifikationskonzepte werden dann bewußte Vertragsverstöße und solche aus mangelnder Umsetzungsbereitschaft in den Blick rücken müssen. Zu vermuten ist aber, daß auch im Rahmen einer Weiterentwicklung eines Verifikationsregimes intrusive Verifikationskonzepte dem Souveränitätsvorbehalt der Staaten und Kostenüberlegungen zum Opfer fallen könnten. So dürfte ein Einsatz direkter Meßsysteme oder gezielter Satellitenüberwachung von Staaten als *explizite* international abgestimmte Maßnahmen zur Verifizierung von Pflichten zum Klimaschutz auf Widerstände stoßen. Dabei werden sicherlich auch die erheblichen Kosten eine Rolle spielen. Unterhalb dessen ist aber zukünftig viel von dem realisierbar, was in den letzten beiden Abschnitten vorgestellt wurde, wenn das Klimaproblem wirklich zu einem brennenden politischen Thema wird. Vor einer Illusion sollte man sich aber hüten: Die Verifikation einer Klimakonvention wird schon aus sachlichen Gründen nie so (relativ) gut gelingen, wie das bei der Abrüstung zumeist der Fall ist. Das erscheint aber auch angesichts der großen Mengen an freigesetzten THG nicht nötig. Ungereimtheiten in der Größenordnung von einigen Millionen Tonnen können in den großen Industriestaaten toleriert werden, ohne daß damit das Vertragsziel in Frage gestellt wird. Verifikation muß aber sicherstellen, daß die Ausgangsdaten möglichst korrekt und die Entwicklung der THG-Emissionen plausibel und nachvollziehbar sind.

Literatur

Borsch, P. , Hake, J.-F. (Hrsg.), Klimaschutz. Eine globale Herausforderung. Landsberg/Lech 1998.

Brown Weiss, E., Strengthening National Compliance with International Environmental Agreements, in: Environmental Policy and Law, 27, 4/1997, S. 297-303.

Fischer, W., Hoffmann, H.-J., Katscher, W., Kotte, U., Lauppe, W.-D., Stein, G., Vereinbarungen zum Klimaschutz - das Verifikationsproblem. Abschlußbericht Teilprojekt 9 des IKARUS-Projektes. Forschungszentrum Jülich GmbH 1995

Hillebrand, B. et al., CO_2-Monitoring der deutschen Industrie - ökologische und ökonomische Verifikation. 2 Bände. Rheinisch-Westfälisches Institut für Wirtschaftsforschung, Essen 1997.

Katscher, W. et al. (Eds.), Greenhouse Gas Verification - Why, How and How Much. Konferenzen des Forschungszentrums Jülich Band 14. Forschungszentrum Jülich GmbH 1994.

Lanchbery, J. et al. (Eds.), Greenhouse Gas Inventories: National Reporting Processes and Implementation Review Mechanisms in the EU. Forschungszentrum Jülich GmbH 1996 (2 Volumes).

Lanchbery, J., Coping with Uncertainty: Verifying the Kyoto Protocol, In: Trust & Verify, Issue 78, February 1998, S. 3-6.

Oberthür, S. (Author), Production and Consumption of Ozone-Depleting Substances 1986-1995. Deutsche Gesellschaft für Technische Zusammenarbeit (GTZ) GmbH, 1997.

Satorius, R., Verification and Climate Change Convention, in: W. Katscher et al. (Eds.), Greenhouse Gas Verification, S. 107-111.

Victor, D. et al. (Eds.), The Implementation and Effectiveness of International Environmental Commitments: Theory and Practice. Cambridge/MA, London 1998.

Zürn, M., "Positives Regieren" jenseits des Nationalstaates, in: Zeitschrift für Internationale Beziehungen, 4, 1/1997, S. 41-68.

Autorenverzeichnis

Bradke, Harald, Dr.-Ing.: Fraunhofer-Institut für Systemtechnik und Innovationsforschung (FhG-ISI), Breslauer Str. 48, 76139 Karlsruhe
Brosthaus, Josef, Dipl.-Ing.: TÜV Rheinland Sicherheit und Umweltschutz GmbH, Am Grauen Stein, 51105 Köln
Diekmann, Jochen, Dr.: Deutsches Institut für Wirtschaftsforschung (DIW), Königin-Luise-Str. 5, 14195 Berlin
Elsberger, Martin, Dipl.-Ing.: Technische Universität München, Lehrstuhl für Energiewirtschaft und Kraftwerkstechnik, Arcisstr. 21, 80333 München
Fahl, Ulrich, Dr.: Universität Stuttgart, Institut für Energiewirtschaft und Rationelle Energieanwendung (IER), Heßbrühlstr. 49a, 70565 Stuttgart
Fischer, Wolfgang, MA: Forschungszentrum Jülich, Programmgruppe Technologiefolgenforschung (TFF), 52425 Jülich
Goy, Georg C., Dipl.-Volksw.: Deutsches Institut für Wirtschaftsforschung (DIW), Königin-Luise-Str. 5, 14195 Berlin
Hake, Jürgen-Friedrich, Dipl.-Math.: Forschungszentrum Jülich, Programmgruppe Systemforschung und Technologische Entwicklung (STE), 52425 Jülich
Heckler, Rainer, Dipl.-Phys.: Forschungszentrum Jülich, Programmgruppe Systemforschung und Technologische Entwicklung (STE), 52425 Jülich
Herrmann, Dieter, Dr.: Universität Stuttgart, Institut für Energiewirtschaft und Rationelle Energieanwendung (IER), Heßbrühlstr. 49a, 70565 Stuttgart
Jochem, Eberhard, Prof. Dr.: Fraunhofer-Institut für Systemtechnik und Innovationsforschung (FhG-ISI), Breslauer Str. 48, 76139 Karlsruhe
Kemfert, Claudia, Dr. rer.pol.: Universität Oldenburg, Institut für Volkswirtschaftslehre, Postfach 2503, 26111 Oldenburg, und Fondazione Enrico Mattei, Mailand
Kober, Ralf, Dipl.-Wirt.-Ing.: TÜV Rheinland Sicherheit und Umweltschutz GmbH, Am Grauen Stein, 51105 Köln
Kraft, Armin, Dipl.-Ing.: Forschungszentrum Jülich, Programmgruppe Systemforschung und Technologische Entwicklung (STE), 52425 Jülich
Kuckshinrichs, Wilhelm, Dr.: Forschungszentrum Jülich, Programmgruppe Systemforschung und Technologische Entwicklung (STE), 52425 Jülich
Markewitz, Peter, Dr.: Forschungszentrum Jülich, Programmgruppe Systemforschung und Technologische Entwicklung (STE), 52425 Jülich
Martinsen, Dag, Dr.: Forschungszentrum Jülich, Programmgruppe Systemforschung und Technologische Entwicklung (STE), 52425 Jülich
Megele, Werner, Dipl.-Ing.: Forschungsstelle für Energiewirtschaft (FfE), Am Blütenanger 71, 80995 München
Pfaffenberger, Wolfgang, Prof. Dr.: Universität Oldenburg, Institut für Volkswirtschaftslehre, Postfach 2503, 26111 Oldenburg, und Bremer Energie-Institut, Institut f. kommunale Energiewirtschaft u. -politik an der Universität Bremen, Fahrenheitstr. 8, 28359 Bremen
Rouvel, Lothar, Prof. Dr.-Ing.: Technische Universität München, Lehrstuhl für Energiewirtschaft und Kraftwerkstechnik, Arcisstr. 21, 80333 München

Saller, Alexander, Dipl.-Ing.: Forschungsstelle für Energiewirtschaft (FfE), Am Blütenanger 71, 80995 München

Schaefer, Helmut, Prof. Dr.-Ing., Dr.-Ing.e.h.: Forschungsstelle für Energiewirtschaft (FfE), Am Blütenanger 71, 80995 München

Sonnenschein, Dieter, Dipl.-Inf.: Forschungszentrum Jülich, Programmgruppe Systemforschung und Technologische Entwicklung (STE), 52425 Jülich

Stein, Gotthard, Prof. Dr.: Forschungszentrum Jülich, Programmgruppe Technologiefolgenforschung (TFF), 52425 Jülich

Tepel, Jürgen Walter, Dr.: Fachinformationszentrum (FIZ) Karlsruhe, 76344 Eggenstein-Leopoldshafen

Voß, Alfred, Prof. Dr.: Universität Stuttgart, Institut für Energiewirtschaft und Rationelle Energieanwendung (IER), Heßbrühlstr. 49a, 70565 Stuttgart

Wagner, Hermann-Friedrich, Dr.: Bundesministerium für Bildung, Wissenschaft, Forschung und Technologie (BMBF), Ref. 411, Godesberger Allee 185-189, 53170 Bonn

Walbeck, Manfred, Dr.: Forschungszentrum Jülich, Programmgruppe Systemforschung und Technologische Entwicklung (STE), 52425 Jülich

Weber, Karl-Heinz, Dr.: Fachinformationszentrum (FIZ) Karlsruhe, 76344 Eggenstein-Leopoldshafen

Wittke, Franz, Dipl.-Geol.: Deutsches Institut für Wirtschaftsforschung (DIW), Königin-Luise-Str. 5, 14195 Berlin

Programm starten:
1. Mit Autostart-Funktion des CD-ROM Laufwerks startet das Programm nach dem Einlegen der CD automatisch.
2. Ohne Autostart-Funktion muß die Datei IKARUS.EXE durch Aufruf des Menüs „Start, Ausführen" und Eintragen von „D:/IKARUS.EXE" gestartet werden (D: ggf. durch den Laufwerksbuchstaben des CD-ROM Laufwerks ersetzen).
Anschließend kann eine Demonstration der IKARUS-Datenbank durch Anklicken des entsprechenden Knopfes ausgewählt werden. Hinweise zu den einzelnen Demos etc. können über die betreffenden Knöpfe ebenfalls angezeigt werden.
3. Es wird empfohlen, vor dem Start einer neuen Demo eine bereits laufende Demo zu schließen.
4. Falls durch Fehlbedienung, z. B. durch ein nicht geschlossenes Demo, eine Fehlermeldung auftritt, kann diese durch Drücken des Knopfes „Wiederholen" überbrückt werden.

MIX
Papier aus verantwortungsvollen Quellen
Paper from responsible sources
FSC® C105338

If you have any concerns about our products,
you can contact us on
ProductSafety@springernature.com
In case Publisher is established outside the EU,
the EU authorized representative is:
**Springer Nature Customer Service Center GmbH
Europaplatz 3, 69115 Heidelberg, Germany**

Printed by Libri Plureos GmbH
in Hamburg, Germany